高职高专新能源类专业系列教材

风力发电机组维护与故障分析

主 编 丁立新
副主编 李清东
参 编 丁丽辉 杜金宇

机械工业出版社

本书从实效角度出发，系统地介绍了风力发电机组及各构成系统的工作原理与结构组成，详细地讲解了机组各构成系统维护与检修的相关知识，全面深入地分析了各构成系统可能的故障及处理方法。内容设置上具体采用10个项目引领27个任务，涵盖风轮、轮毂与变桨系统、传动系统、发电系统、液压系统、偏航系统、控制系统及支撑系统等机组构成系统的相关基础知识、维护检修及故障分析的全部内容。

本书图文并茂、实用性强，可作为高职高专院校风电类专业的实训教材，也可供风电场检修维护人员、各风电运维公司、风电运营商作为贴合实际工作的系统培训教材使用或供从事风电场运行工作的技术人员参考使用。

为方便教学，本书配有PPT课件、模拟试卷、习题解答等，凡选用本书作为教材的学校，均可来电索取。咨询电话：010-88379375；电子邮箱：cmpgaozhi@sina.com。

图书在版编目（CIP）数据

风力发电机组维护与故障分析/丁立新主编. —北京：机械工业出版社，2016.11（2024.8重印）
高职高专新能源类专业系列教材
ISBN 978-7-111-55067-9

Ⅰ.①风… Ⅱ.①丁… Ⅲ.①风力发电机-发电机组-维修-高等职业教育-教材②风力发电机-发电机组-故障诊断-高等职业教育-教材 Ⅳ.①TM315

中国版本图书馆 CIP 数据核字（2016）第241844号

机械工业出版社（北京市百万庄大街22号　邮政编码100037）
策划编辑：王宗锋　责任编辑：王宗锋　高亚云　责任校对：张玉琴
封面设计：陈　沛　责任印制：常天培
北京机工印刷厂有限公司印刷
2024年8月第1版第4次印刷
184mm×260mm·13.25印张·321千字
标准书号：ISBN 978-7-111-55067-9
定价：45.00元

电话服务　　　　　　　　　　　网络服务
客服电话：010-88361066　　　　机　工　官　网：www.cmpbook.com
　　　　　010-88379833　　　　机　工　官　博：weibo.com/cmp1952
　　　　　010-68326294　　　　金　书　网：www.golden-book.com
封底无防伪标均为盗版　　　　机工教育服务网：www.cmpedu.com

前言

风能是可再生绿色能源,在倡导环保理念的今天,发展可再生能源是大势所趋。我国风电发展迅猛,截至 2015 年 6 月底,全国仅华锐双馈机组装机就达到 1500 万 kW,有 1200 万 kW 即将出质保期,风电市场份额巨大,风电行业即将面临维护检修人才短缺的情况,迫切需要贴合风电系统维护检修实际生产需要的实训类教材,以满足培养风电系统维护检修人员的需要。风电场维护检修人员、各风电运维公司及风电运营商也都需要贴合实际工作的系统培训教材。同时,培养有专业知识的优秀风电人才更是促进风电发展的当务之急,为此国内很多大、中专院校都开设有风力发电工程技术或新能源装备技术专业,旨在培养风电发展所需的人才。风电专业实训教材的建设与发展是需要重点关注和提倡的。

本书是风力发电机组原理、风力发电机组控制技术等课程的综合实践性教学环节教材,要求学生在具备了一定的专业理论知识的基础上,通过拆装、解体设备及一些测试试验,更加深入、全面地掌握风力发电机组的结构及工作原理,掌握风力发电机组机械及电气设备的安装、检修的要求和方法,熟悉风力发电机组机械及电气设备常用工具的使用方法,在提高实际操作及动手能力的同时增强处理问题和解决问题的能力。风力发电机组维修实训课是风力发电工程技术专业学生在专业理论课结束后经历的一次重要实践过程,通过实训使学生把所学的专业知识贯穿起来应用于实践,为尽快适应职业岗位工作奠定良好的基础。

本书编写形式的创新点是坚持任务引领、项目驱动的编写理念,采用知识传输与能力培养相结合、细节描述与图片展示相结合、任务设置共性与特性相结合的编写方式,形式新颖,内容丰富。内容设置上侧重企业检修维护岗位具体工作需要,具有针对性强、可操作性强的特点。

本书在编写设计上以学习任务为基础,按照项目的方式组织教学,提出【项目目标】,对所需知识点进行【知识链接】,通过【任务描述】组织【任务实施】,用【实践训练】和【思考练习】的方式加强学习,根据风电行业新技术的发展,列出【知识拓展】知识点,让教学知识具有可持续性和前沿性。

本书由内蒙古通辽职业学院丁立新教授担任主编,华电国际蒙东能源公司李清东总工担任副主编。参加本书编写的还有霍林河鸿骏铝电有限责任公司发电分公司高级技工

丁丽辉、河南牧业经济学院杜金宇。其中，丁立新编写了项目一、项目二、项目三、项目四、项目六、项目七、项目八及项目九并负责统稿，李清东编写绪论，丁丽辉编写项目五，杜金宇编写项目十。本书在编写过程中，参考了风电场运行维护工作手册中的资料，在此对这些文献的作者表示衷心的感谢。

  对本书的错误、疏漏和不妥之处，恳请广大读者批评指正，使之在教学实践中不断充实完善，以便更好地为风电技术教学服务。

编 者

目 录

前言
绪论 ·· 1
  一、风力发电机组概述 ····················· 1
  二、风电机组常用检修工具、仪表及
     设备 ·· 5
  思考练习 ··· 24

项目一 叶片的维护检修 ···················· 27
  项目目标 ··· 27
  项目设计 ··· 27
  知识链接 ··· 27
  任务1 叶片的维护检查 ················ 31
  任务2 叶片常见故障分析 ············ 33
  任务3 叶片的拆装与修复 ············ 34
  知识拓展 ··· 38
  思考练习 ··· 41

项目二 轮毂与变桨系统的维护
       检修 ·· 43
  项目目标 ··· 43
  项目设计 ··· 43
  知识链接 ··· 43
  任务1 轮毂的维护检修 ················ 49
  任务2 变桨系统的维护检修 ········ 51
  任务3 变桨系统故障分析与排除 ··· 59
  知识拓展 ··· 64
  思考练习 ··· 67

项目三 齿轮箱的维护及故障处理 ··· 69
  项目目标 ··· 69
  项目设计 ··· 69
  知识链接 ··· 69
  任务1 齿轮箱的维护检修 ············ 74
  任务2 齿轮箱冷却与润滑系统的
           维修 ······································ 79
  任务3 齿轮箱及冷却系统常见故障
           分析与处理 ··························· 83
  思考练习 ··· 88

项目四 机械制动装置的维护检修 ··· 90
  项目目标 ··· 90
  项目设计 ··· 90
  知识链接 ··· 90
  任务1 联轴器的维护检修 ············ 94
  任务2 制动器的维护检修 ············ 97
  任务3 制动器的拆卸及常见故障
           分析 ······································ 99
  思考练习 ··· 103

项目五 液压系统的维护与故障
       分析 ·· 105
  项目目标 ··· 105
  项目设计 ··· 105
  知识链接 ··· 105
  任务1 液压系统维护检修 ············ 108
  任务2 液压系统常见故障分析与
           处理 ······································ 110
  知识拓展 ··· 111
  思考练习 ··· 113

项目六　发电系统维护与故障分析 …… 115
　项目目标 …… 115
　项目设计 …… 115
　知识链接 …… 115
　任务1　发电系统的维护检修 …… 123
　任务2　发电系统相关部件的拆卸与安装 …… 126
　任务3　发电系统常见故障分析与处理 …… 131
　思考练习 …… 133

项目七　偏航系统维护检修 …… 135
　项目目标 …… 135
　项目设计 …… 135
　知识链接 …… 135
　任务1　偏航系统维护检查 …… 141
　任务2　偏航系统部件的拆卸与安装 …… 144
　任务3　偏航系统常见故障分析与处理 …… 148
　思考练习 …… 150

项目八　电气控制系统维护检修 …… 151
　项目目标 …… 151
　项目设计 …… 151
　知识链接 …… 151
　任务1　风电机组电气控制系统的维护与测试 …… 164
　任务2　风电机组电气控制系统部件拆换 …… 166
　任务3　风电机组电气控制系统故障与防护 …… 169
　知识拓展 …… 172
　思考练习 …… 176

项目九　机舱主机架与罩体的维护检修 …… 178
　项目目标 …… 178
　项目设计 …… 178
　知识链接 …… 178
　任务1　主机架及舱内电气部件的维护检修 …… 182
　任务2　罩体的维护检查与修复 …… 186
　思考练习 …… 188

项目十　塔架及其内部构件的维护检修 …… 190
　项目目标 …… 190
　项目设计 …… 190
　知识链接 …… 190
　任务1　塔架的维护检修 …… 193
　任务2　风电机组的维护检修 …… 197
　思考练习 …… 199

思考练习答案 …… 201

参考文献 …… 205

绪 论

一、风力发电机组概述

1. 风力发电机组的构成

风力发电机组（简称风电机组）由风轮（叶轮）、机舱、塔架和基础四部分组成，如图 0-1 所示。

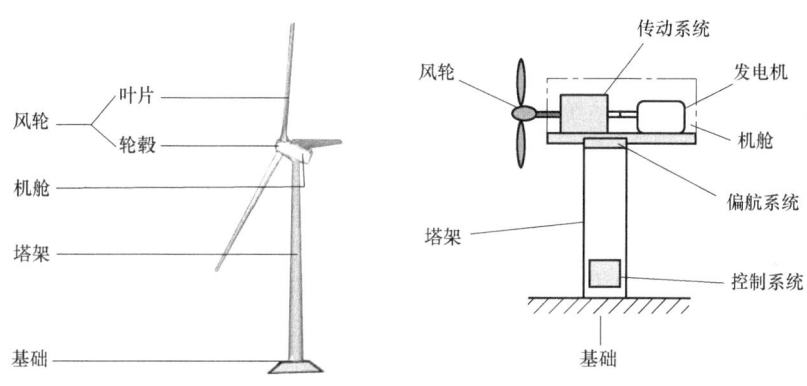

图 0-1 风力发电机组构成简图

风轮由叶片（桨叶）和轮毂组成。叶片具有空气动力外形，在气流作用下产生力矩驱动风轮转动，通过轮毂将转矩输入到主传动系统。

机舱由主机架、导流罩和机舱罩组成，主机架底盘上安装除主控制器外的主要部件。机舱罩后部的上方装有风速和风向传感器，舱壁上有隔音和通风装置等，底部与塔架连接。

塔架支撑机舱达到所需要的高度，塔架与主机架通过偏航齿圈连接；主机架上安置发电机、齿轮箱以及变频器柜等；机舱与塔基底部通过动力电缆进行电源传输；塔筒内壁装有供操作人员上下机舱的扶梯，大型机组设有电梯。

塔架基础为钢筋混凝土结构，保证将风力发电机牢牢地固定在基础上，周围设置预防雷击的接地装置。

图 0-2 所示为一种变桨距（即叶片可以绕自身轴线旋转，简称变距或变桨）、变速型的风力发电机组内部结构简图。它主要由变桨系统、发电系统、主传动系统、偏航系统、电气控制系统及液压系统等部分组成。

1) 变桨系统。变桨系统的变桨装置设置在轮毂内，由变桨控制器、变桨驱动装置及电池盒等组成。

2) 发电系统。发电系统包括发电机及变流器等。

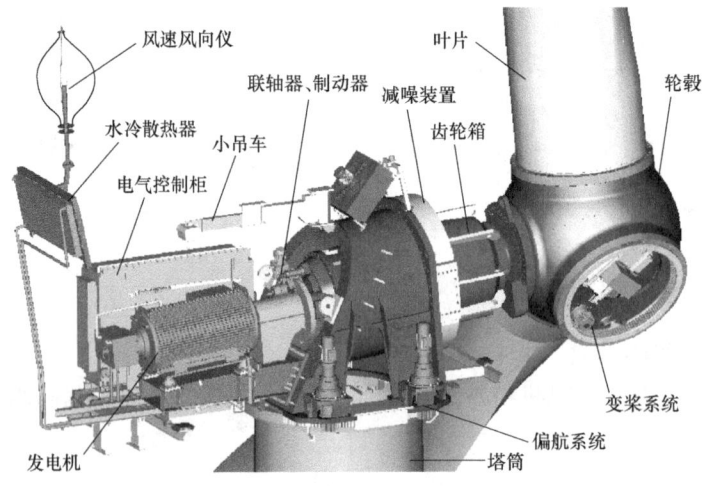

图 0-2 风力发电机组内部结构

3）主传动系统。主传动系统包括主轴、主轴承、齿轮箱、联轴器及制动器等。

4）偏航系统。偏航系统由偏航电动机、减速器、偏航轴承、控制器及计数器等组成。

5）电气控制系统。电气控制系统包括传感器、电气设备、计算机控制系统和相应软件。

6）液压系统。液压系统包括液压站、输油管和执行机构等装置，为高速轴上设置的制动装置、偏航制动装置提供液压动力。

此外，为实现齿轮箱、发电机和变流器的温度控制，设有循环冷却系统和加热器。

2. 风力发电机组的主要参数

风力发电机组的主要参数有两个，即额定功率和风轮直径（或风轮扫掠面积）。风轮直径决定机组能够在多大范围内获取风中蕴含的能量。较大直径风轮供低风速区选用，较小直径风轮供高风速区选用。额定功率是正常工作条件下，风力发电机组设计要达到的最大连续输出电功率。如风力发电机组 SL1500/77 的含义指的是：铭牌 SL 机组的额定功率是 1500kW、风轮叶片直径是 77m。

风力发电机组的基本参数还包括风速、转速及轮毂高度等，表 0-1 以华锐 FL1500 系列、金风 JF1500 系列风力发电机组为例，列举了并网型兆瓦级风力发电机组的基本参数。

表 0-1 并网型兆瓦级风力发电机组基本参数

风力发电机组参数	华锐 FL1500 系列	金风 JF1500 系列
1. 机组数据		
机组运行的环境温度/℃	-30 ~ 55	-30 ~ 40
型号	FL1500	JF1500
额定功率/kW	1500	1500
风轮直径/m	82	77
切入风速/(m/s)	3	3
推荐方案的轮毂高度/m	70	65
额定风速/(m/s)	11	11.8
切出风速/(m/s)	25	22

(续)

风力发电机组参数		华锐 FL1500 系列	金风 JF1500 系列
1. 机组数据			
极端(生存)风速(3s 最大值)/(m/s)		48.8	52.5
预期寿命/a		20	20
设备可利用率(%)		≥95	≥95
功率曲线偏差(安装地点空气密度)(%)		≤5	≤5
2. 叶片			
型号		NOI34(LM34)	LM37.3 P2
叶片材料		玻璃纤维增强树脂	玻璃纤维增强树脂
叶片端线速度/(m/s)		≥76.6	≥76.6
叶片长度/m		34	37.3
3. 齿轮箱			
齿轮传动比率		104	
额定转矩/(kN·m)		933	
4. 发电机			
型号		双馈交流异步发电机	永磁交流同步发电机
额定功率/kW		1500	1500
额定电压/V		690	690
额定转速及转速的范围/(r/min)		1800	17.3(9~19)
功率因数调节范围	1/4 额定功率	1(-0.95~0.95 可调)	1(-0.95~0.95 可调)
	1/2 额定功率	1(-0.95~0.95 可调)	1(-0.95~0.95 可调)
	3/4 额定功率	1(-0.95~0.95 可调)	1(-0.95~0.95 可调)
	额定功率	1(-0.95~0.95 可调)	1(-0.95~0.95 可调)
绝缘等级		F	F
5. 变频器			
变频器型号		IGBT 变流器	IGBT 变流器
视在功率/(kV·A)		1579	1579
输入、输出的电压/(V)		690	690
输入、输出的电流/(A)		1470	1470
输出频率的变化范围/Hz		50±0.4	50±0.4
防护等级		IP23	IP23
6. 制动系统			
主制动系统		3 个叶片顺桨实现气动制动	3 个叶片顺桨实现气动制动
第二制动系统		液压机械制动	发电机转子制动(用于维护)
7. 偏航系统			
型号/设计		电动机驱动/四级行星减速	电动机驱动/四级行星减速
控制		主动对风/计算机控制	主动对风/计算机控制
偏航控制速度/(°/min)		0.5	0.5
8. 防雷保护			
机组接地电阻值/Ω		≤4	≤4

3. 风力发电机组的分类

风力发电机组主要从两个方面来分类：一是按功率大小即装机容量来分类，二是按结构类型来分类。结构类型包括风电机组的风轮轴方向、功率调节方式、传动形式及转速变化等。

(1) 按装机容量分类 小型：1~100kW；中型：100~1000kW；大型：1000kW 以上。

(2) 按风轮轴方向分类

1) 水平轴机组：风轮轴基本上平行于风向的风力发电机组。机组运行时，风轮的旋转平面与风向垂直。大型风电场目前大多使用水平轴机组。

2) 垂直轴机组：风轮轴垂直于风向的风力发电机组。其特点是可以接受来自任何方向的风,因而当风向改变时,无需对风。

(3) 按功率调节方式分类

1) 定桨距机组:叶片固定安装在轮毂上,角度不能改变,风机的功率调节完全依靠叶片的气动特性。风速超过额定值时,利用叶片的空气动力特性减小旋转力矩或通过偏航控制维持输出功率的相对稳定。

2) 变桨距机组:当风速过高时,通过改变叶片的桨距角(在指定的径向位置叶片几何弦线与风轮旋转面间的夹角),使功率输出保持稳定。同时,机组在起动过程也需要通过变桨距来获得足够的起动力矩。

(4) 按传动形式分类

1) 高传动比齿轮箱型:齿轮箱的功能是将风轮的动力传递给发电机,并使其得到相应的转速。风轮转速低,达不到发电机发电要求,必须通过齿轮箱的增速作用来实现动力传递。

2) 直接驱动型:应用多级同步发电机可以去掉风力发电系统中的齿轮箱,让风力机直接拖动发电机转子运转在低速状态。

(5) 按转速变化分类

1) 定速(恒速):风电机组发电机的转速不随风速的变化而变化,是恒定不变的。

2) 变速:风电机组发电机工作在转速随风速时刻变化的状态下。目前主流的大型风力发电机组都采用变速恒频的运行方式。

4. 风力发电机组的工作原理

当风以一定的速度吹向风力发电机组时,在风轮上产生的力矩驱动风轮转动,将风的动能变成风轮旋转的动能,机械传动系统将动能传递给发电系统,发电系统把机械能转化为电能。对于并网型风电机组,发电系统输出的电能经过变压器升压后,即可输入电网。

目前,在风机市场上最有竞争能力的结构形式是异步发电机双馈式机组(简称双馈式机组)和永磁同步发电机直接驱动式机组(简称直驱式机组),大容量的机组大多采用这两种结构。

(1) 双馈式机组 双馈式机组异步发电系统由一台带集电环的绕线转子异步发电机和变流器组成。双馈交流异步发电机与电网之间柔性相连,定子直接连接在电网上,转子绕组通过集电环经变流器与电网相连,通过控制转子电流的频率、幅值、相位和相序实现变速恒频控制(变速恒频控制是指发电机的转速随风速变化,输出电流频率通过变换与电网频率相同而实现并网)。因转子侧既可以输入电能,也可以输出电能,为实现转子中能量的双向流动,使用双向变流器。双馈式机组发电原理如图0-3所示。

当风力机带动发电机接近同步转速时,由转子回路中的变流器通过对转子电流的控制实现电压匹配、同步和相位的控制,并入电网。双馈式机组并网时基本无电流冲击,它的变速恒频过程是在转子电路中进行的,转差功率一般为发电机额定功率的1/4~1/3,变流器容量较小,可以直接置于机舱或塔筒内。

(2) 直驱式机组 直驱式机组主要由

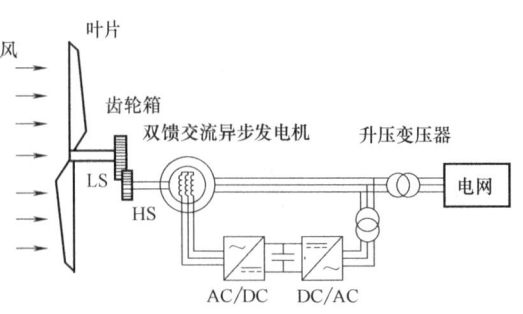

图0-3 双馈式机组发电原理

永磁同步发电机和变流器组成，直驱式机组结构如图 0-4 所示。

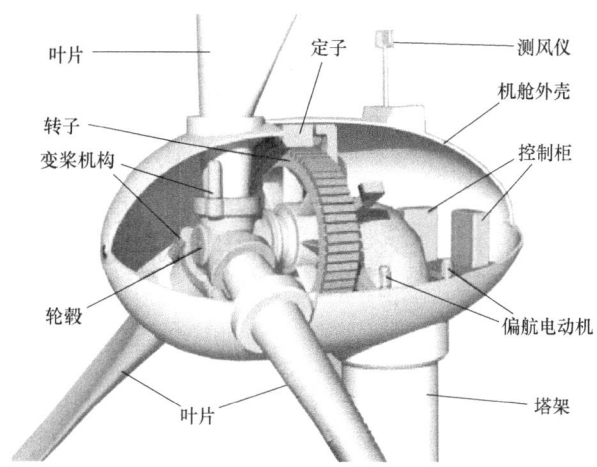

图 0-4　直驱式机组结构

直驱式机组发电原理如图 0-5 所示。由多极永磁同步发电机（因其转子极对数很多，故同步转速较低）组成的风力发电系统的定子通过全功率变流器与交流电网相连，发电机变速运行，通过变流器保持输出电流的频率与电网频率一致。

以上两种机型在大型风电场都有普遍使用，各有特点和优势，经济效益非常显著。而风电场的运行维护是风电机组最佳发电出力的保证，风力发电机组在运行 500h 后必须进行第一次维护。

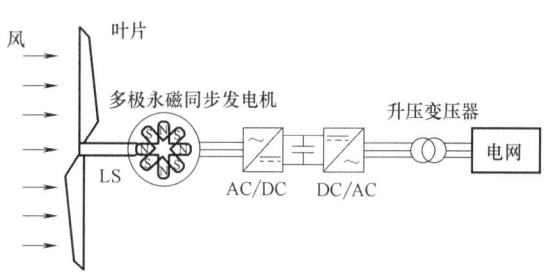

图 0-5　直驱式机组发电原理

实践训练

组装风力发电机组模型。

二、风电机组常用检修工具、仪表及设备

（一）液压扳手

1. 结构组成

液压扳手的驱动机构由液压缸、棘轮机构和机械连接机构组成。驱动机构的作用主要是把液压缸的直线运动变成棘轮机构的旋转运动。对这种运动转换方式，工程中常用的方法有蜗轮蜗杆机构、曲轴连杆机构及杠杆机构等。液压扳手外形及使用简图如图 0-6 所示。

2. 调试与使用

（1）液压扳手的连接与调试　使用液压扳手前，首先要调整反作用力臂，然后通过油管将液压扳手与泵站连接，方可开始工作。

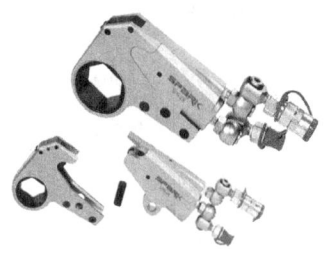 

a) 外形　　　　　　　　b) 使用简图

图 0-6　液压扳手

调整反作用力臂：反作用力臂可以 360° 自由旋转。通过按下液压缸后方卡扣，可将反作用力臂完全取下，然后根据工况选择合适的支撑点。

接头连接：接头必须旋紧，不能留有空隙，否则油管接头截止阀（钢珠）会卡住，使油路不通，导致液压扳手不能正常工作；若钢珠卡住，需用布包覆液压扳手接头，用铜棒或其他工具将其敲回即可。

调试泵站：使用液压泵之前，要对其进行调试。按住起动开关，顺时针方向旋拧调压阀，将压力从零调至最高，观察压力是否稳定、有无明显漏油的现象。一切正常方可工作。

注意：在调压前要先将调压阀调到零（逆时针），试压的时候，必须从低向高调试。

调试液压扳手：通过油管将液压扳手与泵站连接，在空载的情况下操作。观察扳手工作是否正常、有无漏油现象。一切正常方可工作。

液压扳手系统操作顺序：空液压泵试运转能否起动；换向压力升降是否灵敏；液压泵压力能否达到最高；液压泵是否有异常噪声；连接液压泵与液压扳手，进行整个系统调试；观察液压扳手运转是否正常，有无漏油；由低往高设定泵站所需压力。

（2）液压扳手的使用准备　先把液压扳手装上合适的套筒，根据压力转矩对照表调节好压力；然后放到要操作的螺母上，按下液压泵的按钮打压。

调整压力：一只手将线控开关上按钮按下，此时轴开始转动，液压扳手到位停止转动，压力表由"0"急速上升，另一只手调整液压泵调压阀，调节压力表中指针至所需压力。

拆松：将泵站压力调到最高，确认液压扳手转向确为拆松方向，将液压扳手放在套筒上，找好反作用力臂支撑点，靠稳；先使液压扳手空转数圈，观察液压扳手转动无异常时，即可将液压扳手放至螺母上；反复动作，直至将螺母拆下。

锁紧：首先根据要求设定力矩；然后根据所需的力矩值及所用液压扳手型号来设定泵站压力；确定液压扳手转向确为锁紧方向，将液压扳手放在套筒上反复动作，直至螺母不动为止。

（3）液压扳手的操作

1）确保电源可靠，确认液压泵内有充足的液压油。

2）将电源开关拨至"ON"，确认线控开关在"STOP"位，按一下"SET"键，5s 内按下"RUN"键，液压泵起动。观察压力值是否稳定在规定值，如是，则继续操作；如不是，则利用调压阀将压力调至最低，多次重复上述过程，然后将压力调至规定值，反复操作确认压力值稳定即可。

3）将液压泵和液压扳手用所附高压油管连接，确保快换接头连接可靠（将公接头插入母接头到底,将螺纹套用手拧紧),在液压扳手不带负荷的情况下将整个液压系统空运转一下,按下"RUN"键不放,直至听见"啪"的一声,松开,直至再次听见"啪"的一声,再进行下一动作。重复上述操作,以确认系统工作正常。

4) 将液压扳手放在螺母上,确认反作用力臂支撑牢靠。切忌将手放在反作用力臂上。

5) 拆卸螺母时,压力应在最高值。如果拆卸不动,则采取除锈措施,如果螺母还不动,则换用更大型号的扳手。

6) 紧固螺母时,应该先确定压力值,利用调压阀调至所需压力,紧固时,直至多次操作液压扳手也未动作,方能认为螺母已紧固。

7) 操作完毕后,将线控开关拨至"STOP"位,电源开关拨至"OFF"位,电源拔掉,将油管拆下,快换接头对接,将液压泵擦拭干净,保存在干燥通风的环境里,避免和化学物品接触。

注意: 用液压扳手检验螺栓预紧力矩时,当螺母转动角度小于20°时,预紧力矩满足要求。

3. 保养与维护

(1) 液压扳手

1) 润滑:所有的运动部件都应定期涂上优质的润滑油液,使用后至多500h或是三个月就要检查和更换油液,清洗和润滑工作应经常进行。

2) 油质检查:检查液压扳手液压油被酸化或污染情况,通过气味可以大致鉴别是否变质。

3) 清洗:定期冲洗液压扳手液压泵的进口油滤;用无腐蚀性的清洗液浸泡液压构件,清洗后用液压油擦拭干净。

4) 液压缸密封:经常检查系统有无泄漏,要确保没有外来颗粒从油箱的通气盖、油滤的塞座、回油管路的密封垫圈以及油箱其他开口处进入油箱。如发现泄漏,建议将密封垫圈及产生变形的组件全部更换。

5) 液压油管:每次工作后检查油管是否存在断裂与泄漏的情况,定期清洗接头。

6) 快换接头:快换接头应保持清洁,不允许沿地面拖拉,很小的尘埃都可能导致内部单向阀的失效。用高质量的密封材料进行密封。外部采用螺纹联接,起保护作用,可消除泄漏。

7) 弹簧:安装于驱动棘爪与反作用棘爪之间的弹簧最好两年检查、更换一次。

8) 结构件:工具的结构件一年应检查一次,确定是否存在断裂、缺陷及变形,如有这些情况,需立刻更换。

9) 旋转接头:定期检查旋转接头,若发现泄漏,则应更换密封件;若在旋转接头本体上发现裂纹,则需立刻更换旋转接头。

(2) 液压泵组的维护 液压泵组是精密制造的液压体,需要定期保养与维护。

1) 液压油:工作40h后彻底更换,或者每年至少更换两次;始终保证油箱满油。

2) 快换接头:定期检查快换接头,防止泄漏,避免弄脏,使用前应擦拭干净。

3) 压力表:压力表为充装液体的湿式压力表。若液面下降,则表明液体外漏;若表内有液压油,则表明压力表内部失效,需及时更换。

4) 泵站过滤器:正常使用时,每年应更换两次。如果频繁使用,则需经常更换。

5) 马达:马达轴与轴承应每年清洗及加润滑油一次。

6) 遥控开关(气动):定期检查连通遥控开关的气管,以防阻塞或起结。若气管弯曲

或破裂,则需更换;遥控手柄上的弹簧载荷按钮在操作困难的情况下需要检查。

7)空气阀:检查周期为6个月。

8)电刷和刷座(电动):应定期检查,若磨损超过规定值,则需更换。

9)泵组:使用中泵组油箱温度不得高于70℃,否则应停止工作。泵组维护周期为2年。

4. 故障与排除

实际工作中,液压泵站及液压扳手常见故障、故障的可能原因及解决措施见表0-2。

表0-2 液压泵站及液压扳手常见故障、故障的可能原因及解决措施

序号	故障症状	造成故障可能的原因	解决措施
1	完成锁定时,液压扳手无法从螺母上取下	反力撑子抵住,或液压扳手反转	先将液压缸前推,按下前推按键压力提升,同时反力撑子杆向后扳,扳到底时液压缸可以后推,则可取下液压扳手
2	液压缸无法前推或后推	快换接头接合不足或不牢;快换接头阀损坏;泵释放松动	锁紧;更换接头阀;分解并清洁液压泵
3	液压扳手油管接头漏油	安全压力释放松动;油封磨损;接头损坏	转内六角圆柱头螺栓1/4转至不漏,但不能太紧;更换油封或更换钢质高压接头
4	液压缸压力上不来无法前推	液压缸活塞密封圈损坏;泵连接器松动或破损;泵有问题	更换损坏零件;检查泵站套装换向阀磨损,先导阀阀芯卡滞,拧紧或更换连接器;检查液压泵功能,若失效,需更换液压泵
5	液压缸反向运动,致液压扳手反转	油管、泵或液压扳手的公、母接头接反	调整油管和公、母接头连接(液压扳手前进端是"公"接头,回退端是"母"接头)
6	反推时棘轮后推	反力撑子弹簧不良;反力撑子损坏或失效	检查弹簧弹性;更换反力撑子或弹簧
7	棘轮无法成功推进,导致棘轮无法连续工作	棘爪或棘爪弹簧损坏或失效;液压缸回程无法到位;活塞杆和驱动板损坏	更换棘爪或弹簧;取下液压扳手,空转几个行程,再做推进。如果仍有问题则检查棘爪
8	液压泵无法提供或提升压力	气源或电源供应不足;安全阀或调压阀损坏;油位低或过滤器堵塞;泵站内漏	检查气压或电压;更换阀门;将油箱添满或清理过滤网;打开油箱,施压检查油路,如果泄漏,应拧紧装置或更换
9	压力表指针转动缓慢	油封磨损;高压或低压释放阀磨损;基座磨损	检查更换
10	调压往上时,指针反下降	调压阀磨损	更换调压阀(压力由低往上调)
11	油位计上无法读出压力(油位计显示没有压力)	油位计连接松动或损坏;液压泵连接器破损,泵没有给阀;扳手密封圈挤出	锁紧连接;更换油位计;更换损坏的密封元件
12	油表压力上升但扳手不工作	接头松动或失效	拧紧或更换接头
13	液压扳手液压缸泄漏;油管破裂	压力过大密封圈挤出或轴封损坏;油管老化或被重物碾压	将密封圈换成合适的高压密封圈;更换轴封或油管
14	泵过热	泵使用不当;在泵没有拖动工具工作时,遥控器仍开着	在准度保证杆向前运动时应释放按钮;不用时关闭泵
15	电动泵不工作	控制盒中的电路连接松动;电刷损坏;电动机烧坏	打开控制盒目视检查螺纹联接是否松动或拧紧连接器。重新连接松动的电线;更换电刷;更换电动机或必要的电动机部件

实践训练

分别使用液压扳手 800N·m、1000N·m 力矩交叉拧紧螺母。

（二）万用表

万用表是我们从事电工维修、电子制作和检修电子设备的必备工具之一。它是一种可以进行多种项目测量的便携式仪表，能测量电流、电压和电阻，还可以粗略地判断电容器、二极管和晶体管等元器件的性能好坏。

万用表的种类很多，可分为指针式万用表和数字式万用表两大类。指针式万用表用指针的偏转来指示检测的数据，数字式万用表用数字直接显示测量数据。

1. 指针式万用表

指针式万用表利用一只灵敏的磁电式直流电流表（微安表）做表头。当微小电流通过表头时，就会有电流指示。因表头不能通过大电流，必须在表头上并联与串联一些电阻进行分流或降压，从而测出电路中的电流、电压和电阻。指针式万用表有便携式和袖珍式两种。对实训教学来讲，比较适用的有 MF47 型、MF50 型和 MF368 型等。尽管指针式万用表型号很多，使用方法却基本相同。这里以 MF47 型为例，介绍指针式万用表的结构与使用方法。

（1）功能操作说明 图 0-7a 是 MF47 型万用表的面板结构图。从图中可以看到该万用表面板的上半部分是一个带有多条刻度线的表头，如图 0-7b 所示。铝制的指针平时静止在刻度盘左侧的零刻度位（指电流、电压刻度的零点）上。使用时，指针会根据测量的结果向右偏转。刻度盘自上而下第一条弧线（Ω）为电阻刻度线，它的刻度不均匀，零点在最右端；第二条弧线（VA）是直流电流、交直流电压共用的均匀等分刻度线，满刻度有 10、50 和 250 三种；第三条弧线（hFE）是测量晶体管直流放大倍数值 h_{FE} 的专用刻度线；第四条弧线（C）是测量电容的刻度线；第五条弧线（L）是测量电感值 L 的刻度线；最后一条弧线（dB）是音频功率刻度线。在表盘的正中下方有一机械调零螺钉。

面板的下半部中间有一个量程选择开关，用它来选择测量的项目和量程（测量范围）。把开关拨至标有"Ω"处，表示测量的项目是电阻，有"×1"~"×10k"五个量程供选用；拨至标有"mA"处，表示测量直流电流，有"0.05"~"500"五个量程；拨至标有"V"处，表示测量直流电压，有"0.25"~"1000"八个量程；拨至标有"V̰"处，表示测量交流电压，有"10"~"1000"五个量程。量程越多，使用越方便。"hFE"为测量晶体管直流放大倍数档位，"ADJ"为晶体管调节档位，调节欧姆电位器。

在量程选择开关的左上角是测试晶体管的专用插孔，右上角的是欧姆调零旋钮。在量程选择开关的左下角和右下角有四个测试表棒（表笔）插孔（电表输入插孔），其中标有"+"号的插红表笔，标有"-"号的插黑表笔。标有"2500V̰"和"5A"的是专用插孔。使用万用表时，除了用交、直流电压 2500V 和直流电流 5A 这两个量程，两表笔都应插在"+"和"-"的插孔中。

（2）使用及测量方法

1）电阻的测量。首先选择量程。将量程选择开关拨至"Ω"项目上，该项目各量程分别为"×1"、"×10"、"×100"、"×1k"和"×10k"，识读时必须把指针在刻度线上的读数与该量程的倍率相乘，才是实际电阻值。如指针停在"20"刻度线上，量程选定的是

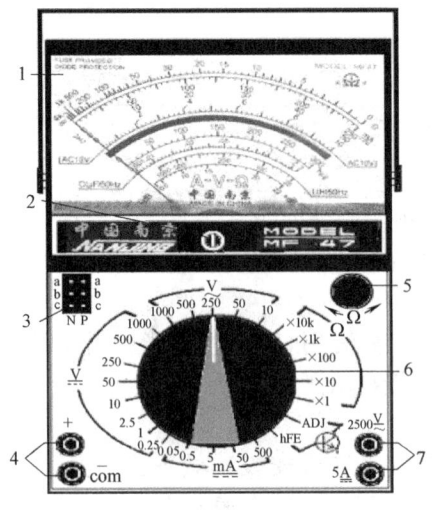 

a) 万用表的面板结构图　　　　　　b) 万用表刻度盘

图 0-7　MF47 型万用表
1—刻度盘　2—机械调零螺钉　3—晶体管插孔　4—表笔插孔
5—欧姆调零旋钮　6—量程选择开关　7—表笔插孔

"×10"档,被测电阻值即为 200Ω。

其次调零。所谓调零,就是将万用表的两个表笔直接相碰后,调节面板上的欧姆调零旋钮,使指针指在 0Ω 位置上。调零是测量电阻之前必不可少的步骤,而且每换一个量程都需要重新调整一次。如果欧姆调零旋钮已调到极限位置,但指针仍指不到 0Ω 位置,则说明万用表内的电池电压不足,应更换新电池后进行调整与测量。

测量时,手不要同时触及被测元器件两端的引出线;应注意表笔与引出线的良好接触,必要时可将元器件两端引出线上的氧化膜刮掉再进行测量。有时需要测量电路中元器件的阻值,就必须将被测元器件从电路中焊下一端,同时要切断电源,以防损坏电表并保证测量结果的正确。

在观察读数时,眼睛的视线应与刻度垂直。MF47 型万用表的刻度盘上有弧形反射镜,读数时眼睛看到的指针应与镜子里的虚像重合。其他项目的测量,读数方法相同。

2) 直流电压的测量。首先,将量程选择开关拨至"$\underline{V}$"项目的适当量程,就是拨至稍高于被测电压的那个量程上,如果被测电压的高低不确定,可先用最大的量程测试,待对被测电压值有一个大概的了解后,在表笔脱离被测电路的状态下,拨动量程选择开关至适当的量程(其他的测试项目的量程选择与此相同)。然后,将万用表并联在被测电路的两端,将红表笔接高电位点,黑表笔接低电位点,指针向右偏转,读出表盘上指针对应第二条刻度线($\underline{V}$)所指的示数,并折算出被测电路两端的电压值。

例如,要检测一节干电池的电压,量程选择开关应拨至"2.5$\underline{V}$"档,这时表盘上第二刻度线上满刻度 250 应按 2.5 来读数,也就是说量程选择开关所指的数字就是表头上指针满刻度读数的对应值。读数时只要据此折算,就可读出实际值(其他量程的读数折算原理与此相同)。红表笔接电池的正极,黑表笔接电池的负极,如指针指在 150 处,则表示该节干电池两端的电压为 1.5V。

如果被测电路两端的电压高于1000V，则选用量程"2500V"，这时黑表笔位置不动，红表笔从原"+"插孔中拔出，插入"2500V"插孔内，量程选择开关拨至"1000V"档。

在测量直流电压时，由于万用表与被测电路并联，形成分流，使测得的电压值比实际值稍低。

3) 直流电流的测量。将量程选择开关拨至"mA"项目的适当量程，然后把万用表串联在被测电路中，让电流从红表笔流入万用表，由黑表笔流出。读出表盘上指针对应第二条刻度线 (mA) 所指的示数，然后折算出被测电路中的直流电流值。如果被测电路中的电流大于500mA，则需用5A的量程，这时红表笔应插入"5A"的插孔内，量程选择开关可拨至"mA"项目的任一量程。

在测量直流电流时，由于万用表与被测电路串联，而使被测电路的电流有一定的减小，为了减小测量误差，应尽量采用大电流量程（即低内阻）测量。

4) 交流电压的测量。测量步骤与测量直流电压相似，不同的是可以不考虑表笔的正、负极性，也是从第二条刻度线（V）读数。如果被测电路两端的电压高于1000V，必须使用交流2500V的量程，这时红表笔应插入"2500V"插孔内，量程选择开关应拨至"1000 V"档，测量后从表盘的交流电压刻度线进行读数。

5) 电容的检测。**固定电容器故障的判断**：将万用表的量程选择开关拨至最大电阻测量档位，两表笔分别接在电容器的两个引脚上，若万用表指针不摆动（5000pF 以上容量的电容），则说明电容器已开路；若万用表的指针向右摆动后，指针不再复原（不复归左侧起始位，即无穷大阻值位），则说明电容器被击穿；若万用表指针向右摆动后，指针有少量复原，则说明电容器有漏电现象，指针稳定后的读数即为电容器的漏电电阻，电容器的绝缘电阻为 $10^8 \sim 10^{10} \Omega$。

电解电容器极性的检测：电解电容器是一种有极性的电容，判断电解电容器极性的方法通常有外表观察法和万用表检测法。从电解电容器的外表面看，在电解电容器的外壳上会标注"+"、"-"极性符号；或根据电解电容器引脚长短来判断，长引脚为正极性引脚，短引脚为负极性引脚。

用万用表检测电解电容器时，把万用表量程选择开关拨至合适的电阻档位，将黑表笔接在电解电容器的假设"正"极性端，将红表笔接在电解电容器的假设"负"极性端，测出电阻值；将表笔反接，再测量一次；电阻大的一次黑表笔接的是电解电容器的正极，由此可判断出电解电容器的"正、负"极性。一般来说，电解电容器的绝缘电阻相对较小，一般为 $200\Omega \sim 500k\Omega$，若小于 200Ω，则说明有严重的漏电现象。

微调电容和可变电容的检测：把万用表量程选择开关拨至电阻最高档，将两表笔接在定片和动片上。性能良好的微调电容和可变电容，其定片和动片之间的电阻应在 $10^8\Omega$ 以上；若测量出的电阻较小，则说明定片与动片之间有短路故障；缓慢旋转可变电容的动片，若出现指针跳动现象，则说明该可变电容在指针跳动的位置有碰片故障。

2. 数字式万用表

目前，市场上的数字式万用表的型号很多，在此仅介绍一款常见的 DT9205 型数字式万用表，适合实训教学选用，面板如图 0-8 所示。

DT9205 型数字式万用表有 32 个量程可供选择。测试数据显示在液晶显示屏（LCD）中。

量程与 LCD（70mm×40mm）有一定的对应关系：选择一个量程，如果量程是一位数，则 LCD 上显示一位整数，小数点后显示三位小数；如果是两位数，则 LCD 上显示两位整数，小数点后显示两位小数；如果是三位数，则 LCD 上显示三位整数，小数点后显示一位小数。过量程时，LCD 的第一位显示"1"，其他位没有显示；最大显示值为 1999。液晶显示屏的后三位可从 0 变到 9，第一位从 0 到 1 只有两种状态，这样的显示方式叫作"三位半"。该类型万用表具有全量程过载保护。

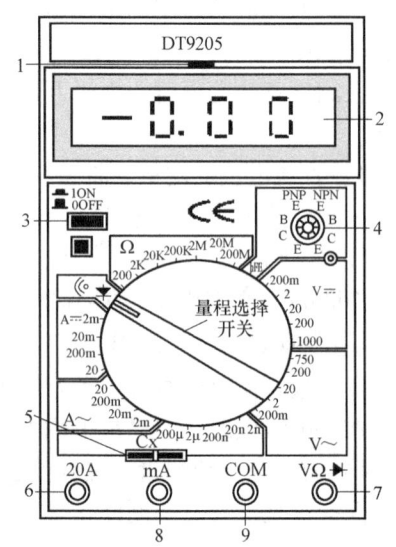

图 0-8 DT9205 型数字式万用表面板
1—液晶扣 2—液晶显示屏 3—电源开关
4—晶体管测试插孔 5—电容测试插孔
6—20A 测试插孔 7—电压、电阻测试插孔
8—电流、电容测试插孔 9—公共插孔

（1）功能操作说明 晶体管测试插孔（hFE）的使用方法是根据被测管类型，将晶体管的基极、集电极和发射极分别对应插入标有"B"、"C"、"E"的插孔中，"E"为相同两孔，供 PNP 型晶体管和 NPN 型晶体管发射极作插孔用。公共插孔（COM）为任何测试项目的黑表笔专用插孔。电压、电阻测试插孔（VΩ）为红表笔测试交直流电压、电阻及二极管的专用插孔。20A 测试插孔（20A）为红表笔测试 >200mA 电流时的专用插孔。

量程选择开关四周有分界线，标有各种不同工作状态的档位，共有 32 个档位、34 个基本检测项目。

1）电阻档（Ω）设有 7 个档位，量程为 200Ω ~ 200MΩ。

2）直流电压档（V⎓）设有 5 个档位，量程为 200mV ~ 1000V，输入阻抗为 10MΩ（兆欧）。

3）交流电压档（V~）设有 5 个档位，量程为 200mV ~ 750V，输入阻抗为 10MΩ。

4）交流电流档（A~）设有 4 个档位，量程为 2mA ~ 20A，被测电流的频率为 40 ~ 400Hz。测量时不能超过 15s；两次测量间隔在 15min 以上。

5）直流电流档（A⎓）设有 4 个档位，量程为 2mA ~ 20A。测量时不能超过 15s；两次测量间隔在 15min 以上。

6）晶体管检测档（hFE）可测试 PNP 型或 NPN 型两种晶体管，显示范围为 0 ~ 1999（晶体管直流放大系数 β 值），测试条件要求万用表提供的基极电流 $I_B = 10\mu A$，集电极发射极间电压 $U_{CE} = 2.8V$。

7）电容档（Cx）设有 5 个档位，量程为 2nF ~ 200μF。

关于指针式万用表与数字式万用表测量电容的区别：数字式万用表可以定量地测量电容器的电容量，而指针式万用表只能够定性地判断电容器性能的好、坏。

定量地测量电容器的电容量对于维修电工而言，是十分有用的。原因是各种电容器（特别是电解电容器），长期（3 ~ 5 年）使用后，会出现"老化"现象，导致电容量下降，影响电气装置的工作。因此，及时发现电容器的老化程度，及时更换，防患于未然，是十分重要的。一般电容器的电容量下降10%之后，就应该予以更换。

维修工作中，常见的需要检测的电容器包括：1) 电子电路中的大容量电解电容，一般是滤波电容；2) 交流单相电动机的起动电容器；3) 电子装置 (如电视机) 中的高压电容器。

8) 导线通断检测档 (蜂鸣器档)。将量程选择开关拨至蜂鸣器档，检测导线通断，表内若发出蜂鸣声，则说明导线通或导线间存在短路；当测试电阻为 $(20 \pm 10)\Omega$ 时，蜂鸣器也发出蜂鸣声。该档最大开路电压为1.5V，最大测试电流为1mA。

9) 电源波动开关档 (POWER)。将开关拨至"OFF"位置，表示电源被切断；将开关拨至"ON"位置，表示表内9V叠层电池被接通。

(2) 使用及测量方法

1) 电阻的测量。将红表笔插入"VΩ"插孔中，黑表笔插入"COM"插孔中，估计电阻器的阻值后，将量程选择开关置于"Ω"档的相应档位上，接通电源，将表笔接到电阻两端的测试点，读数即显。

测量时，若发现液晶显示屏左端出现"1"，则证明测量结果为无限大 (即开路状态)。这时不能过早下结论，可采用高一个档位的量程来测量。例如：应置于"kΩ"档来测量而错置"Ω"档时，就会产生输入超过量限而液晶显示屏显示"1"的情况。如果所测的电阻在任何档位上都如此，就可以确定该电阻已断路。

注意：测量电阻时不能用手接触表笔金属部分；测量小于200Ω的电阻时，应将表笔短路，检查初始值。

2) 直流电压的测量。根据被测电源电压的大小选择合适档位，如测量五号干电池 (1.5V)，将量程选择开关旋至"V⎓"档内的2V档位；黑表笔置于"COM"插孔，红表笔置于"VΩ"插孔；电源开关拨至"ON"处，将红、黑表笔分别接到测量点上，读数即显。若液晶显示屏显示"1"，则说明干电池没电。

3) 交流电压的测量。根据被测电源电压的大小选择合适档位，如测市电220V，将量程选择开关旋至"V~"档内的750V档位；黑表笔置于"COM"插孔，红表笔置于"VΩ"插孔；电源开关拨至"ON"处，将红、黑表笔分别接到测量点上，读数即显。若液晶显示屏显示"1"，则说明市电存在开路性故障。

4) 直流电流的测量。当测量最大值不超过200mA的电流时，将黑表笔插入"COM"插孔；红表笔插入"mA"插孔；当测量最大值超过200mA但不超过20A的电流时，将红表笔插入"20A"插孔。将量程选择开关置于直流电流档 (A⎓)，并将测试表笔串联接入到待测电路中，电流值显示的同时，显示红表笔的极性。

5) 交流电流的测量。当测量最大值不超过200mA的电流时，红表笔插入"mA"插孔，黑表笔插入"COM"插孔，当测量最大值超过200mA但不超过20A的电流时，红表笔插入"20A"插孔。然后将量程选择开关置于交流电流档 (A~)，并将测试表笔串联接入到待测电路中。

6) 电容的测量。连接待测电容之前，注意每次转换量程时复零需要时间，有漂移读数存在不会影响测试精度。测试时，先将量程选择开关置于电容档 (Cx)，然后将电容器插入电容测试插孔中。

例如：测量一只标有 100μF 的电解电容器时，先将电容器放电，再将量程选择开关置于 200μF 量程，当电容器的引脚插入电容测试插孔时，液晶显示屏显示数值即为电容量值。

DT9205 型数字式万用表设有自动电源切断电路，当仪表工作时间约 30min 到 1h 时，电源自动切断。若要重新开启电源，则需重复按动电源开关两次。

注意：万用表不用时，不要置于电阻档，因为内有电池，如不小心使两根表笔相碰短路，不仅耗费电池，严重时甚至会损坏表头。

实践训练

使用万用表测量实训室实验用电阻、室内照明电路的电流及电压值。

（三）验电器

验电器分为低压验电器和高压验电器两种。

1. 低压验电器

低压验电器也称为低压验电笔（试电笔），是电工随身携带的常用辅助安全工具，主要用来检查低压导体或电气设备外壳等是否带电。

（1）低压验电笔的结构及使用　低压验电笔有螺钉旋具式验电笔和笔式验电笔两种类型，其结构基本相同，如图 0-9a、b 所示。低压验电笔前端为金属探头，后端是金属挂钩或金属片，以便使用时用手接触；中间绝缘管内装有发光氖泡、大于 4MΩ 的电阻及压紧弹簧。

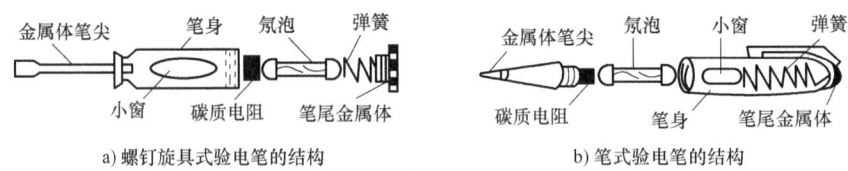

a) 螺钉旋具式验电笔的结构　　　　b) 笔式验电笔的结构

图 0-9　低压验电笔的结构

当测试物体时，测试者用手触及低压验电笔后端的金属挂钩或金属片，此时被测物体、低压验电笔前端、氖泡、电阻、人体和大地形成回路。当被测物体带电时，电流便通过回路，使氖泡起辉；如果氖泡不亮，则表明该物体不带电。测试者即使穿上绝缘鞋或站在绝缘物上，也可认为形成了回路，因为绝缘物的漏电和人体与大地之间的电容电流足以使氖泡起辉。只要带电体与大地之间存在一定的电位差（通常在 60V 以上），低压验电笔就会发出辉光。若是交流电，氖泡两极发光；若是直流电，则只有一极（直流电负极）发光。

普通低压验电笔的电压测量范围为 60～500V，高于 500V 的电压则不能用普通低压验电笔来测量。

（2）低压验电笔的使用注意事项　使用低压验电笔时，要注意下列问题：

1）使用低压验电笔之前，首先要检查其内部有无安全电阻、是否有损坏以及有无进水或受潮，并在带电体上检查其是否可以正常发光，检查合格后方可使用。

2）测量时，手指握住低压验电笔笔身，食指触及笔尾金属体，低压验电笔的小窗朝向自己的眼睛，以便于观察，如图 0-10 所示。

3）在较强的光线下或阳光下测试带电体时，应采取适当避光措施，以防观察不到氖泡是否发亮,造成误判。

4)低压验电笔可用来区分相线和中性线,接触时氖泡发亮的是相线,不亮的是中性线。它也可以用来判断电压的高低,氖泡越暗,表明电压越低;氖泡越亮,表明电压越高。

图 0-10　低压验电器的手持方法

5)当用低压验电笔触及电机、变压器等电气设备外壳时,若氖泡发亮,则说明该设备相线有漏电现象。

6)用低压验电笔测量三相三线制电路时,如果两根很亮而另一根不亮,则说明这一相有接地现象。在三相四线制电路中,发生单相接地现象时,用低压验电笔测量中性线,氖泡也会发亮。

7)用低压验电笔测量直流电路时,把低压验电笔连接在直流电的正负极之间,氖泡里两个电极只有一个发亮,氖泡发亮的一端为直流电的负极。

8)螺钉旋具式低压验电笔笔尖与螺钉旋具形状相似,但其承受的转矩很小,因此,应尽量避免用其安装或拆卸电气设备,以防受损。

2. 高压验电器

高压验电器又称高压测电器,主要用来检测高压架空线路、电缆线路及高压用电设备是否带电。高压验电器的主要类型有发光型高压验电器、声光型高压验电器和高压电磁感应旋转验电器,这里主要介绍发光型高压验电器。

(1)发光型高压验电器的结构及使用　发光型高压验电器由握柄、护环、紧固螺钉、氖泡窗、氖泡和金属探针(钩)等部分组成,其结构如图 0-11 所示。

验电时,操作人员应戴绝缘手套,手握在护环以后的握柄部位,如图 0-12 所示。先在带电设备上进行检验。检验时应渐渐将高压验电器移近带电设备至发光或发声时止,以确认验电器性能完好。有自检系统的高压验电器应先揿动自检钮确认高压验电器完好,然后再在需

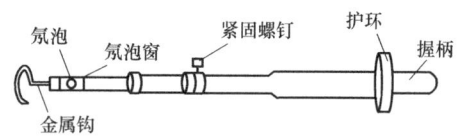

图 0-11　发光型高压验电器结构

要进行验电的设备上检测。检测时也应渐渐将高压验电器移近待测设备,直至触及设备导电部位,此过程若一直无声、光指示,则可判定该设备不带电;反之,如在移近过程中突然发光或发声,即认为该设备带电,即可停止移近,结束验电。

(2)高压验电器使用注意事项　使用高压验电器时,要注意下列问题:

1)高压验电器在使用前应经过检查,确定其绝缘完好,氖泡发光正常,与被测设备电压等级相适应。

2)进行测量时,应使高压验电器逐渐靠近被测物体,直至氖泡发亮,然后立即撤回。

3)必须在气候条件良好的情况下使用高压验电器,在雪、雨、雾等湿度较大的情况下不宜使用,以防发生危险。

4)使用高压验电器时,必须戴上符合要求的绝缘手套,而且必须有人监护,测量时要防止发生相间或对地短路事故。

5)测量时人体与带电体应保持足够的安全距离,10kV 高压

图 0-12　高压验电器的握法

的安全距离为 0.7m 以上。

6) 在使用高压验电器时,应特别注意手握部位应是护环以后的握柄。

7) 高压验电器应每半年做一次预防性试验。

(四)激光对中仪

1. 激光对中仪概述

对中仪是一种检测仪器,用来对相连设备安装时的相对位置精度进行检测和调整,检测设备部件之间的位置是否在设计公差内。对中一般分为轴对中、孔对中和几何对中。激光对中仪就是利用了激光的直线传播特点,辅助装配连接夹具,对各种设备迅速地进行对中测试。激光对中仪具有穿透力强且不受温度等外界因素干扰等特点,广泛应用于对中操作。Fixturlaser System 是一套简便、快捷的激光对中系统,下面就以 Fixturlaser System 激光对中系统为例,简单介绍一下该系统的使用及注意事项。

(1) 激光对中仪的构造 激光对中仪的主要构成部件包括触摸屏、两个激光探头 TD-M(调整端,在发电机上)和 TD-S(基准端,在制动盘上)、起固定作用的 V 形夹具和链条以及传输线等。激光对中仪构成零部件如图 0-13 所示。激光对中仪的使用安装如图 0-14 所示。

图 0-13 激光对中仪构成零部件　　　　　图 0-14 激光对中仪的使用安装

为使测量更加快捷,当旋转被测轴时,系统会自动记录 3 个测量点,这是一种快捷对中模式。为快速确定设备是否存在对中问题,系统具备快捷对中检查功能,仅仅需要输入两个激光单元之间的距离数值即可。为了省略两个激光单元与显示器之间的电缆连接,可以使用蓝牙无线数据传输。测量结果被显示在一个背光 LCD 上。

(2) 点触式屏幕界面 激光对中仪用户界面采用触摸屏显示,指尖轻按显示的图标可以激活该图标的功能,激光对中仪用户界面显示用符号代替文字。用户界面由图标和填字框构成。轻按填字框,可激活数字或字母数字键盘,可以激活的图标和填字框都有灰色背景。激光对中仪是二级激光器仪,实训操作时决不能盯着看激光对中仪,更不能将激光射入人眼。

(3) 程序(主菜单) 激光对中仪提供不同的程序用于特定的用途,包含的程序要看选择的配置。激光对中仪主菜单显示图标如图 0-15 所示。按红色按钮开始系统,并显示主菜单,根据需要选择要用的程序。主菜单中有水平机器轴对中、机组对中、竖直机器轴对中、辊子平行度、实时数据传输、万向节轴对中、平面测量、热膨胀补偿、系统设定、存储器管理、接收显示、关闭系统、直线测量(一般直线测量和高级直线测量)、电池指示、对比度显示及背景灯开/关(操作后背景灯可以亮 5min,但使用外接电源时背景灯不会自动关闭)等图标。表 0-3 为触摸屏主菜单显示图标含义。

(4) 校核触摸屏　为使触摸屏正确响应所显示的图标，要时刻重新校核触摸屏。触摸屏校核步骤：

1) 在主菜单中以正常的视角看向触摸屏。

2) 按开始按钮的同时按住屏幕上没有图标的地方15s，屏幕上会显示信息框"松开开始按钮和键盘开始"。松开开始按钮和触摸屏后，可以看到屏幕左下角有这样的信息："在记号处轻按键盘"。

3) 按记号（+）。用尖头（不锋利）物件按记号的中心。

4) 按开始按钮继续。

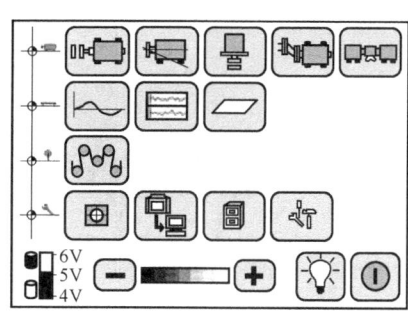

图0-15　激光对中仪主菜单显示图标

表0-3　激光对中仪触摸屏主菜单显示图标含义

图标	含义	图标	含义	图标	含义
	水平机器轴对中		机组对中		辊子平行度
	热膨胀补偿		一般直线测量（单轴向16点）		对比度显示
	竖直机器轴对中		高级直线测量（双轴向99点）		实时数据传输
	万向节轴对中		平面测量		背景灯开/关
	系统设定		关闭系统		电池指示
	存储器管理		接收显示		

5) 重复步骤3）和4），分别在右上角记号处、屏幕中心记号处和左下角记号处，最后是右下角记号处，会出现信息框"校核完毕，按开始按钮"。

6) 按开始按钮完成程序。

2. 水平机器轴对中简介

轴对中即纠正两相连机器的相对位置（例如电动机和泵），使机器在正常的操作温度下轴的中心线成为一条直线。轴对中指的是水平和垂直移动机器的两个前脚和两个后脚，直到轴准值处于给定公差的范围内。测量方法基于逆向显示对中的原理，用两束激光来代替钢棒和百分表。激光没有钢棒下垂的缺点，给系统带来很高的准确度。

Fixturlaser System 有两套测量系统，但它采用电子标靶而不是机械百分表显示。电子标靶内置于一对激光发射器/探测器单元（TD 单元）中。采用标准的百分表测量技术时，测量结果需手工绘图并计算校准误差。采用 Fixturlaser System 时，这一切工作都可以自动完成。移动时会显示实时数值，紧固螺栓时马上就会看出变化。

将 V 形夹具固定在被测物的两个轴上，分别在联轴器的两侧。使用提供的工具紧固螺栓，不要过于紧。将导向杆安装在 V 形夹具上并紧固。在固定架上安装 TD 单元，TD-M 安装在移动端上，TD-S 安装在固定端上。如果轴径过大，可选用延长链条。激光对中仪的装配如图 0-16 所示。

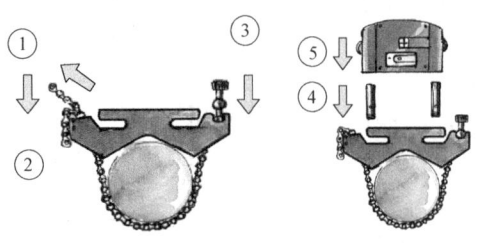

图 0-16 激光对中仪的装配

显示器和 TD 单元的连线有两种方式：一是一条连线连接显示器和一个 TD 单元，另一条连接两个 TD 单元；二是一条连线连接 TD-M 和显示器的一个接点，另一条连线连接 TD-S 和显示器的另一个接点。两种连线方式如图 0-17 所示。每个 TD 单元可连在显示器上的任一接点。如果由于某种原因，在测量过程中连线脱落，应返回主菜单重新开始测量程序。

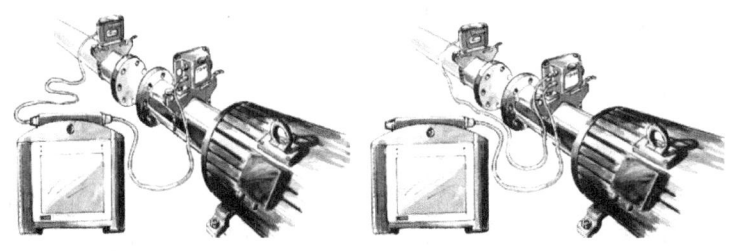

图 0-17 激光对中仪显示器和 TD 单元的连线方式

3. 水平机器轴对中测量方法

在水平机器轴对中程序中，有两种不同的方法可以进行测量，即时钟法和三点法。在具体的应用设定中应选择合适的测量方法。

时钟法：机构的位置以 180°旋转的方式计算且数据是实时的。时钟法在可调 180°旋转并容易转动的机器上比较适用。

三点法：机构的位置以最小 60°旋转的方式计算且数据不是实时的。三点法在限制旋转的位置或在两个方向都难以转动的机器上适用。风力发电机组轴对中检测即采用三点法。

（1）时钟法 在应用设定中选择时钟法" "。

1) 测量步骤。开启主机，主屏上显示 A、B、C、D 四个尺寸，如图 0-18 所示。A 为导向杆中心间距，B 为导向杆中心和前地脚螺栓中心的间距，C 为地脚螺栓的中心间距，D 为 TD-M（调整端，在发电机上）与 TD-S（基准端，在制动盘上）距离的一半，可以忽略。

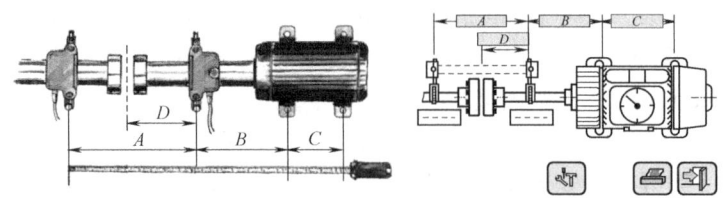

图 0-18 激光对中仪时钟法测量

绪　论

测量步骤如下：

① 站在要调整的机器一侧，面向固定的机器。

② 根据带图示水平仪的倾角仪的显示，转动轴至 12 点钟位置。当达到正确位置 ±3° 以内时，TD-M 上的绿灯指示变成红绿灯交替闪烁。滑开探测器上的标靶，调节蓝色钮将激光束对准标靶中心，如图 0-19 所示。

图 0-19　激光对中仪 12 点钟位置

③ 依照倾角仪的显示，将轴转至 9 点钟位置，滑开标靶，等 TD 数值出现的时候，轻按 9 点钟图标 " "，如图 0-20 所示。

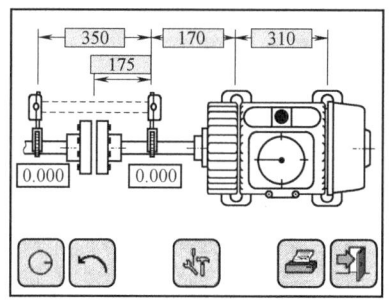 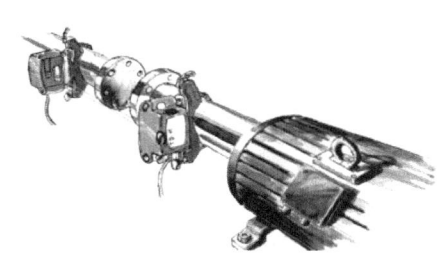

图 0-20　激光对中仪 9 点钟位置

④ 依照倾角仪的显示，将轴转至 3 点钟位置，轻按 3 点钟图标 " "，屏幕显示出机器当前的水平位置，如图 0-21 所示。

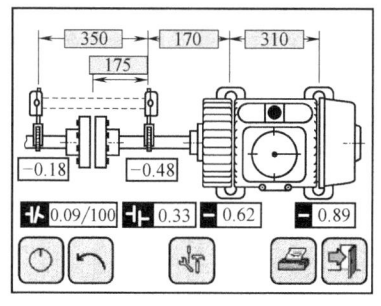 

图 0-21　激光对中仪 3 点钟位置

⑤ 将轴转至 12 点钟位置，轻按 12 点钟图标 " "，屏幕显示出机器当前的竖直位置，如图 0-22 所示。

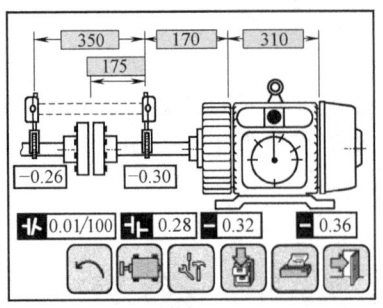 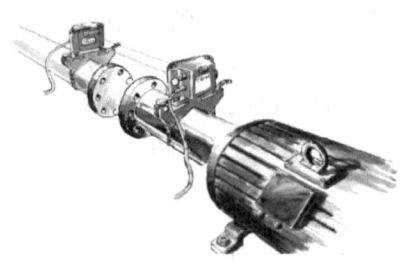

图 0-22 激光对中仪 12 点钟位置

激光对中仪菜单中部分图标含义见表 0-4。

表 0-4 激光对中仪菜单中部分图标含义

图标	含义	图标	含义	图标	含义
↻	重新测量所有位置		显示垂直视图		保存测量结果，详见存储器管理
	显示水平视图		全屏打印		离开程序

2）时钟法调整。

① 在垂直方向上调整机器水平和角度数值，直到在要求的公差范围内，如图 0-23 所示。

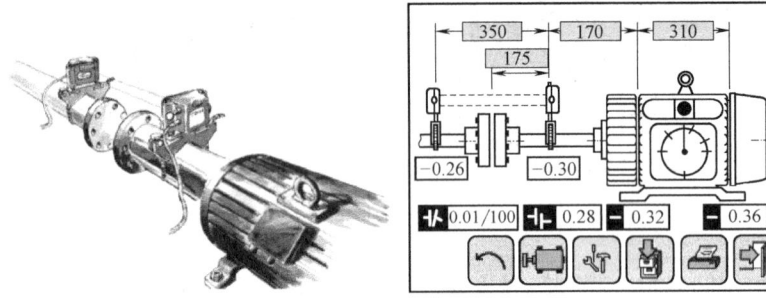

图 0-23 调整激光对中仪

② 将轴旋转到 3 点钟位置，轻按变换视图图标，在水平方向上调整机器直到达到要求的对中要求，如图 0-24 所示。

 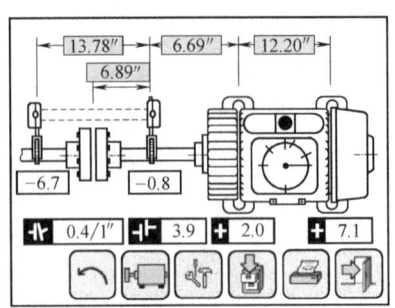

图 0-24 水平方向上调整激光对中仪

③ 将轴旋转到 12 点钟位置，轻按变换视图图标，检查机器是否在要求的公差范围内。
④ 调整结束，重新测量确认结果。

（2）三点法　当轴被限制旋转或只能单向转动时，在应用设定中选择三点法"　"。

为获得最可靠精确的测量结果，使用三点法测量时应连接联轴器。三点间角度越大，需要移动或重复测量的次数就越少。最小角度为 30°。

1）测量步骤。

① 屏幕上显示出可移动机器，像时钟法一样输入距离。将 TD 单元水平放置，如图 0-25 所示。

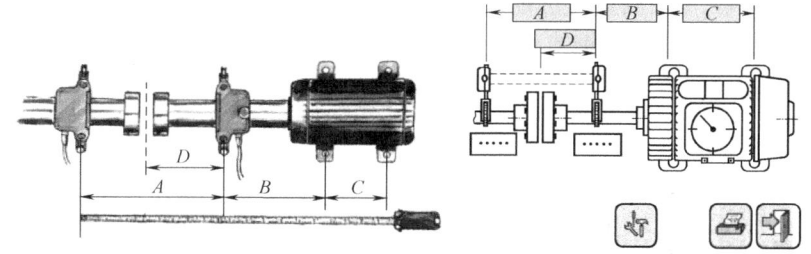

图 0-25　激光对中仪三点法测量

② 调节蓝色钮将激光束对准标靶中心，如图 0-26 所示。

图 0-26　激光束对准标靶中心

③ 轻按记录图标，记录第一个读数，如图 0-27 所示。

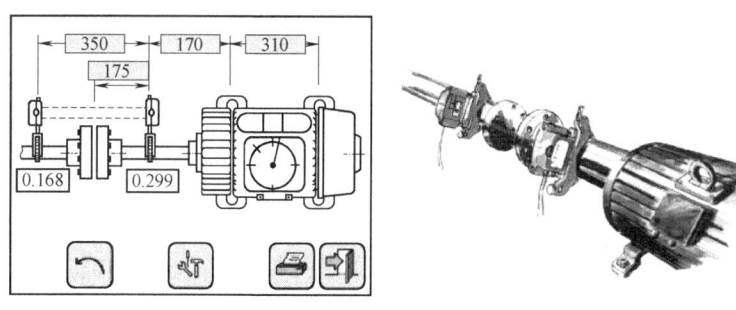

图 0-27　激光对中仪测量第一位置数据显示

④ 将轴转至下一个要测量的位置，至少应转 30°，转 30°后屏幕上显示出记录图标。轻按记录图标记录读数，如图 0-28 所示。

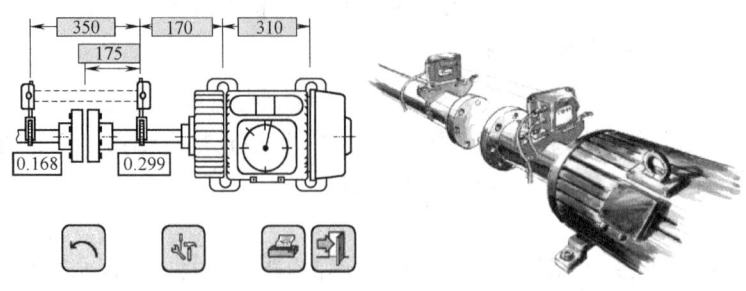

图 0-28　激光对中仪测量第二位置数据显示

⑤ 转动轴至第三个要测量的位置，轻按记录图标记录读数，如图 0-29 所示。

如果 TD 单元不在 12/6 点钟或 9/3 点钟位置，数值框右上角会显示一个黑色标记，读数也不是实时显示读数。点触水平或竖直图标可在两个位置间切换。

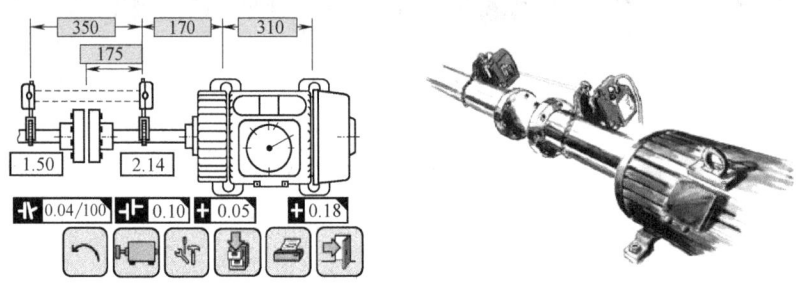

图 0-29　激光对中仪测量第三位置数据显示

2）三点法调整。实时显示调整只有在 12/6 点钟垂直位置和 9/3 点钟水平位置才能使用。倾角仪自动探测机器的移动变化并自动更新读数。只有当轴转至离 12/6/9/3 点钟位置 ±3°以内时实时读数功能才起作用。达到这些位置时 TD-M 单元上的绿灯显示会变成红绿灯交替闪烁。

① 将轴旋转至 12/6 点钟位置。在垂直方向上调整机器直到平行和角度偏差都在要求的公差范围内，如图 0-30 所示。

② 将轴旋转至 3/9 点钟位置。轻按变换视图图标，在水平方向上调整机器直到在要求的公差范围内，如图 0-31 所示。

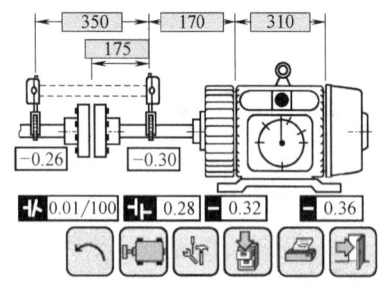 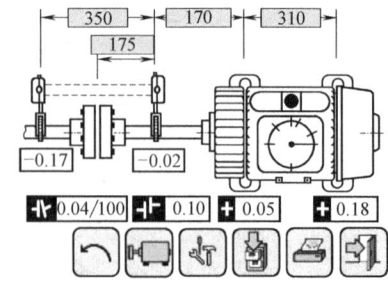

图 0-30　垂直方向上调整激光对中仪　　　　图 0-31　水平方向上调整激光对中仪

③ 将轴转动到 12/6 点钟位置，轻按变换视图图标，检查机器是否在要求的公差范围内。

④ 调整结束后，重新测量确认结果。

如果轴不能转动至水平和垂直位置，从而不能获得实时读数，可利用仪器给出的修正值进行调整，但每次移动后须重复三点测量。可以随时轻按重新测量图标进行该操作。

3) 测量点记录。有三种方式可以记录测量的结果，见表 0-5。

表 0-5 三点法测量记录保存方式

图标	记录保存方式
	保存测量结果在系统存储器中。在水平机器轴对中程序中,保存一个测量结果是测量的结果而不是调整后显示的测量结果。若要保存调整后的结果可以重新测量并保存
	打印结果
	传输保存的测量结果到计算机中

4) 恢复功能。水平机器轴对中程序支持恢复功能，可以临时存储必要的数据。当系统自动关闭或者低电量显示出现的时候，恢复功能启动。

恢复之后系统重新启动的时候，一个选择框就会出现。轻按水平机器轴对中图标可以返回已经保存过的数据中，轻按主菜单图标可以取消并返回主菜单。

4. 维护与保养

激光对中仪一般用四节 LR 20 型碱性电池供电，显示单元也可以用任意外接电源供电。当用系统进行正常的调整工作时，电池的寿命大约为 24h。在主菜单中，电量指示器显示电池的电量。电量低时，更换电池警告会显示在屏幕上。如果系统因低电量关机，更换电池或连接外部电源的时候，系统会返回到关机前的应用软件中，不会丢失信息。如果系统长时间放置，应取出电池以防止损坏。

激光对中仪的日常维护很简单，用棉布或棉球蘸中性肥皂水擦洗即可，但探测器表面只能用酒精清洗。注意不能用纸巾擦拭探测器表面，以免留下划痕。为发挥最佳功效，激光口、探测器表面和计算机连接处应避免油污。显示单元应保持清洁，防止划伤显示屏表面。激光对中仪的维护如图 0-32 所示。

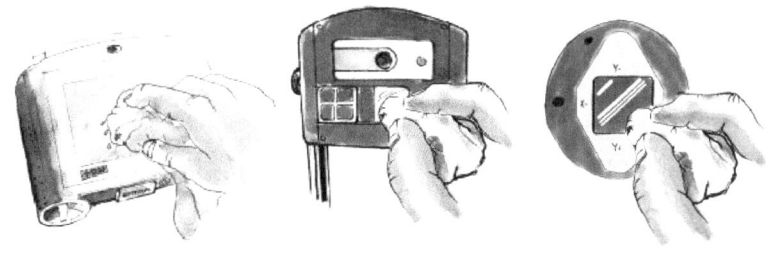

图 0-32 激光对中仪的维护

实践训练

使用激光对中仪对发电机与齿轮箱轴进行轴对中测量。

（五）风力发电机组主要维护工具一览表

风力发电机组维护与检修所需的常用工具见表0-6。不同的维护类型不一定用到表中所列的所有工具，可根据需要自行选择。

表0-6 风力发电机组维护与检修所需的常用工具

序号	工具名称	序号	工具名称	序号	工具名称
1	重型套筒	24	电流表	47	橡皮锤
2	电动液压扳手	25	压力表	48	钢卷尺
3	管钳	26	扭力倍增器	49	钢锯和锯条
4	活扳手	27	数字式万用表	50	塞尺
5	方形小榔头	28	数字钳形表	51	两角规
6	双呆扳手	29	绝缘电阻表	52	数显游标卡尺
7	呆扳手	30	相序表	53	电工刀
8	板牙扳手	31	多功能温度计	54	工具包
9	套状组合扳手	32	张紧力测量仪	55	安全帽
10	液压扭力扳手	33	多用插线板	56	护目镜
11	内六角扳手	34	红外测温枪	57	安全带
12	套筒扳手	35	测压表及接头	58	对讲机
13	一字螺钉旋具	36	手摇油泵	59	望远镜
14	十字螺钉旋具	37	软管漏斗	60	手电筒
15	电烙铁	38	液压油脂	61	塑料桶
16	手电钻	39	油脂加注枪	62	油桶1L、5L
17	钻头	40	液压油填充装置	63	抹布
18	绝缘剥线钳	41	排气管、带接头	64	漏斗
19	绝缘压接钳	42	叶片校正工具	65	电缆滚子30m
20	扣环装卸钳	43	叶片校正板	66	救生绳
21	锉刀（套）	44	锌涂料	67	攀登绳的滑块
22	冲头（套）	45	相位测试仪	68	垃圾袋
23	套装凿子	46	集油瓶（采样用）	69	手提计算机

思考练习

一、填空题

1. 叶片具有_____外形，在气流作用下产生_____驱动风轮转动，通过_____将转矩输入到主传动系统。

2. 机舱与塔基底部通过_____进行电源传输，塔筒内壁装有上下机舱的扶梯。

3. 塔架基础为钢筋混凝土结构，周围设置预防雷击的_____。

4. 风电机组有定速恒频和变速恒频两种类型，目前主流的大型风力发电机组采用_____的运行方式。

5. 液压扳手的驱动机构由_____、棘轮机构和机械连接机构构成。

6. 使用液压扳手前要_____，然后通过油管将液压扳手与泵站连接，方可开始工作。

7. 压力表为充装液体的湿式压力表，如表内有液压油，表明压力表_____，需及时更换。

8. 验电器分为低压验电器和高压验电器两种，_____也称为低压验电笔。

9. ＿＿＿＿＿＿＿＿的主要构成部件包括触摸屏、两个＿＿＿＿＿＿＿＿TD-M 和 TD-S、V 形卡具、链条以及传输线等。

10. ＿＿＿＿＿＿＿＿是水平和垂直移动机器的两个前脚和两个后脚，直到轴准值处于给定公差范围内。

11. 在水平机器轴对中程序中，有两种不同的方法可以进行测量，即＿＿＿＿＿＿＿＿。

12. 激光对中系统应用棉布或棉球蘸中性肥皂水擦洗，但＿＿＿＿＿＿＿＿表面只能用酒精清洗。

二、选择题

1. 风电机组工作过程中，能量转化的顺序是＿＿＿＿＿＿。
A. 风能→动能→机械能→电能
B. 动能→风能→机械能→电能
C. 风能→机械能→动能→电能

2. 金风科技 1.5MW 风力发电机组采用的是＿＿＿＿＿＿发电机。
A. 双馈异步　　　　　　B. 永磁同步　　　　　　C. 笼型转子异步

3. 华创 CCWE-1500/82.DF 机组的 82、1500 含义是＿＿＿＿＿＿。
A. 叶轮直径、扫风面积　　B. 塔架高度、额定功率　　C. 叶轮直径、额定功率

4. 风力发电机组在运行＿＿＿＿＿＿后必须进行第一次维护。
A. 300h　　　　　　　　B. 400h　　　　　　　　C. 500h

5. 机舱罩后上方装有＿＿＿＿＿＿传感器，舱壁上有隔音和通风装置，底部与塔架连接。
A. 风速和风向　　　　　B. 温度　　　　　　　　C. 振动

6. 风力发电机组的主要参数有两个，即风轮直径（或风轮扫掠面积）和＿＿＿＿＿＿。
A. 额定电流　　　　　　B. 机械效率　　　　　　C. 额定功率

7. 双馈式机组的转子带有集电环和电刷，转子侧加入交流励磁，可以＿＿＿＿＿＿电能。
A. 输入　　　　　　　　B. 输出　　　　　　　　C. 输入、输出

8. 直驱式机组因同步发电机转子＿＿＿＿＿＿很多，因此同步转速较低，也叫低速永磁发电机。
A. 极对数　　　　　　　B. 绕组　　　　　　　　C. 铁心

9. 液压扳手在调压前要先将调压阀调到零（逆时针），试压时必须＿＿＿＿＿＿调试。
A. 从高向低　　　　　　B. 从低向高　　　　　　C. 一样

10. 液压扳手的液压油工作＿＿＿＿＿＿h 后彻底更换，或者每年至少更换两次。
A. 20　　　　　　　　　B. 40　　　　　　　　　C. 50

11. 完成锁定时，液压扳手无法从螺母上取下，可能的原因是＿＿＿＿＿＿。
A. 压力太大　　　　　　B. 锁住了　　　　　　　C. 反力掣子抵住

12. 用液压扳手检验螺栓预紧力矩时，螺母转动角度小于＿＿＿＿＿＿时则预紧力矩满足要求。
A. 10°　　　　　　　　B. 15°　　　　　　　　C. 20°

13. 指针式万用表的基本工作原理是利用一只灵敏的磁电式＿＿＿＿＿＿做表头。
A. 交流电流表　　　　　B. 交流电压表　　　　　C. 直流电流表

14. 使用万用表测量电阻时，要先调零，选择＿＿＿＿＿＿电阻档开始。

A. 大量程 B. 小量程 C. 一样

15. 使用高压验电器测量时，人体与带电体应保持足够的安全距离，10kV 高压的安全距离为_____以上。

A. 0.5m B. 0.7m C. 1m

三、判断题

1. 风力发电机组由风轮（叶轮）、机舱、塔架和基础四部分组成。（ ）
2. 机舱由底盘、导流罩和机舱罩组成，底盘上安装除主控制器外的主要部件。（ ）
3. 风机市场上最具竞争力的是双馈式异步机组和直驱式永磁同步机组。（ ）
4. 塔架支撑机舱达到所需要的高度，塔架与主机架通过偏航齿圈连接。（ ）
5. 双馈异步发电系统由一台带集电环的绕线转子同步发电机和变流器组成。（ ）
6. 双馈异步发电机的变流器容量较小，故体积小，可直接置于机舱或塔筒内。（ ）
7. 双馈异步发电机并网时基本无电流冲击，它的变速恒频过程是在定子电路中进行的，转差功率一般为电机额定功率的 1/4～1/3。（ ）
8. 由低速永磁同步发电机组成的风力发电系统的定子通过全功率变流器与交流电网相连，发电机变速运行，通过变流器保持输出电流的频率与电网频率一致。（ ）
9. 使用高压验电器进行测量时，应使其逐渐靠近被测物体，直至氖泡管发亮，然后立即撤回。（ ）
10. 万用表不用时，不要旋在电流档，因为内有电池，如不小心易使两根表笔相碰短路，不仅耗费电池，严重时甚至会损坏表头。（ ）
11. 激光对中仪就是利用了激光的穿透力强且不受温度等外界因素困扰等特点，辅助装配连接夹具，对各种设备进行对中测试的仪器。（ ）
12. 进行激光对中仪实训操作时决不能盯着看激光器，更不能将激光射入人眼。（ ）

四、简答题

1. 简述风力发电机组的系统构成及发电原理。
2. 简述对液压扳手的维护保养内容。
3. 使用万用表有哪些注意事项？
4. 简述使用激光对中仪时三点法与时钟法的测量要素。

项目一

叶片的维护检修

项目目标

知识目标
1）了解叶片的结构及制造特点。
2）熟悉并掌握叶片的使用、维护与检修内容。
3）掌握叶片维修方法。

能力目标
1）能够独立进行叶片的日常维护。
2）会分析处理叶片的常见故障。
3）会对叶片进行简单的修补。

项目设计

本项目通过对风力发电机组风轮叶片的维护检修及故障分析，使学生理解叶片的结构、生产材料及制造工艺，掌握叶片的维护检修内容，能够分析与处理叶片的常见故障。为此，本项目设计为三个任务，分别是叶片的维护检查、叶片常见故障分析和叶片的拆装与修复。

知识链接

1. 叶片概述

风力发电机组的核心部件是风轮（也称叶轮），风轮由叶片和轮毂组成。叶片通过变桨轴承被安装到轮毂上，共同组成风轮。叶片接受风能使风轮绕其轴转动，将风能转换成风轮的旋转机械能并传递到轮毂上；机械能通过连接在轮毂上的增速齿轮箱主轴传递给发电机，发电机将接受的机械能转换成电能，输送给电网。

叶片也被称为桨叶，具有空气动力外形，如图1-1所示。叶片的翼形是根据空气动力学原理设计的，是风轮效率和工作情况的决定性因素。

根据叶片长度不同，叶片的制作材料也不同。目前，并网型风力发电机组的叶片普遍采用玻璃纤维增强环氧树脂或玻璃纤维增强聚酯树脂。随着叶片长度的增加，要求提高使用材料的性能，以减轻叶片的质量。较小型的叶片（如22m长）一般选用E-玻纤增强塑料，而较大型的叶片（如42m以上）一般采用碳纤维增强复合材料（CFRP）或碳纤维（CF）与玻璃纤维（GF）的混杂复合材料。大型风电机组叶片如图1-2所示。

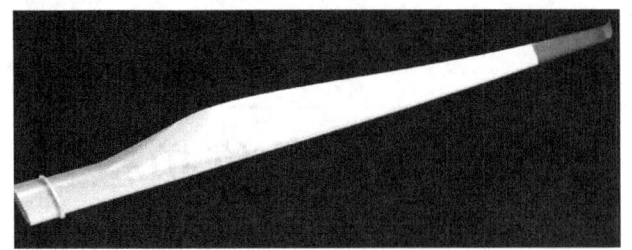
图1-1 风力发电机组叶片

图1-2 大型风电机组叶片

玻璃纤维增强复合材料（Glass Fiber Reinforced Plastic，GFRP），就是所谓的玻璃钢，是环氧树脂、不饱和树脂等塑料渗入长度不同的玻璃纤维而做成的增强塑料。

叶片是由复合材料制成的多格梁/壳体结构，其重量的90%以上由复合材料组成。风电场大部分采用水平轴风力发电机组，机组一般有3支叶片，每支需要用的复合材料达4t之多。图1-3所示为风电场现场组装的风轮，水平轴风电机组如图1-4所示。

图1-3 现场组装的风轮

图1-4 水平轴风电机组

2. 叶片结构

风力发电机组叶片由根部、外壳和纵梁三个部分组成。叶片叶尖的类型多种多样，有尖头、平头、钩头和带襟翼的尖部等。

（1）根部　叶片根部材料一般为金属结构，有钻孔组装式和螺纹件预埋式两种，如图1-5所示。

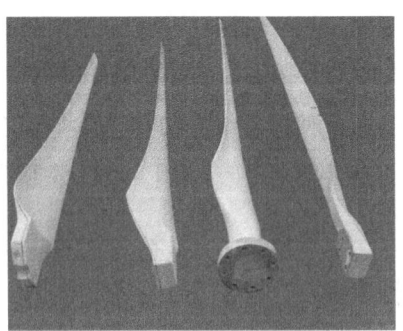
a）钻孔组装式叶片

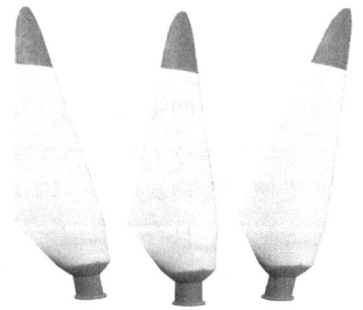
b）螺纹件预埋式叶片

图1-5 叶片类型

（2）外壳　叶片的外壳一般为玻璃钢，以复合材料层板为主，具有空气动力学外形。上、下壳体主要以单向增强材料为主，并适当铺设±45°层来承受转矩。一支叶片通常又分为根部断面、中段断面和叶尖（翼尖）三部分，如图1-6所示。

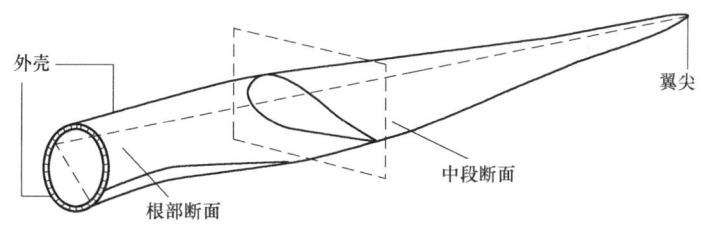

图1-6　大型风电机组叶片结构简图

（3）纵梁或龙骨（加强筋或加强框）　叶片的纵梁一般为玻璃纤维增强复合材料或碳纤维增强复合材料，作用是保证叶片长度方向和横截面上的强度和刚度，通常为两条，采用硬质泡沫塑料夹心结构，内部是高密度硬质泡沫塑料板，外包复合材料。叶片纵梁主要有D形、O形、C形和矩形。叶片的纵梁结构如图1-7所示。

风电场一般建在野外，风力发电机组比较高，雷电感应和雷电波的侵入是造成叶片损坏的主要原因，为此，风力发电机组各叶片有内置的防雷系统。防雷系统主要由一个位于叶尖的金属接闪器（雷电接收器）和一根金属电缆构成，叶尖防雷系统结构如图1-8所示。金属电缆可以是一根截面积不小于 $70mm^2$ 的铜电缆，该电缆沿着前缘侧筋板根部向法兰区铺设且连接到变桨轴承的楔块上；或者是一根截面积约为 $50mm^2$ 的镀锡铜电缆，该电缆连接到与根部法兰相连接的避雷导杆上。雷电从金属接闪器通过金属电缆（导引线）导入叶片根部的金属法兰，通过轮毂、主轴传至机舱，再通过偏航轴承和塔架最终导入接地网。

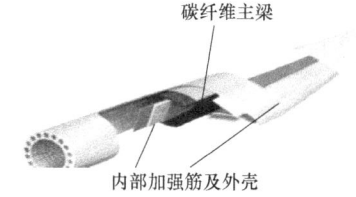

图1-7　叶片的纵梁结构

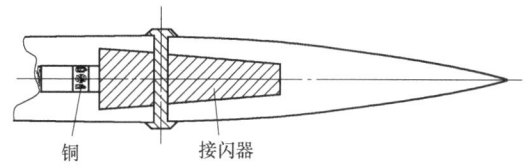

图1-8　叶尖防雷系统结构

3. 叶片参数

以金风和华锐风力发电机组为例，叶片的主要技术参数见表1-1。

表1-1　风力发电机组叶片主要技术参数

叶片型号	SL1500NOI34（LM34）	FL1500NOI34（LM34）
长度/m	34	37.3
风轮直径/m	70	77
适应风区	GL Ⅱ	IEC Ⅲ
切入风速/(m/s)	3.0	3.0
切出风速(10min平均风速)/(m/s)	25.0	22.0
环境温度/℃	-45~+60(-40~+55)	-30~+40
叶片材料	玻璃纤维增强树脂	玻璃纤维增强树脂
质量/kg	5500×(1±2%)	5530
螺栓规格及材料	M30×54	Steel 10.9
工作寿命/a	20	

4. 叶片制造

（1）叶片制造方法　叶片制造主要有手工糊制成型、真空辅助浸渗成型、叶片树脂传递成型（RTM）和叶片零件楔形块成型四种方法。其中手工糊制成型法不适于大数量生产，真空辅助浸渗成型法技术要求较高。

真空辅助浸渗成型法是在真空袋成型法的基础上，近几年发展起来的一种改进的RTM工艺。真空辅助浸渗成型法是应用封闭模具，在模具型腔中铺放好按性能和结构要求设计的增强材料预成型体，合模后使用真空泵对型腔抽真空，借助于大气压力和铺放在结构层表面的高渗透率的介质引导将树脂注入结构层中。

真空辅助浸渗成型法生产的叶片优点是叶片两面光滑，尺寸准确，尤其是厚度尺寸。叶片纤维含量高，强度和刚度好。与手工糊制成型法和真空袋成型法相比减少了固化时逸出的挥发性物质，有利于操作人员的健康和安全，方便采用加热固化，可以提高生产效率。

（2）叶片制造通用工艺流程　清理模具→喷涂脱模剂→喷涂胶衣→铺层→真空浸渗树脂→加热固化→脱模→黏合成型→打磨表面→喷漆等。

下面分别介绍一下手工糊制成型法和真空辅助浸渗成型法制造流程。

1）手工糊制成型法。

① 在模具上均匀地刷涂或喷涂脱模剂。

② 当脱模剂干燥后，在模具表面均匀地涂一层胶衣树脂（胶衣层）。

③ 胶衣层凝固后，在模具成型表面按要求铺放增强材料（表面毡、短切原丝毡等），用滚子或毛刷等涂刷混有固化剂的树脂，注意树脂和固化剂必须严格按比例混合。

④ 使树脂浸渍增强材料并去除气泡，压实铺层；反复进行铺层操作，直至达到产品的设计厚度。叶片生产现场如图1-9所示。

⑤ 树脂进行聚合反应，常温固化，也可加热加速固化。图1-10所示为叶片成型后的加热固化箱。

⑥ 制品固化后脱模，清擦模具，产品修边加工。

图1-9　叶片生产现场

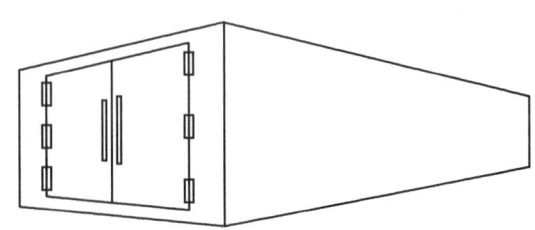

图1-10　大型固化箱

2）真空辅助浸渗成型法。

① 清理干净模具，在模具内表面均匀喷涂脱模剂，待干燥后喷涂胶衣层。

② 胶衣层干燥后，在模具内表面使用图样要求的规格品种的增强材料，根据图样要求按规定的层数和结构，铺覆好叶片的增强层。将叶片内的预埋件，如防雷构件、叶根构件等准确配置在图样要求的位置上。

③ 检查铺覆好的叶片增强层和预埋件，将上、下模具闭合，接着把上、下模具的接合

面进行可靠的密封。

④ 关闭树脂灌注入口阀门,密封合格后,打开真空泵接口阀门,起动真空泵,将型腔内真空度抽至工艺要求。达到工艺要求后真空泵停机,关闭真空泵接口处阀门。

⑤ 打开树脂灌注口阀门,树脂在大气压推动下进入型腔,浸透增强材料并充满型腔。

⑥ 经检查确认树脂已充满型腔后,起动热水循环泵对模具进行加温加速叶片固化,缩短在模具内的固化时间。达到工艺要求的固化时间后,关闭热水循环泵,移除热水循环泵、真空泵及树脂灌注设施。

⑦ 叶片脱模,切除多余的流道口、飞边,检查叶片是否存在缺陷。对于允许修复的缺陷进行修复,半个叶片壳体成形。

⑧ 利用模具将叶片上、下壳体,腹板梁和叶根部粘合成完整的叶片。

⑨ 修复、检查合格后喷涂面层,即为叶片成品。

任务1 叶片的维护检查

任务描述

由于风电场的特殊性,每天都要对机组进行日常巡视检查,还要定期对机组各部件进行维护,叶片的维护检查也如此。而且特殊气候后要对叶片全面重点检查。叶片的定期维护检修周期一般是首次12个月,之后每24个月进行一次维护检修。本任务就是指导学生在学习了叶片的相关知识后,对叶片进行维护检查。

任务实施

(一)注意事项

叶片的维护和检修工作注意事项:

1)如果环境温度低于-20℃,不得进行维护和检修工作。对于低温型风力发电机组,如果环境温度低于-30℃,不得进行维护和检修工作。

2)如果超过下述的任何一个限定值,必须立即停止工作,不得进行维护和检修工作。

叶片位于工作位置和顺桨位置之间的任何位置,5min 平均风速为 10 m/s 或 5s 阵风速度为 19 m/s;叶片位于顺桨位置,5min 平均风速为 18 m/s 或 5s 阵风速度为 27 m/s。

3)对叶片进行任何维护和检修,必须首先使风力发电机组停止工作,各制动器处于制动状态并将风轮锁锁定。

(二)准备工器具

以 FL1500 系列风力发电机组为例,表 1-2 列出风力发电机组叶片的维护工具。

表 1-2 叶片维护工具清单

编号	名称	型号	数量	编号	名称	型号	数量
1	专用控制柜		1	2	液压力矩扳手	HytorcXLT3	1

（续）

编号	名称	型号	数量	编号	名称	型号	数量
3	两用扳手	50mm	2	7	防水记号笔		2
4	六角重型套筒	50mm(1″)	2	8	望远镜		1
5	刷子		2	9	照相机		1
6	清洁剂		1	10	钻头	直径5mm	1

（三）维护检查任务

叶片的维护检查主要包括外观检查、风轮平衡检查、叶片噪声与声响检查、排水孔检查、T-螺栓保护检查及防雷系统的检查维护等内容。

（1）外观检查 应检查叶片表面是否有裂纹、损害和脱胶现象。在最大弦长位置附近处的后缘应格外注意。

1）砂眼检查。叶片运行两至三年后，雨后从叶片迎风面（叶脊）可以看出叶片的受损情况。如叶片迎风面雨后还显黑色，表明叶片已经出现砂眼（盐雾、漏油除外）。

沙漠中叶片胶衣脱落及麻面、砂眼的形成比沿海地区至少提早一至两年，隐患形成后的加重速度是沿海地区的几倍。叶片叶尖开裂年限比沿海地区提前两年。

污垢经常周期性发生在叶片边缘，过多的污垢会影响叶片的性能和噪声等级，此时有必要清洁叶片。清洁时一般采用清洁剂和刷子来清洗。

2）裂纹检查。检查叶片是否有裂纹、腐蚀或胶衣剥离现象，是否有受过雷击的迹象。雷击损坏的叶片在叶尖附件防雷接闪器处可能产生小面积的损害。较大的闪电损害（接闪器周围大于10mm的黑点）表现为叶片表面有火烧黑的痕迹，远距离看像油脂或油污点。叶尖开裂后折断如图1-11所示。

检查叶尖或边缘、外壳与纵梁之间是否裂开，在易断裂的叶片边缘及表面是否有纵向裂纹，外壳中间是否裂开；检查叶片缓慢旋转时是否发出"咔嗒"声。

观察叶片可以从地面、机舱外用望远镜或采用无人机航拍，也可以使用升降机单独检查。对于出现在外表面的裂纹，应在裂纹末端做标记并且进行拍照记录。在下一次检查中应重点检查，如果裂纹未发展，不需要采取进一步措施。

图1-11 叶尖开裂后折断

裂缝的检查可通过目测或敲击表面判断，可能的裂缝处应用防水记号笔做记号。如果在叶片根部或叶片承载部分发现裂纹或裂缝，风电机组应停机检查。如果裂纹发展至增强玻璃纤维处，应修补。

3）防腐检查。检查叶片表面是否有腐蚀的现象。前缘表面上的腐蚀小坑，有时会彻底穿透涂层。叶片面应检查是否有气泡。当叶片涂层和层压层之间没有足够的结合时会产生气泡。由于气泡腔可以积聚湿气，在温度低于0℃（湿气遇冷结成冰）时会膨胀和产生裂缝，这种损害应及时进行修理。

（2）风轮平衡检查 如果功率异常或可变负载跟随旋转出现，可能是由叶片不平衡或风轮有不同的叶片角度造成。如果可变负载出现且与风速无关，风轮上可能有不平衡。如果可变负载是不规则的且部分与风速有关，可能叶片角度调整错误，应测量叶片角度并进行调整。

（3）叶片噪声与声响检查　叶片的异常噪声可能是由于叶片表层或顶端有破损，叶片尾部边缘也可以产生噪声。如叶片的异常噪声（呼啸声）很大，证明有单支叶片出现受损现象，需要停机检查叶尖和叶脊部位，观察叶刃自上而下是否有横纹现象。

应检查叶片内是否有异物不断跌落的声响。如果有，应将有异响的叶片转至斜向上位置，锁紧风轮。如存在异物，打开半块叶片接口板取出异物。

（4）排水孔检查　应经常清理排水孔，保持排水通畅。排水孔堵死时，可以使用直径大约为5mm的正常钻头重新开孔。

（5）T-螺栓保护检查　在叶片根部外侧，应检查柱型螺母上部的层压物质是否有裂纹，检查螺母有没有受潮。在叶片内侧，柱型螺母通过一层PU密封剂进行保护，有必要进行外观检查。根据力矩表抽样紧固叶片10%～20%的螺栓，用液压力矩扳手分别以规定的力矩紧固叶片根部连接螺栓。

（6）防雷系统的检查维护　检查防雷系统组件是否有受过雷击的迹象，是否完整无缺、安装牢固，如有问题则整理和修复组件以达到最初设计的状态。检查接闪器和叶片表面附近区域是否有雷击造成的缺陷、接闪器是否损毁严重以及雷电记录卡是否损坏。如果叶片表面变黑，可以用细粒的抛光剂除去；如果雷击造成叶片主体损坏，则由专业维护人员及时进行修补。

实践训练

对叶片实施检查维护。

任务2　叶片常见故障分析

任务描述

风电机组的工作环境决定了叶片的磨损比较大，运行几年后叶片的损伤、裂纹不可避免，为此，本任务就是要学生能够针对叶片的实际情况，分析故障原因，并做出有针对性的预防与改进措施。

任务实施

风力发电机组风轮的维护重点是叶片。叶片的表面有胶衣保护，胶衣的硬度和韧性都高于叶片本体的复合材料和玻璃纤维布。机组运行3～5年后，由于风沙的抽打磨损，叶片外层的胶衣受到破坏，很容易产生砂眼和裂纹，同时产生较大的噪声。必要时要对胶衣进行修补。叶片在运行中，常见的故障表现有叶片本身缺陷、砂眼及损伤、裂纹及断裂和磨损及开裂。

（1）叶片本身缺陷　叶片本身缺陷指出厂前就已经存在的故障，由生产企业在工艺流程及质量检验上的缺失等原因造成。这种叶片内部虚接缺陷随着叶片的运行使用会逐渐显现出来。这类缺陷最常见的例子就是壳体和龙骨与表层间的粘结处有缺陷,检查时可以通过专用工具对叶片内主梁敲击,从声音判断叶片与主梁是否有空鼓现象。

(2) 叶片砂眼及损伤　叶片损伤包括整个叶片表面及粘结部位的损伤,如层压材料、夹心板芯、桁梁和龙骨等部位出现的气孔、锈蚀和剥落等现象。

叶片表面损伤主要是叶片表面出现砂眼,砂眼是由于叶片失去表面保护层(胶衣层)引起的。叶片的胶衣层破损后,叶片被风沙抽打磨损,先出现麻面,即细小的砂眼,之后在风沙雨淋中很快演变为大砂眼洞。砂眼可以增加叶片运转的阻力,使其转速降低;若雨季砂眼内存水,麻面处湿度增加,叶片的防雷效能就会降低。

(3) 叶片裂纹及断裂　由于外部环境的低温和风力发电机组自振,叶片表面裂纹在风轮运转2～3年后就会出现。如果裂纹出现在叶片根部,则更容易加深加长。风沙的污垢也会使裂纹扩张。纵向裂纹可导致叶片的开裂,横向裂纹可导致叶片的断裂。叶片在遭受雷击、风暴袭击后,也会造成叶片的破损或断裂。

巡检时,若风轮运转时的杂音较大,则表明叶片裂纹出现,要引起注意。要定期观察叶片,沿着叶片边缘寻找裂纹。尤其要注意叶片的迎风面叶脊处,这是叶片受损最严重的部位,自然开裂率最高,若不能及时发现,会造成叶片折断。

(4) 叶尖磨损及开裂　风力发电机组运转几年后,由于叶片边缘的固体材料磨损严重,双片组合的叶尖保护能力、固合能力下降,使双片粘合处缝隙曝露在风沙中,从而导致叶尖部开裂;加之叶片运转时的弯曲和自振,也会导致叶片的内粘合缝处自然开裂。

雷电很容易造成叶片损伤。在雷电损坏处,叶片外壳上有空洞,叶片表面有烧灼的黑色痕迹,前部边缘和表层上有纵向裂纹,骨架边缘出现断层。如果叶片发出极强的噪声,可能是由于雷电损坏引起的。由于雷电损坏可能会造成叶片框架部分脱落,机组应停止运行,将损坏的叶片拆卸下来维修。一个新的或修复后的叶片安装后必须与其他叶片保持动平衡。

实践训练

思考:分析叶片损伤的原因,讨论如何尽量避免叶片的损伤。

任务3　叶片的拆装与修复

任务描述

本任务是指导学生对叶片进行拆卸、安装和修复。实训任务要联系实际进行,注意维修工具的正确使用。

任务实施

(一)注意事项

1)如果环境温度在10℃或以上,叶片修复应在现场进行。若温度降低,修复工作应延迟直到温度回升到10℃以上。

2) 修复完叶片，要等胶完全固化后，风轮方可运行。

3) 修复后的叶片安装后，应与其他叶片保持动平衡。

4) 修复叶片表面时，须穿戴安全面具和手套，防止修复材料的刺激性对人体有害。

（二）准备工器具

以 FL1500 系列风力发电机组为例，表 1-3 列出风力发电机组叶片的主要修复材料及工具。

表 1-3 叶片主要修复材料及工具

维修工具				修复材料			
编号	名称	型号	数量	编号	名称	型号	数量
1	专用控制柜		1	1	环氧树脂/聚酯	L235 系列等	
2	液压力矩扳手	Hytorc XLT3	1	2	胶粘剂	L135/K4 系列等	
3	两用扳手	50mm	2	3	玻璃纤维	单/双/三轴纤维	
4	六角重型套筒	50mm(1")	2	4	底漆和面漆		
5	刷子		2	5	胶衣树脂		
6	清洁剂		1	6	刷子		2
7	防水记号笔		2	7	清洁剂		1
				8	手提式砂轮机		1
				9	砂纸		2
				10	丙酮(易燃)		

（三）维护检修任务

1. 风轮及叶片的拆卸与安装

下面以 FL1500 系列风力发电机组为例，详细列出拆卸并安装风轮及叶片的现场作业步骤。更换风轮作业现场如图 1-12 所示。

（1）风轮及叶片的拆卸

1) 停机、停电，测量轮毂高度风速，需保证 5min 平均风速低于 8m/s。

2) 手动打开制动器，转动制动盘检查齿轮箱连接法兰转动是否正常。

3) 调整齿轮箱法兰孔在正确的位置，装上风轮锁。

4) 将吊装要求的工具和辅助材料放在机舱里并固定好。

5) 利用吊带钩住两根上方叶片的根部，并挂在主吊车上，如图 1-13 所示。

图 1-12 更换风轮作业现场

图 1-13 吊带钩住两根上方叶片的根部

6) 拆下轮毂与齿轮箱连接螺栓，包括 M36×400 螺杆 48 个、GB6170 M36 螺母 48 个和 Moser M36 垫圈 48 个。

7) 准备吊下风轮，用液压力矩扳手（套筒 55mm）打到规定力矩，将齿轮箱法兰盘上固定风轮用的螺母卸松并取下。

8) 待风轮与齿轮箱法兰盘刚刚脱离后,两根导向绳控制好力度,同时主吊车向远离齿轮箱法兰盘的方向缓慢移动,如图 1-14 所示。

9) 待风轮与齿轮箱法兰盘距离达到 1m 左右时,主吊车将风轮下放到大概塔筒中间位置,此时最下面的叶片尖部已经接近地面,把一个人字梯立在叶片旁边,人上梯子将一端挂有辅助吊车的吊带及叶尖保护套固定在最下面的叶片上,之后所有吊装人员撤离现场。辅助吊车开始略微收点导向绳,并向叶片后缘的方向转臂,此时主吊车方可再继续向下放风轮,如图 1-15 所示。

图 1-14 主吊车将风轮缓慢吊离齿轮箱法兰盘　　　　图 1-15 主吊车向下缓放风轮

10) 风轮吊下后,用方形木条垫在轮毂底下保证安全放置,并有足够的离地间隙(大于 0.75m),迅速将轮毂法兰面上的剩余螺栓(M36×310 和 M36×370 螺栓)全部取下。

11) 吊车用叶片专用吊带托住叶片重心位置,稍微向上加点力,叶片的叶尖部位用两根绳索绑牢,目的是在叶片吊离地面时起到对叶片位置水平和垂直方向的导向作用,使叶片与轮毂脱离时不致掉到地上。

12) 用液压力矩扳手配合着手动变桨的方法将叶片与轮毂对接的螺母逐一取下,将拆卸下的螺母垫片全部回收并保管好。

13) 将叶片吊离地面 3m,选择合适场地将叶片装在叶片工装上面,但工装保护板内应垫好胶皮以免损伤叶片。剩下两只叶片用同样的方法拆卸。

(2) 叶片的安装

1) 将导流罩安装在轮毂上。

2) 用规定的润滑脂(Chesterton 785)涂抹叶片连接螺栓。

3) 在变桨轴承上安装楔形盘,保证轴承上标记与楔形盘标记对准。在开始安装前确认垫片沉头孔面对准叶片。

4) 安装叶片时,卸掉工作位置和顺桨位置开关插头,使变桨轴承能够超过工作位置范围移动。

5) 在组装过程中按照叶片位置转动变桨轴承内圈,不要转动叶片。

6) 临时卸掉变桨止挡、传感器。

7) 起吊叶片,组装到轮毂上。

8) 小心将叶片安装在变桨轴承上,通过变桨服务盒和电源线保证叶片在正确位置,采用 4 个长螺栓共同定位。

9) 将叶片螺栓,包括球座和球形垫圈拧上,安装时需保证沉头孔面朝叶片方向。

10) 在不变桨情况下,用呆扳手紧固所有能拧得到的螺栓,难以拧到的螺栓,使用规定的工具尽可能拧紧。

11)锁住轮毂上的叶片锁,防止叶片转动。

12)在距离叶根约25~26m的地方放置一个高度可调的架子来支撑叶片截面。第一、二根叶片必须要有支撑,若风轮在地面时间较长,则第三根叶片也需要支撑。

13)移去吊车,完成了一根叶片的组装。

14)重复步骤7)~13),安装其他两根叶片。

(3)风轮的安装

1)用吊带固定风轮的两根叶片叶根部位,并钩在主吊车上,需要注意不允许损坏叶片上的防雨罩。

2)吊带钩住第三根叶片距叶根28m处,并钩在辅助吊车上,保证叶片后缘面朝上。

3)主吊车和辅助吊车缓缓地吊起风轮,待风轮停止晃动后,放下风轮。松开轮毂与工装的连接螺栓。

4)使风轮与工装脱离,清理风轮法兰接触面。

5)确保轮毂两个定位螺栓在风轮锁杆区域的外面,以保证在风轮安装完毕后,不需要转动风轮就能够卸掉。

6)将轮毂与齿轮箱连接螺栓M36×400抹上润滑脂或MoS_2,拧入轮毂法兰孔深145mm。

7)通过两台吊车将风轮吊到不同高度,使风轮从水平位置垂直竖立。先由主吊车缓慢起吊,辅助吊车只吊一个叶片,操作吊钩直到叶尖指向朝下离地面大概1m,当辅助吊车不再承受载荷,就可以将其移开。调节叶片保证轮毂法兰面与齿轮箱法兰面平行。用两根导向绳转动风轮直到风轮与齿轮箱法兰的倾角相同,起吊风轮靠近齿轮箱法兰。在起吊过程中,必须保证两根导向绳系住的叶片朝上,防止风轮转动。打开风轮锁和制动器,转动制动盘,调节齿轮箱法兰面,通过定位螺栓和螺杆引导风轮导入。导入后锁上风轮锁和制动器。

8)上定位螺栓导入齿轮箱法兰,并拧紧第一个螺母后,用连接螺杆替换定位螺栓。

9)拧紧齿轮箱法兰上余下的螺栓,并使用指定的润滑脂。

10)用规定转矩的50%预紧螺栓,在不方便的地方用手拧紧。

11)移开吊具。

2. 叶片的修复

叶片在使用过程中可能的损伤包括表面损伤(如擦伤、划槽、刻痕和刮痕等)和结构损伤(如裂纹、洞、分层、脱胶和化学腐蚀等)。

(1)表面损伤的修复

1)对需修复的表面先用丙酮进行清洗。

2)用80目砂纸打磨破损区域的涂漆层,再用丙酮清洗,然后用干布擦拭干净,如图1-16所示。

3)刮批腻子,待腻子固化后,再打磨平整。

4)最后涂面漆。

(2)结构损伤的修复

1)先清理损伤表面,从维修部位去除损坏的或者不再完整的粘结材料,再用安装有36#(中粗)砂纸盘的角磨机打磨损伤区,为维修范围做彻底的清洁和打磨。

2）将损伤区域的玻璃钢打磨成阶梯形，每层扩大20mm，打磨完成后用丙酮清洗，再等层数修补。

3）在邻接损坏的部位用玻璃纤维编结布进行层接，每次层接至少要做三层，纤维的顺序和方向取决于原来的层压材料。

4）根据叶片结构层破坏情况，用环氧树脂加固化剂，糊制与破损结构层层数相同的玻璃纤维编结布，固化后打磨平整，再用腻子刮批，砂磨光滑。

5）涂油漆。叶片轻度损伤的修复可以使用叶片专用维修平台在风力发电机组上进行，如图1-17所示。若大面积严重损伤则要将叶片拆卸下来修复，或者返厂修复。

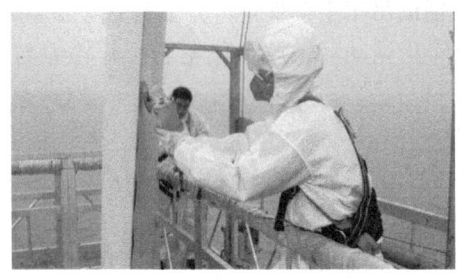

图1-16　叶片打磨维修

图1-17　叶片损伤的修复

（3）修复叶片损伤注意事项

1）涂抹浸渍加强材料要彻底，以避免空气侵入。

2）操作过程中要采取预防措施防止叶片运动或振动。

3）表面防护采用精细树脂材料层，要保证层压材料的固化。

4）树脂材料经充分固化后，才能将维修过的部件再次投入使用。

5）对维护部位进行维修，硬化之后要进行调温处理。

实践训练

对叶片的局部损坏进行修补。

知识拓展

风力发电机组叶片的相关知识

1. 风力发电机组叶片的性能要求

叶片是风力发电机中最基础和最关键的部件，其良好的设计、可靠的质量和优越的性能是保证风电机组正常稳定运行的决定性因素。恶劣的环境和长期不停运转，要求叶片：

1）密度轻且具有最佳的疲劳强度和力学性能，能经受暴风等极端恶劣条件和随机负载的考验。

2）叶片的材料必须保证表面光滑以减小风的阻力。

3）不得产生强烈的电磁波干扰和光反射。

4）不允许产生过大噪声。

5）耐腐蚀、紫外线照射和雷击性能好。

6) 成本较低，维护费用低。

2. 叶片材料

风机叶片用主要材料包括各种增强材料、基体材料、夹芯材料、胶粘剂和各种辅助材料等。

1) 增强材料。对于同一种基体树脂来讲，采用玻璃纤维增强的复合材料制造的叶片的强度和刚度的性能要差于采用碳纤维增强的复合材料制造的叶片的性能。但是，碳纤维的价格目前是玻璃纤维的 10 倍左右。由于价格的因素，目前的叶片制造采用的增强材料以玻璃纤维为主。因此玻璃纤维仍是风机叶片制造未来主要的增强材料。

随着叶片长度不断增加，叶片对增强材料的强度和刚性等性能也提出了新的要求，风机叶片采用玻璃纤维/碳纤维混杂复合材料结构，在翼缘等对材料强度和刚度要求较高的部位，则使用碳纤维作为增强材料。这样不仅可以提高叶片的承载能力，而且由于碳纤维具有导电性，也可以有效地避免雷击对叶片造成的损伤。因此在无法突破碳纤维技术瓶颈的前提下，与玻璃纤维混搭增强也是一个重要市场。

2) 基体材料。目前的风力发电机叶片基本上是由聚酯树脂、乙烯基树脂和环氧树脂等热固性基体树脂与玻璃纤维、碳纤维等增强材料通过手工铺放或树脂注入等成型工艺复合而成的。为了提高复合材料叶片的承担载荷、耐腐蚀和耐冲刷等性能，必须对树脂基体系统进行精心设计和改进，采用性能优异的环氧树脂代替不饱和聚酯树脂，改善玻璃纤维/树脂界面的粘结性能，提高叶片的承载能力，扩大玻璃纤维在大型叶片中的应用范围。同时，为了提高复合材料叶片在恶劣工作环境中的长期使用性能，可以更多地采用耐紫外线辐射的新型环氧树脂系统。

3) 夹芯材料。夹芯材料成本约占叶片材料总成本的 20%。在风电叶片设计中，夹芯材料的选择主要考虑三个方面的因素：力学性能（强度、刚度和密度）要求、工艺条件（承受的温度、制品形状、夹芯材料的加工等）要求和价格。做好叶片夹层结构设计和夹芯材料选择的前提是要充分了解各类夹芯材料的性能特点，还要根据最终产品的性能和工艺方法进行特定的试验来减小风险。

4) 胶粘剂等其他辅助材料。胶粘剂的作用是把叶片夹芯材料与壳体以及上、下半叶片壳体互相粘结，并将壳体缝隙填实从而构成牢固的整体。

5) 新型叶片材料。竹基纤维复合材料俗称"竹钢"，为世界首创新型竹材，属于国家高技术研究发展计划（863）"竹木复合新型结构材料制造技术"项目和"十一五"国家科技支撑计划重点项目"农林剩余物制造绿色建材新产品开发"的重大成果产业化结晶。

竹基纤维复合材料的关键性能参数：拉伸强度（≥140MPa）、压缩强度（≥140MPa）、弹性模量（≥30GPa）、28h 循环实验数据、厚度膨胀率（≤5%）及宽度膨胀率（≤3%）。

产品用途：产品用途广泛，可替代玻璃钢用于高强度的风电叶片基材，也可以用于建筑结构材料、地板、家具、集装箱地板、轮船甲板和火车底板等，具有附加值高、强度高等优点，有良好的社会效益与经济效益。

风电叶片：原料为小径竹慈竹，通过采用纤维化竹束帘制备技术、酚醛树脂均匀导入技术、连续式网带干燥技术、大幅面板坯铺装技术和成型固化技术等多项技术集成，最终生产出可用于兆瓦级风电叶片的高强度竹基纤维复合材料。

3. 不同材质的叶片

1）木制叶片及布蒙皮叶片。近代的微、小型风力发电机也有采用木制叶片的，但木制叶片不易做成扭曲型。大、中型风力发电机很少用木制叶片，采用木制叶片的也是用强度很好的整体木方做叶片纵梁来承担叶片在工作时所必须承担的力和弯矩。

2）钢梁玻璃纤维蒙皮叶片。叶片在近代采用钢管或 D 型钢做纵梁、钢板做肋梁、内填泡沫塑料外覆玻璃钢蒙皮的机构形式，一般在大型风力发电机上使用。叶片纵梁的钢管及 D 型钢从叶根至叶尖的截面应逐渐变小，以满足扭曲叶片的要求并减轻叶片重量，即做成等强度梁。

3）铝合金等弦长挤压成型叶片。用铝合金挤压成型的等弦长叶片易于制造，可联系生产，又可按设计要求的扭曲进行扭曲加工，叶根与轮毂连接的轴及法兰可通过焊接或螺栓连接来实现。铝合金叶片重量轻、易于加工，但不能做成从叶根至叶尖渐缩的叶片，因为目前世界各国尚未解决这种挤压工艺问题。另外，铝合金材料在空气中的氧化和老化问题也值得研究。

4）玻璃钢叶片。玻璃钢是环氧树脂、不饱和树脂等塑料渗入长度不同的玻璃纤维或碳纤维而做成的增强塑料。增强塑料强度高、重量轻、耐老化，表面可再缠玻璃纤维及涂环氧树脂，其他部分填充泡沫塑料。玻璃纤维的质量还可以通过表面改性、上浆和涂覆加以改进。

5）碳纤维复合材料叶片。碳纤维（Carbon Fiber，简称 CF）复合材料叶片刚度是玻璃钢叶片的 2～3 倍。虽然碳纤维复合材料的性能大大优于玻璃纤维复合材料，但价格昂贵，采用百分之百的碳纤维制造叶片从成本上来说是不合算的。目前国外碳纤维主要是和玻璃纤维混合使用，碳纤维只是用到一些关键的部分。碳纤维在叶片中应用的主要部位有：横梁，尤其是横梁盖；前后边缘，除了提高刚度和降低质量外，还起到避免雷击对叶片造成损伤的作用；叶片的表面，采用具有高强度特性的碳纤维片材。

碳纤维的应用优势是提高叶片刚度，减轻叶片重量；提高叶片抗疲劳性能；使风机的输出功率更平滑更均衡，提高风能利用效率；可制造低风速、自适应叶片；利用导电性能避免雷击；降低风力机叶片的制造和运输成本；具有振动阻尼特性。

4. 大型组装叶片

目前，一款名为"Spar Blade"的使用轻质复合材料与空间框架结构的现场组装叶片将被开发。据说利用这项新技术可制造出 62～74m 长的叶片，用于大兆瓦级和高塔筒的风电机组。这项新技术有望创造出性能更高、重量更低和成本更低的风电机组叶片，以显著降低运输成本。叶片分段加工如图 1-18 所示，加工组装后的叶片如图 1-19 所示。

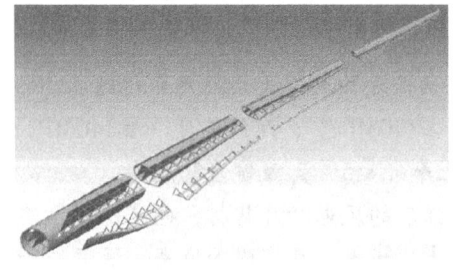

图 1-18　叶片分段加工示意图

图 1-19　加工组装后的叶片

5. 风轮的检测

大型风轮的检测是生产厂家的一大难题。首先，风轮尺寸大，没有合适的设备进行测量；其次，风轮重量大，不能放到检测平台上进行测量。现在国内传统的检测方法是用全站仪来进行关键点的测量,这种测量方法的缺点是显而易见的,速度慢、精度低等。在大型工件的三维测量领域,现在国际上新流行的一种技术是三维摄影测量或称为照相式测量。该技术是根据视觉三维计算的基本原理开发的。即在空间两个(或两个以上)的不同位置看到同一点,那么该点的空间坐标就可计算出来。通过在待测物体上放置参考点和标尺并利用高分辨率的数码相机拍摄照片,系统软件可自动对照片进行处理并计算参考点的三维坐标。

思考练习

一、填空题

1. _____通过变桨轴承被安装到轮毂上,共同组成风轮。
2. 叶片的翼形是根据空气动力学原理设计的,是_____和工作情况的决定性因素。
3. 风力发电机组叶片结构分三个部分,即_____、外壳和_____。
4. 叶片根部材料一般为金属结构,有_____和_____两种。
5. 叶片的外壳一般为_____,以复合材料层板为主,具有空气动力学外形。
6. 叶片的纵梁是保证叶片长度方向和横截面上的_____和_____,通常为两条。
7. 叶片制造主要有_____、_____、叶片树脂传递成型、叶片零件楔形块成型等四种方法。
8. 叶片生产时,涂抹浸渍加强材料一定要彻底,以避免_____侵入。

二、选择题

1. 并网型风电机组的叶片普遍采用玻璃纤维增强_____或者玻璃纤维增强聚酯树脂。
   A. 环氧树脂　　　　B. 不饱和树脂　　　　C. 碳纤维
2. 风电场大部分采用水平轴风力发电机组,机组一般有_____支叶片,每支需用的复合材料重达4t之多。
   A. 1　　　　　　　B. 2　　　　　　　　C. 3
3. 风力发电机组各叶片有内置的_____系统,是由一个位于叶尖的金属接闪器和一根金属电缆构成。
   A. 防静电　　　　　B. 防雷电　　　　　　C. 防潮湿
4. 雷电从_____通过导引线导入叶片根部的金属法兰,通过轮毂、主轴传至机舱,再通过偏航轴承和塔架最终导入接地网。
   A. 接闪器　　　　　B. 铜电缆　　　　　　C. 扰流器
5. _____生产的叶片优点是叶片两面光滑,尺寸准确,尤其是厚度尺寸。
   A. 手工糊制成型法　B. 零件楔形块成型法　C. 真空辅助浸渗成型法
6. 叶片维修时,树脂材料经充分_____后,才能将维修过的部件再次投入使用。
   A. 浸渍　　　　　　B. 吸收　　　　　　　C. 固化

三、判断题

1. 叶片接受风能使风轮转动,将风能转换成风轮的旋转机械能并传递给轮毂。(　　)
2. 叶片具有多格梁/壳体结构,其重量的80%以上由复合材料组成。(　　)
3. 玻璃纤维增强复合材料(GFRP)就是所谓的玻璃钢,是环氧树脂、不饱和树脂等塑

料渗入长度不同的玻璃纤维或碳纤维而做成的增强塑料。（　　）

4. 风电机组比较高，雷电感应和雷电波的侵入是造成叶片损坏的主要原因，要采用避雷系统对叶片进行保护。（　　）

5. 叶片的异常噪声是由于叶片表层或顶端有破损，叶片尾部边缘也能产生噪声。（　　）

6. 叶片表面损伤主要是其表面出现砂眼，砂眼是因叶片失去表面胶衣层引起的。（　　）

7. 叶片涂层和压层间结合不好会产生气泡，在温度低于 0℃ 会膨胀而产生裂缝。（　　）

四、简答题

1. 叶片定期维护项目有哪些？
2. 简述叶片制造工艺流程。
3. 分析叶片的故障成因。
4. 简述叶片修补的主要步骤。

项目二

轮毂与变桨系统的维护检修

项目目标

知识目标
1) 了解轮毂和变桨系统的结构与原理。
2) 熟悉轮毂和变桨系统的维护与检修内容。
3) 掌握变桨系统常见故障及排除方法。

能力目标
1) 能够独立进行轮毂和变桨系统的日常维护。
2) 会分析处理轮毂和变桨系统的常见故障。

项目设计

本项目要通过对风力发电机组轮毂和变桨系统相关知识的介绍,使学生了解轮毂和变桨系统的结构和工作原理;掌握轮毂和变桨系统的维护检修内容;能够分析与处理轮毂和变桨系统的常见故障。为此,本项目设计为三个任务,分别是轮毂的维护检修、变桨系统的维护检修及变桨系统故障分析与排除。

知识链接

1. 轮毂

大部分并网型风力发电机组的风轮由三个叶片、叶片轴承及球墨铸铁轮毂构成。轮毂是风轮的骨架,是将叶片和叶片组固定到转轴上的装置;它将风轮的力和力矩传递到主传动机构中,是风力发电机组最直接的动力来源。叶片通过球式轴承安装在轮毂上。

定桨距风机轮毂就是一个铸造加工的壳体,如图2-1a所示。变桨距风机的轮毂由壳体、变桨轴承、变桨驱动装置和控制箱等机构构成,如图2-1b所示。

轮毂有固定式和铰链式两种。

固定式轮毂的制造成本低,维护少,没有磨损。三叶片风轮大部分采用固定式轮毂,采用铸造结构或焊接结构。铸造材料是铸钢或球墨铸铁。

铰链式轮毂常用于单叶片和二叶片风轮,是半固定式轮毂,铰链轴与叶片长度方向及风轮轴两两垂直,有挥舞铰链式轮毂、挥舞与摆振铰链式轮毂两种形式。

2. 变桨系统

(1) 变桨系统控制原理与功能 变桨系统安装在轮毂内作为气动制动系统,或在额定

a) 定桨距风机轮毂　　　　　　　b) 变桨距风机轮毂

图 2-1　大型风力发电机组轮毂简图

功率范围内，使风力发电机组风轮的叶片绕其安装轴旋转，通过改变叶片的桨距角，以此改变风轮的气动特性，从而实现对风力发电机组运行功率的控制，具有制动和变桨功能。

变桨系统的作用主要是对风电机组进行转速和功率控制以及顺桨时制动。即它可以根据风速的大小调节气流对叶片的迎风角，一是使桨距角处于获取最大推力位置，有较低的切入风速；二是在风速超过额定风速时使叶片向小迎风角方向变化，风轮速度降低使发电机输出功率稳定在额定功率上；三是当出现强风时，可以使叶片处于90°迎风角，即顺桨位置，使风轮迅速进行空气动力制动而减速，起到制动作用。

采用变桨距调节，风机的起动性好、制动机构简单；叶片顺桨后风轮转速可以逐渐下降；额定点前的功率输出饱满，额定点后的功率输出平滑；风轮叶根承受的动、静载荷小。

（2）变桨系统的构成　变桨系统由变桨控制系统和变桨机构两部分组成，如图 2-2 所示。变桨控制系统是一套计算机控制系统。变桨控制系统将桨距角检测和功率检测得到的数据与微处理器中给定的桨距角变化数学模型进行比较，差值作为控制信号驱动变桨机构进行变桨操作。变桨控制系统是一个闭环的跟踪系统，控制理论上称为伺服系统。

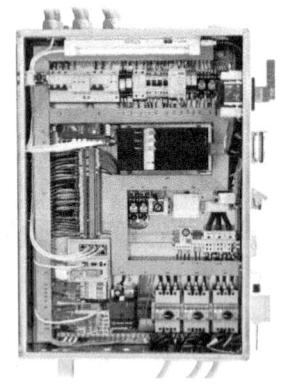
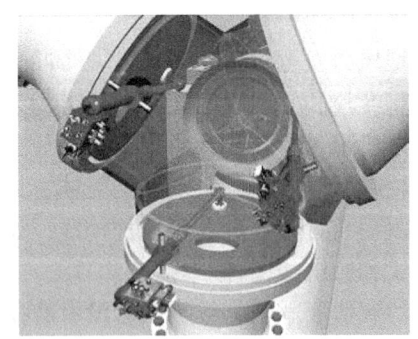

a) 变桨控制系统　　　　　　　b) 变桨机构

图 2-2　风电机组变桨系统

变桨系统是由机械装置、电气装置和液压装置组成的装置，主要由变桨电气控制装置、变桨驱动装置、变桨轴承、雷电保护装置、撞块装置、限位开关装置及变频柜和电池柜等组成，如图2-3所示。

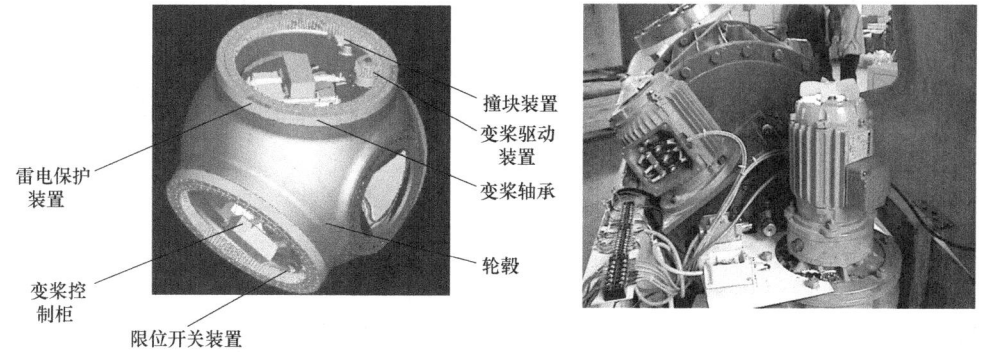

图2-3 风电机组的变桨系统构成

1) 变桨电气控制装置。变桨电气控制装置一般包含1个主控柜、3个控制柜（轴柜）。主控柜（图2-2a）是整个变桨系统的核心，用来和风力发电机组的主控系统通信，并根据主控系统的要求向各个轴柜发送指令，使叶片角度达到系统所要的最佳位置。轴柜接受主控柜的命令，根据需要驱动变桨驱动电动机，使叶片角度满足机组的要求，实现风机的功率控制。3个轴柜位于轮毂内，内部主要有变桨变频器、刹车断路器、总开关、AC 230V 工组插头、轴柜加热器及继电器等电气设备。每支叶片配备一个集电环系统，包括变桨轴柜、变桨驱动装置（齿轮箱、补助电动机间接变速装置、编码器、飞轮单元和刹车）、接近传感器和工作位置开关等。

2) 变桨驱动装置。变桨驱动装置是直接控制叶片转动的机械装置，变桨驱动装置通过螺柱与轮毂连接，由变桨驱动电动机（简称变桨电动机）、制动器和变桨齿轮箱组成。变桨齿轮箱前的小齿轮与变桨轴承内圈啮合，并要保证啮合间隙为 0.2～0.5mm（间隙由加工精度保证，无法调整）。变桨齿轮箱和变桨电动机是直联型。变桨电动机是含有位置反馈和电热调节器的伺服电动机。变桨电动机由变频器连接到直流母线供给电流。变桨驱动装置如图2-4所示。

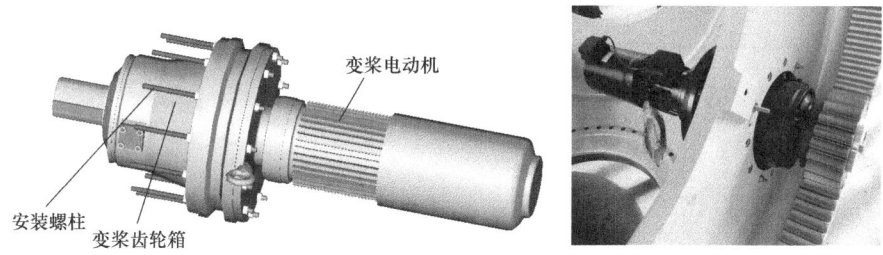

图2-4 变桨驱动装置

变桨驱动装置按动力源划分为液压变桨驱动装置和电动变桨驱动装置，如图2-5a、b所示；按调节方式划分为共同驱动变桨系统和独立驱动变桨系统。

液压变桨驱动装置具有传动转矩大、重量轻、刚度大、定位精确及执行机构动态响应速度快等优点，能够保证更快更准地把叶片调整到预定桨距。不足之处是控制环节多、比较复杂、成本较高，有漏油、卡塞等现象。电动变桨驱动装置通过电动机驱动，结构紧凑、控制

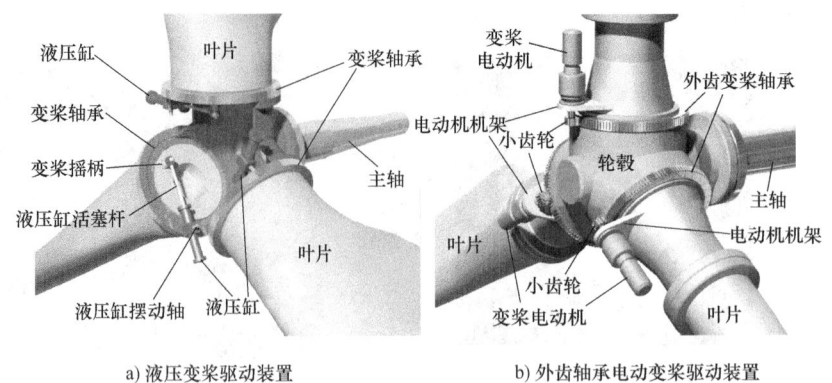

a) 液压变桨驱动装置　　b) 外齿轴承电动变桨驱动装置

图 2-5　风电机组的变桨驱动装置

灵活可靠。

共同驱动变桨系统：三支叶片由同一个驱动装置驱动，三支叶片的桨距角调节是同步的。控制系统比较简单，成本低，但机械装置庞大，调整复杂，安全冗余度小。

独立驱动变桨系统：三支叶片由三个相同的驱动装置驱动，三支叶片的桨距角调节是相互独立的，如图 2-6 所示。如果一个变桨电动机发生故障，另两个变桨电动机可以安全地使风机停机。该系统成本较高，但结构紧凑，控制灵活、可靠，安全冗余度大。目前兆瓦级并网型风力发电机组均采用独立驱动变桨系统。

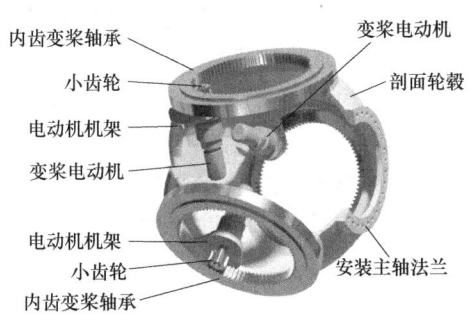

图 2-6　独立驱动变桨系统

3) 变桨轴承。变桨轴承又称为回转支承轴承，安装在轮毂上，通过外圈螺栓将其把紧。其内齿圈通过螺栓将叶片根部相连接，并与变桨驱动装置做啮合运动来改变叶片角度，如图 2-7 所示。当风速超过或低于额定风速时，变桨电动机带动变桨轴承转动从而改变叶片对风向的迎风角，使叶片保持在最佳的迎风状态，由此控制作用在叶片上的转矩和功率。

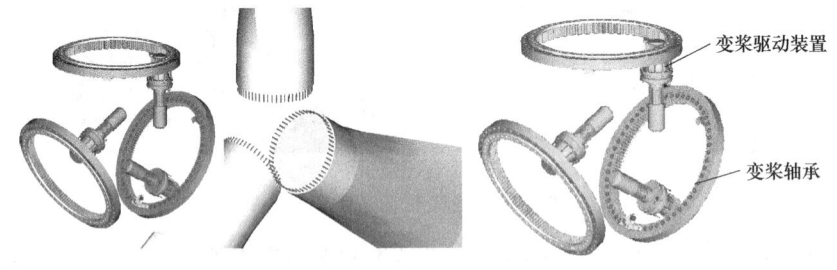

图 2-7　变桨轴承

风机的特点要求变桨轴承既能承受冲击又能承受较大载荷，一般使用材料 42CrMo（合金钢），寿命 20 年，工作温度 -20℃，表面采用镀锌防腐。

液压动力型驱动曲柄滑块式变桨距机组一般采用四点角接触球轴承，变桨轴承的内圈与风轮的叶片、偏心盘用螺栓连接，外圈与轮毂用螺栓连接。

电动机驱动齿轮式变桨距机组采用有内齿的四点角接触球轴承，变桨轴承的内外圈分别与风轮的叶片和轮毂用螺栓连接。变桨轴承的内圈上带有齿轮。

4）雷电保护装置。雷电保护装置在变桨系统中的具体位置见图2-3，在大齿圈下方偏左一个螺栓孔的位置装第一个雷电保护爪，然后120°等分安装另外两个雷电保护爪。雷电保护爪主要由三部分组成，按照安装顺序，从上到下依次是垫片压板、碳纤维刷和集电爪，如图2-8所示。

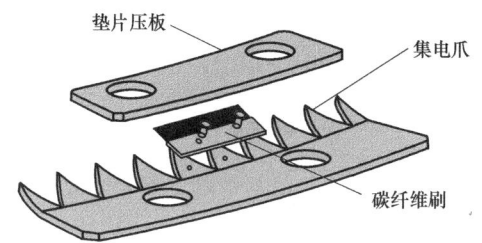

图2-8 雷电保护装置

雷电保护装置可以有效地将作用在轮毂和叶片上的电流通过集电爪导到地面，避免雷击使风机线路损坏。碳纤维刷是为了补偿静电的不平衡，雷击通过风机的金属部分传导。在旋转和非旋转部分的过渡处采用火花放电器。

兆瓦级并网型风力发电机组的雷电保护装置都设置有额外的电刷来保护轴承及保持静电平衡。

5）撞块装置。变桨系统的撞块装置包括变桨限位撞块和顺桨接近撞块。顺桨接近撞块和变桨限位撞块安装剖面图及实物图如图2-9a所示。变桨限位撞块安装在变桨轴承内圈内侧，与缓冲块配合使用。当叶片变桨趋于最大角度时，变桨限位撞块会运行到缓冲块上起到变桨缓冲作用，以保护变桨系统，保证系统正常运行。变桨限位撞块外形如图2-9b所示。

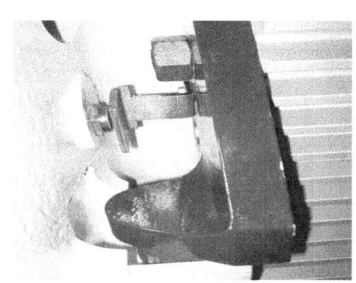
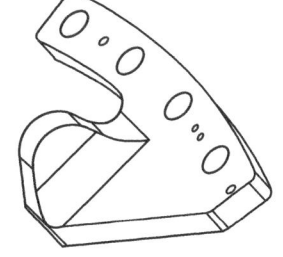
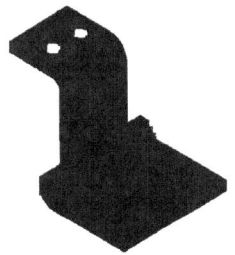

a）顺桨接近撞块和变桨限位撞块　　b）变桨限位撞块　　c）顺桨接近撞块

图2-9 变桨撞块装置

顺桨接近撞块安装在变桨限位撞块上，与顺桨感光装置配合使用，外形如图2-9c所示。当叶片变桨趋于顺桨位置时，顺桨接近撞块就会运行到顺桨感光装置上方，顺桨感光装置接收信号后会传递给变桨系统，提示叶片已经处于顺桨位置。

6）限位开关装置。极限工作位置撞块安装在变桨轴承内圈内侧两个对应的螺栓孔上，其外形如图2-10a所示。当变桨轴承趋于极限工作位置时,极限工作位置撞块就会运行到限位开关上方,如图2-10b所示,与限位开关撞杆作用。限位开关撞杆安装在限位开关上,当其受到撞击后,限位开关会把信号通过电缆传递给变频柜,提示变桨轴承已经处于极限工作位置。

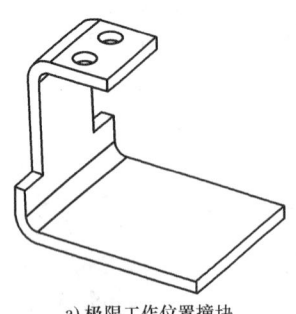
a) 极限工作位置撞块

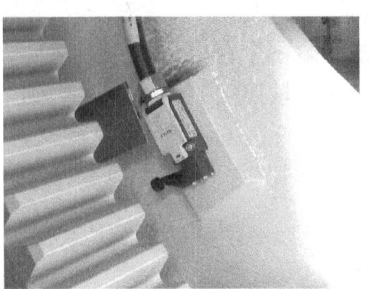
b) 安装实物图

图2-10 极限工作位置撞块和限位开关

7) 变频柜和电池柜。变频柜和电池柜安装在柜子支架上,柜子支架安装在轮毂上,如图2-11所示。电池柜用来在紧急情况下为变桨系统提供电源,保证系统达到安全状态。电池柜是通过二极管连接到变频器共用的直流母线供电装置,在外部电源中断时由电池柜供应电力保证变桨系统安全工作。每一个变频器都有一个制动断路器在制动状态时避免过高电压。变频器留有与PLC通信的接口。

一般大型风力发电机组变桨系统构成的主要部件见表2-1。

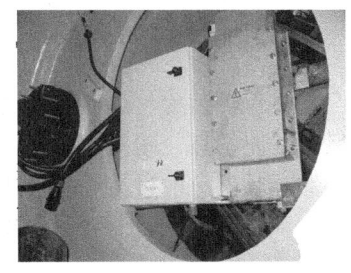
图2-11 变频柜和电池柜

表2-1 变桨系统构成主要部件明细表

序号	部件	数量	序号	部件	数量
1	轮毂	1	18	垫圈	36、12×4、6
2	变桨主控柜	1	19	螺母	36、12、2
3	变桨控制柜	3	20	螺栓	12、8、2
4	变桨电动机	3	21	隔套	12
5	变桨轴承	3	22	变桨电池柜	1
6	雷电保护爪	9	23	接近开关	3
7	压板	3	24	限位开关及撞杆	3、3
8	变桨小齿轮	3	25	连接板1、2	3+3
9	内球面垫圈	162	26	定位销	6
10	外球面垫圈	162	27	销	3
11	变桨限位撞块	3	28	轴承缓冲撞块螺栓	3
12	楔形盘	3	29	轴承与轮毂安装螺栓	144
13	压套	3	30	轴承与轮毂安装垫圈	144
14	顺桨接近撞块	3	31	限位开关螺栓、螺钉	12、6
15	极限工作位置撞块	3	32	变桨齿轮箱螺栓	12×3
16	缓冲器	3	33	集电环	1
17	控制柜缓冲块	12	34	锁紧座	3

项目二 轮毂与变桨系统的维护检修

任务1 轮毂的维护检修

任务描述

风力发电机组的轮毂是将叶片与主轴连接起来的构件。通过轮毂，叶片才能将其收集的风能传递给发电机进行发电，可见轮毂在机组中的重要性。本任务是指导学生进一步认识轮毂的结构，并对轮毂进行日常的维护与检修。

任务实施

（一）注意事项

在进行轮毂的维护检修工作时，要特别注意以下三个方面的要求：

1）环境气候要求参见项目一中对叶片的维护检查时的工作条件。

2）对轮毂进行维护和检修时，必须首先使机组停止工作，各制动器处于制动状态并将风轮锁锁定。

3）必须戴上安全带和安全帽等防护设备，按照规定要求进入轮毂。

（二）准备工器具

检修维护轮毂时常用的工具有紧固螺栓用的相关型号的各类扳手，防腐处理用的工具及防锈漆、刷子，清洁轮毂用的清洁剂、无纤维抹布等。

（三）维护检修任务

1. 轮毂的维护检修项目

日常维护项目包括检查轮毂内是否有异物不断跌落的声响，检查发电机制动盘和制动环之间是否有异物不断滚动。轮毂内如存有异物，应清理出来，并检查异物的来源。如果是螺栓松动造成，应检查所有螺栓是否松动，并全部涂胶拧紧。如果螺栓断裂，应及时更换。制动盘和制动环之间如有异物存在，应停机清理。

此外，轮毂的检查与维护项目还包括下面四项。

（1）轮毂的表面检查　检查轮毂表面有无腐蚀，防腐涂层是否有脱落现象，如果有，应及时补刷破损部位。检查轮毂表面清洁度，如有污物，应用无纤维抹布和清洁剂清理干净。检查轮毂表面是否有裂纹、破损，如果有，应做好标记并拍照；再检查时要注意观察裂纹是否进一步发展，如果有，应立即停机并进行维护检修。

（2）轮毂内部检查　检查轮毂内壁潮湿情况，轮毂内是否有雨水或凝结的露水；应清理掉脏物和杂物。

（3）雷电保护装置检查　检查雷电保护装置的表面清洁；检查碳纤维刷磨损程度；检查轮毂内电缆是否固定完好，绑扎松动的电缆。

（4）螺栓紧固检查　检查轮毂与齿轮箱连接螺栓紧固情况。检查螺栓力矩，按规定力矩的10%~20%抽样紧固主轴法兰-轮毂、轮毂-转动轴装配螺栓。

2. 轮毂的拆换

（1）工具清单　拆卸与安装轮毂时，所需要的工具见表2-2。

表2-2　更换轮毂工具清单

序号	名称	规格	数量	备注
1	环形吊带	25、12m	2根	
2	四链条锁具	88t	1个	
3	叶尖护套		2个	
4	宽吊带	10t、12m、300mm	4根	
5	控制绳	直径20mm，长度150m	4根	
6	液压泵		1台	
7	TU-3扳手		1个	
8	TX-2扳手		1个	
9	套筒	50、55、60	3个	各一个
10	开闭呆扳手		1套	
11	活动扳手	500mm	1把	
12	大扳手	50、55、60	3个	各一个
13	棘轮扳手组	3/4	1套	带套筒
14	变桨电源线		1根	
15	三相发电机	不低于15kW	1台	
16	电缆盘	50m	2个	
17	对讲机		4个	
18	非金属防卡剂	Chesterton 785	2斤	
19	MoS_2	ROCOL DRY MOLY	1桶	
20	螺纹紧固剂	243	1瓶	
21	工装	轮毂、叶片	1套	
22	梯子		1把	

（2）拆换轮毂　轮毂拆换前的准备工作：将叶片变桨，锁好风轮锁，刹死制动盘，拆除限位开关和止挡器，将叶片用服务盒转变到180°。

拆换轮毂的步骤：

1）吊车走位到最佳起吊位置，人员及吊具准备到位。

2）挂上揽风绳，将吊带吊钩挂上。

3）吊下风轮，拆除三个叶片。

4）更换新的轮毂，装上叶片。

5）吊上风轮，将叶片及风轮的螺栓按100%的力矩值紧固。

6）安装连接好轮毂内的连接件，并检查，拆下叶片锁，将叶片变桨到顺桨位置。

7）安装轮毂罩，全面检查轮毂内零部件。

对轮毂实施维护检修，做好检修记录。

任务2　变桨系统的维护检修

变桨距风力发电机组的变桨系统在风机捕捉风能的过程中起着很关键的作用，且结构比

项目二 轮毂与变桨系统的维护检修

较复杂,运行维护工作非常重要。本任务就是指导学生在学习了变桨系统的相关知识后,针对变桨系统的实际情况对变桨系统进行检查维护。

(一)注意事项

在进行维护和检修工作时,必须按照各零部件的说明书或维护手册的要求进行操作,每项内容必须严格进行检修与记录。

1)检修环境气候要求。检修变桨系统时要在一定的气候条件下进行,具体要求见表2-3。

表2-3 变桨系统检修环境气候条件

环境温度/℃	常温型机组		低于-20	不得进行维护检修工作
	低温型机组		低于-30	
风速/(m/s)	叶片位于工作位置和顺桨位置之间任何位置	5min平均风速	高于10	停止工作,不得进行维护及检修工作
		5s平均风速	高于19	
	叶片位于顺桨位置	5min平均风速	高于18	
		5s平均风速	高于27	

2)对变桨系统进行任何维护和检修,必须首先使机组停止工作,各制动器处于制动状态并将风轮锁锁定。风轮锁装置如图2-12所示。进入轮毂前一定要锁定风轮系统,将压力系统压力释放掉,并关闭液压单元的隔断阀;锁定轮毂时主轴制动必须抱住,轮毂转动时禁止穿入止动销子。

3)正确戴上安全带和安全帽等防护设备,将安全带上的安全锁扣安装在滑轨装置上,如图2-13所示。每经过一层平台,及时将爬梯盖板盖好;到达塔筒顶部平台后,方可打开安全带上的安全锁扣。然后按照图2-14所示路径从机舱进入轮毂。

 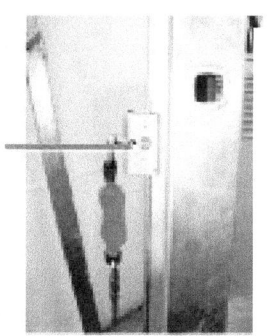 

图2-12 风轮锁装置　　　　图2-13 滑轨装置　　　　图2-14 进入轮毂线路图

4)在轮毂内工作时因工作区域狭小,要小心操作,以防损伤其他部件。

(二)准备工器具

以FL1500系列风力发电机组为例,表2-4列出风力发电机组变桨系统维护工具清单。

表2-4 变桨系统维护工具清单

编号	名称	编号	名称	编号	名称	编号	名称
1	液压扳手	4	套筒扳手	7	防锈漆	10	无纤维抹布
2	力矩扳手	5	塞尺	8	防水记号笔	11	清洁剂
3	内六角扳手	6	黄油枪	9	同型号润滑油脂	12	刷子

(三) 维护检修任务

变桨系统整体外观检查与维护周期为一年,维护项目包括:检查表面涂层是否有损伤和腐蚀,特别是连接件,如零件连接处、法兰等是否有腐蚀的痕迹;检查轴承密封圈是否有磨损、裂缝和装配错位。如有以上现象,更换密封防止渗漏。下面是系统主要部件的维护项目。

1. 变桨轴承与齿轮检查与维护

变桨轴承采用双排深沟球轴承,深沟球轴承主要承受纯径向载荷,也可承受轴向载荷。承受纯径向载荷时,接触角为零。变桨轴承外形如图 2-15 所示。

(1) 防腐检查 检查变桨轴承表面的防腐涂层是否脱落,如果有,应按涂漆要求修补。

(2) 表面清洁度检查 检查变桨轴承表面污染物质和污染程度,然后用无纤维抹布和清洁剂清理干净。

(3) 密封检测 检查变桨轴承密封圈的密封,变桨轴承(内圈、外圈)密封是否完好,除去灰尘及泄漏出的油脂。

(4) 齿面检查 检查齿面是否有点蚀、断齿及腐蚀等现象,发现问题应立即修补或更换新的变桨轴承。

(5) 噪声检查 检查变桨轴承是否有异常噪声。如果有异常的噪声,应查找出噪声来源,判断原因并进行修补。

(6) 螺栓紧固检查 检查各连接螺栓是否拧紧,包括变桨轴承与轮毂螺栓、变桨轴承缓冲块用螺栓、极限工作位置撞块用螺栓及顺桨接近撞块用螺栓等。若螺母不能被旋转或旋转的角度小于 20°,则说明预紧力仍在限度以内;若螺母能被旋转,且旋转角超过 20°,就应把螺母彻底松开,并用液压扳手或套筒扳手或力矩扳手以规定的力矩重新把紧。每检查完一个,用笔在螺栓头处做一个圆圈记号。使用液压扳手紧固螺栓如图 2-16 所示。

图 2-15 变桨轴承

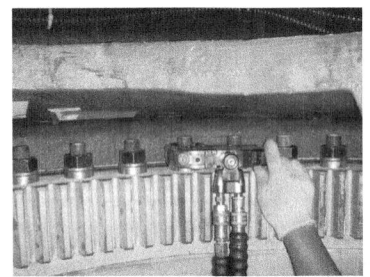

图 2-16 使用液压扳手紧固螺栓

2. 变桨轴承与齿轮润滑

1) 检查变桨轴承全齿面是否有润滑油脂。清理干净油嘴及周边部分,用刷子给没有润滑油脂的齿面涂脂防锈,在润滑过程中应小幅度旋转轴承;若润滑油脂耗完,应用注油装置连接到油泵底部的注油孔,给泵注油。

注油时,首先打开放油口,排出旧油;然后往每个油嘴均匀地加注新油,直至达到"最大"标志处。

2) 检查油泵是否有裂纹,检查油脂是否从油泵双层密封泄漏至弹簧侧,如是则立即更换;检查所有的压力管路是否都已使用,目视检查所有管线,连接处是否有渗漏;查看残存的油脂是否均匀地流入收集容器内,排出的油脂是否颜色均匀。

3)变桨轴承滚道和变桨齿轮润滑。中央润滑系统注入油脂,润滑变桨轴承滚道。轮毂内润滑油脂每两个月要检查一次。每个叶片在维护中再次注入的润滑油脂要根据润滑孔的数量平均分开,按规定量注油。当叶片在顺桨位置和工作位置之间运动的时候,就能够完成对变桨齿轮的自动润滑。

注意:润滑油脂包含对人体有害成分,需采取手部皮肤保护措施以防止其中的有害成分损害皮肤和身体。

4)检查更换旧的油脂收集瓶。旧的油脂收集瓶每半年检查一次。如果各个油脂收集瓶液位偏差较大,说明管路堵塞或者油泵出故障。应及时处理出现的问题,保证正常运行。在运行过程中,变桨轴承不允许持续处于有压力的状态,因此,排出孔不能堵塞。油脂收集瓶必须及时更换,以保证有足够的空间容纳废油。

3. 变桨电动机检查与维护

(1) 变桨电动机的检查 变桨电动机是为机组变桨机构提供动力的,其外形如图2-17所示。

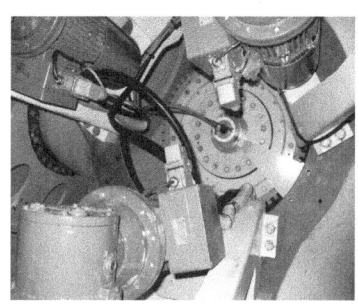
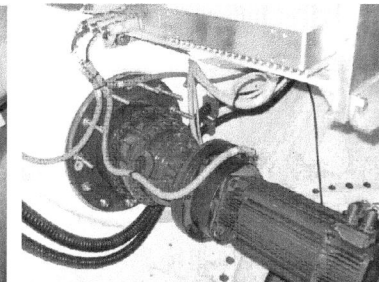

图2-17 变桨电动机

检查变桨电动机时,必须首先给向下的叶片装上叶片锁紧块。

1)外观检查。检查变桨电动机表面的防腐涂层是否有脱落现象,检查变桨电动机表面是否有污物。

2)振动及噪声情况检查。检查变桨电动机是否有异常声音或剧烈振动。引起噪声的原因可能是轴承损坏、齿损坏、部件松动或齿轮箱连接松动等。运行变桨驱动装置,检查有无异常噪声,如果有,则关闭电源后再进行如下检查:检查变桨电动机轴承,手动变桨,注意观察是否有异响、是否有振动,如有则检查变桨电动机,必要时更换。检查变桨电动机转子系统转动是否平衡,安装是否紧固,是否有共振等。

3)热度检查。检查变桨电动机是否有过热现象。如果过热,则应关闭电源后检查变桨电动机绝缘电阻、变桨电动机接线及电动机旋转编码器。可能引起温升的原因有油位异常、轴承缺陷、齿故障和环境温度异常等。

4)变桨电动机接线检查。检查变桨电动机接线情况,是否有松动或破损。如果松动,应关闭电源后重新接线。

5)螺栓紧固检查。检查旋转编码器与变桨电动机连接螺栓,如果松动则重新拧紧。

6)放电导条检查。检查放电导条是否磨损,若放电导条和制动盘之间不接触,可以重新调整放电导条角度,压紧盘面。若安装脚已经磨掉,则更换放电导条。

7)刹车片检查。检查变桨电动机制动力矩是否足够,拆下变桨电动机,用力矩扳手测量电动机制动力矩,若小于定值,更换刹车片;当风速大于10m/s时,停机观察叶片角度波动是否超过规定角度（+1°），若超过，则应更换刹车片。

变桨电动机技术参数见表 2-5。

表 2-5 变桨电动机技术参数

电动机类型	伺服电动机
数量	每支叶片 1 个，一台风力发电机组总共 3 个
额定功率/kW	2
额定电压(AC)/V	3 相 400
频率/Hz	50
防护等级	≥IP 55
温度等级	F，在环境温度为 +55℃ 时为 F 级
冷却	自然风冷
温度检测	一个内置在定子绕组中的 Pt100
动态工作（相对于齿轮输出）	最大加速度 125rpm/s
转矩限制	最大转矩限制到 65N·m
使用寿命	≥20 年，6000 小时/年，70% 静态和 30% 动态位置控制，采用脉动负荷

注："rpm"为 r/min 的现场表示。

(2) 变桨电动机的拆卸与安装　拆卸与安装变桨电动机的步骤：

1) 将风电机组打到服务模式，风电机组由"远程允许"切换至"远程禁止"。

2) 按下 NCC310 柜急停按钮，锁上风轮锁。

3) 确定变桨控制柜上电，能正常变桨，然后进入轮毂。使用服务盒操作叶片变桨，使其转到可松开变桨电动机内六角位置时，停止服务盒操作。

4) 保持变桨控制柜不断电，服务盒一直不拔下，使变桨电动机继续输出保持力矩，保持叶片位置。

5) 安装叶片锁，若位置不对可左右转动叶片，使叶片锁能锁好，并用木块卡住叶片齿圈与变桨齿圈的接合处；在卡木块时，看能不能用服务盒操作压紧，尽量保证叶片不会转动。

6) 断开变桨控制柜的所有电源，拔下与变桨电动机相关的动力插头、编码器插头和制动器插头。

7) 拆卸变桨电动机。松开变桨电动机与齿轮箱连接的 4 个螺栓，取下变桨电动机，放在平稳的地方，最好是放在朝下的叶片中间。拆卸变桨电动机后，注意保管变桨电动机与变桨减速器连接处的密封圈。

8) 安装变桨电动机时视情况在变桨电动机侧涂抹润滑油脂，尽量保证安装密封圈的位置都抹完整。安放密封圈，用润滑油脂使其粘在变桨电动机上。

9) 首先准备好变桨电动机与齿轮箱连接的 4 个螺栓并涂 243 螺纹锁固剂，然后安装变桨电动机与齿轮箱连接的 4 个螺栓；安装完以后锁紧螺栓，用记号笔画上锁紧标记。

10) 分别插上变桨电动机的动力插头、编码器插头和制动器插头，插好服务盒。

11) 检查所有安装工作，确定安装正确，插头位置都正确，确保服务盒已经插好，然后上电。

12) 取下叶片锁，取下木块；使用服务盒尝试变桨，查看变桨过程是否正常。

4. 变桨减速器检查与维护

（1）防腐涂层检查　检查变桨减速器表面的防腐涂层是否有脱落现象，如有则及时补上。

（2）清洁检查　检查变桨减速器表面，如果有污物，用无纤维抹布和清洁剂清理干净。

（3）润滑油油位检查　检查变桨减速器润滑油油位是否正常。如果不正常，则应检查变桨减速器是否漏油。修复工作和加油工作完成后，将变桨减速器用无纤维抹布和清洁剂清理干净。

注意： 在叶片处于垂直向下的位置，对油位进行检查；在加油或检查油位过程中减速箱应与水平面垂直。

（4）声音检查　检查变桨减速器是否存在异常声音。如果有，应检查变桨小齿轮与变桨轴承和变桨减速器的配合情况。

（5）齿面损坏检查　齿面磨损是由于细微裂纹逐步扩展、过大的接触剪应力和应力循环次数作用造成的。仔细检查变桨大齿圈和驱动小齿轮是否有磨损和褪色，是否有疲劳的征兆，如齿断裂、斑点（焊接）或者擦伤（在齿顶或齿根粗糙区域）。如果发现轮齿严重锈蚀或磨损，齿面出现点蚀、裂纹等，应及时更换或采取补救措施。

变桨减速器及小齿轮外形如图2-18所示。

（6）齿轮齿圈啮合及齿轮间隙的检查　用塞尺检查变桨小齿轮与变桨大齿圈的啮合间隙。正常啮合间隙为0.3～1.3mm。使用电动机转动变桨轴承到齿轮上的绿色标志区，用厚度计测量齿侧面的间隙，在测量中必须保证齿的一面接触。齿轮间隙如图2-19所示。

图2-18　变桨减速器及小齿轮

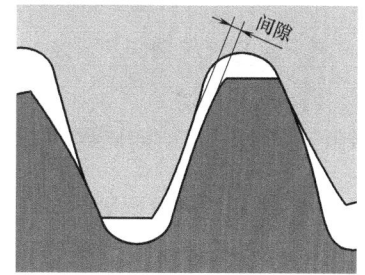

图2-19　齿轮间隙

（7）螺栓紧固检测　检测变桨驱动器与轮毂连接螺栓是否紧固。用力矩扳手按规定力矩紧固螺栓，包括变桨减速器-调节滑板螺栓、变桨减速器-变桨驱动齿轮螺栓等。

（8）变桨减速器加注润滑油　应清理干净油嘴及附近，根据实际缺少情况加油。

（9）变桨小齿轮与变桨大齿圈之间润滑检查　清理旧润滑油脂，将润滑油脂均匀涂抹在每个齿上，在润滑过程中小幅度旋转轴承；清理干净泄漏的润滑油脂；检查回收的废润滑油脂，查看里面是否有过多的杂质或金属颗粒，以此来诊断轴承磨损情况。

（10）其他检查　检查变桨驱动支架外观、腐蚀及漆面焊接的完好度，包括顶板-变桨驱动支架、调节滑板-变桨驱动支架和轮毂-变桨驱动支架；检查变桨盘破损、裂纹、腐蚀及变形情况；检查张紧轮破损、裂缝、腐蚀和密封情况，检查张紧轮与齿形带轮的平行情况，一般情况下，平行度为2mm；检查齿形带是否有损坏和裂缝并清洁，用张力测量仪测量齿形带的振动频率；在顺桨和工作状态分别检查齿形带的位置，距中心±5mm；检查齿形带、风轮锁、齿形带压紧板与变浆盘的连接螺栓的紧固度。

变浆减速器技术参数见表2-6。

表2-6 变浆减速器技术参数

技术参数	要　　求
数量	每支叶片1个,一台风力发电机组总共3个
额定输出转矩/N·m	7500
传动比	取决于电动机中的极对数
额定输出速度	9.09rpm/s
额定驱动功率/kW	2
维护周期(脂)/a	≥20
优选润滑剂(油)/a	MOBILGEAR SHC XMP 320;如果使用其他润滑剂,必须提供与优选润滑剂的相容证明
维护周期(油)/a	≥5

5. 变浆控制系统检查与维护

(1) 变浆控制系统的检查维护项目　变浆控制柜如图2-20所示,在进行变浆控制系统的检查维护时,要确保电源都已断开。图2-21所示为变浆控制柜主电源开关。

图2-20　变浆控制柜

图2-21　变浆控制柜主电源开关

1) 变浆控制柜外观检查。检查变浆控制柜支架固定及电缆固定,检查接线是否牢固,文字及电缆标注是否清楚,电缆是否有损坏松动现象;检查屏蔽层与接地之间连接;检查变浆控制柜的过滤棉是否堵住。如过滤棉需要清洁,则应拆下在机舱外进行除尘处理,之后重新安装到位,保证其通风良好。

2) 主控柜检查与维护。检查过电压保护模块是否完好;检查柜内接线是否有松动,应对所有接线端子逐一紧固;检查拖尾电缆,拖尾电缆连接轮毂,贯穿主轴和空驱动轴,并且与其他旋转单元末端连接,目视检查,如果发现拖尾电缆破损,应进行更换。

3) 缓冲器检查。检查变浆控制柜与轮毂之间的缓冲器是否有磨损情况。如果缓冲器磨损严重,应更换新的缓冲器。

4) 变浆测试。变浆测试时,利用手动操作起动变浆机构,检查变浆的配合位置;测试工作位置开关,利用手动操作将一个叶片从工作位置转开。

5) 螺栓紧固检查。用力矩扳手以规定的力矩检查变浆控制柜螺栓及螺母紧固情况。如果螺母不能被旋转或旋转的角度小于20°,说明预紧力仍在限度以内。否则用力矩扳手以规定的力矩重新把紧。每检查完一个,用笔在螺栓头处做一个圆圈记号,注意应检测所有螺栓。

6）定值检查。检查顺桨时编码器位置与设定值是否超过1°。将手提计算机通过以太网与机舱控制柜连接，开启风机监测系统。手动变桨，检查顺桨时变桨角度编码器位置与设定值是否一致，若超过1°，需重新校准叶片零位。

7）集电环检查。检查集电环内部是否有大量碳粉，戴上口罩和防护眼镜，打开防护罩，清理碳粉；检查集电环上的电刷是否磨损殆尽，如果磨损严重，应更换电刷。集电环如图2-22所示。

图2-22 集电环

8）传感器检查。检查轮毂转速传感器固定是否牢固；检查偏航电动机编码器、叶片角度编码器是否连接紧固并且功能正常。如果松动，立即紧固。

9）导线检查。检查导线是否磨损，如果轻微磨损，应找出磨损原因，在导线磨损处用绝缘胶带或用绝缘热塑管处理。如果磨损严重，应找出磨损原因并立即更换导线。

10）间隙检查。检查绝缘衬套避雷放电导条与制动环之间间隙是否为1~2mm，若不在，调整至1~2mm。

11）限位开关检查。检查限位开关传感器灵敏度，检查是否有松动，检查限位开关接线是否正常；进行手动制动及安全链启动紧急制动测试；用力矩扳手及内六角扳手以规定的力矩检查限位开关及限位开关撞块安装用螺栓、螺钉紧固程度。图2-23所示为变桨控制柜限位开关。

12）撞块装置的维护。检查顺桨感光装置的清洁度，以保证能够正常接受感光信号；检查易损件缓冲块，做到及时更换；检查各撞块螺栓是否紧固。

13）叶片角度校准。检查叶片的极限位置标记和轮毂上的极限位置标记，以及它们跟主控系统中叶片零位的差距。如果误差大于极限值，则进行校准。

图2-23 变桨控制柜限位开关

（2）拆换变桨变频器

1）将风电机组打到服务模式，风电机组由"远程允许"切换至"远程禁止"。

2）按下NCC310柜急停按钮，锁上风轮锁，进入轮毂拉开所更换控制柜电源。

3）用内六角扳手拆除变桨变频器防护罩，然后将6个变桨变频器固定螺钉卸下。

4）断电后拆除相关变桨变频器电源线、通信线、端子牌，并做好线号记录。柜内接线如图2-24所示。

5）用十字螺钉旋具将三根地线拆除，拆除时注意螺钉垫片不能掉入其他电气元件夹层内。

6）将变桨变频器从控制柜后面取出并放置在宽敞的地方。

7）换上新的变桨变频器，紧固所有紧固螺钉。恢复变频器控制回路接线，包括电源线、通信线、端子牌和地线等，刷新程序。

8）检查风机运行情况并试转。

（3）拆换轮毂控制柜整流模块

1）将风电机组打到服务模式，风电机组由"远程允许"切换至"远程禁止"。

2）按下NCC310柜急停按钮，锁上风轮锁，进入轮毂拉开所更换控制柜电源。

图2-24 变桨变频器接线

3）用小十字螺钉旋具将整流模块端子线拆除，并记下线号。变桨控制柜内整流模块内部接线如图2-25所示。

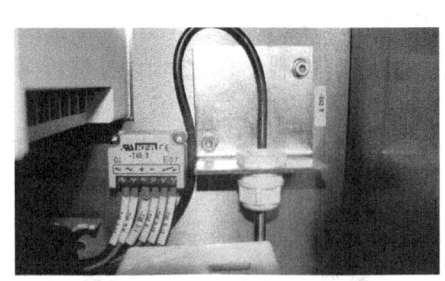 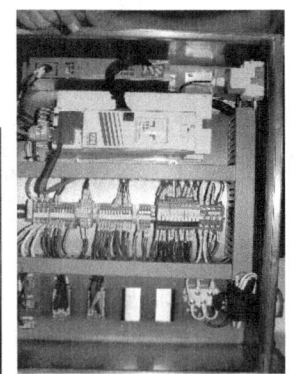

图2-25 变桨控制柜内整流模块内部接线图

4）用内六角扳手将整流模块卸下，拆卸时注意不能将螺钉或垫片掉落进变桨变频器内。

5）将新的整流模块换上。

6）通电，在服务模式下变桨。

7）测试制动器能否打开，确认正常后解开风轮锁，将风电机组打到自动模式。

6. 电池系统检查与维护

（1）蓄电池充电器　测试蓄电池充电器，看其能否正常工作；检查通风口是否堵塞、转动是否平稳和运行的噪声等情况。

注意： 电池组电压约为216V，需谨慎操作以避免触电的危险。

（2）蓄电池的容量　每个叶片的电池组一般有18个蓄电池（不同型号的风电机组可能不同），分为三组。每一个电池组内部都是6个蓄电池串联连接。三个电池组再串联以后，形成DC 216V的电源，在紧急情况下为顺桨提供动力来源。

每个电池分开进行测试,如果电压低于 87.5%(10.5V),则进行容量测试。测试必须保证每一个蓄电池至少有 75%(5.4A·h)的容量剩余。具体测试数据在维护表中进行记录。测试时,对照表 2-7 进行。

表 2-7 蓄电池容量测试参照表

测量值(%)	电压/V	容量
115	14.7	良好
100	13.8	良好
90	12.9	良好
80	10.6	危险
70	8.6	深度充电
60	7.5	更换蓄电池
50	6.2	更换蓄电池
40	5	更换蓄电池
30	3.7	更换蓄电池

(3)电池的更换　正常情况下,电池的更换周期为 24 个月,到期必须更换全部电池。

(4)柜内接线检查　检查柜内接线是否有松动,对所有接线端子逐一紧固。

7. 风电机组手动变桨

风电机组手动变桨步骤:

1)将风电机组打到服务模式,风电机组由"远程允许"切换至"远程禁止"。

2)测量轮毂高度风速,需保证 5min 平均风速低于 10m/s。

图 2-26　变桨控制柜上的手动变桨接口

3)按下 NCC310 柜急停按钮,锁上风轮锁。

4)进入轮毂(注意携带手电或其他照明用具)。

5)打开变桨变频器下部的变桨插孔,插入变桨开关线。

6)按动变桨开关线上的两个按钮进行左右手动变桨。变桨控制柜上的手动变桨接口如图 2-26 所示。

实践训练

维修变桨控制系统,详细记录维修过程。

任务 3　变桨系统故障分析与排除

任务描述

变桨距风力发电机组的变桨系统结构复杂,运行一段时间后,变桨系统会出现一些异常或小故障。本任务是在学生掌握了变桨系统相关基础知识和维护检查内容的基础上,对变桨系统运行时常见的异常现象和可能发生的故障进行分析与处理。

任务实施

1）故障特征：异常声响或噪声。

原因及处理：变桨系统液压缸脱落或同步器断线，应更换液压缸或同步器。

2）故障特征：全部桨叶失控。

原因及处理：根据监测的相关数据，可以判定造成全部桨叶失控的原因是变桨通信故障、变桨系统供电电源故障或机组控制器中变桨控制算法故障。对于前两个故障，控制系统可以实施变桨故障停机；对于后一故障，可实施快速停机，进行检修处理。

3）故障特征：单个桨叶失控或卡塞。

原因及处理：单个桨叶失控可能的故障原因是桨距角传感器故障或轴控制器故障；卡塞故障有可能是变桨距传感器故障或齿轮故障。采取故障停机，根据监测数据，进行检修处理。

4）故障特征：变桨跟踪错误。

原因及处理：原因为编码器故障；应执行正常停机，检测编码器。

5）故障特征：叶片变桨角度有差异。

可能原因：变桨电动机上的旋转编码器（A 编码器）得到的叶片角度将与叶片角度计数器（B 编码器）得到的叶片角度作对比，两者不能相差太大，相差太大将报错。

处理方法：

①由于 B 编码器是机械凸轮结构，与叶片的变桨齿轮啮合，精度不高且会不断磨损，在有大晃动时有可能产生较大偏差，因此先复位，排除故障的偶然因素。

②如果反复报该故障，需进入轮毂检查 A、B 编码器。

首先，查看编码器接线与插头，若插头松动，则拧紧后手动变桨，然后观察编码器数值的变化是否一致。若有数值不变或无规律变化，应检查线路是否有断线情况。

其次，编码器接线机械强度相对低，轮毂旋转时，在离心力的作用下，有可能与插针松脱，或者线芯在半断半合的状态，这时虽然可复位，但转速一高，松动达到一定程度信号就失去了，因此可用手摇动线和插头，若发现在晃动中显示数值在跳变，可拔下插头用万用表测通断，有不通的和时通时断的，要处理，可重做插针或接线，如不好处理则直接更换新线。

排除上述两点，说明编码器本体可能损坏，更换即可。由于 B 编码器的凸轮结构脆弱、易碎，因此对凸轮也应做细致检查。

6）故障特征：叶片没有到达限位开关动作设定值。

可能原因：叶片设定在 91°触发限位开关，若触发时角度与 91°有一定偏差，会报此故障。

处理方法：检查叶片实际位置。限位开关长时间运行后会松动，导致撞限位开关时的角度偏大，此时需要进入轮毂，在中控器上微调叶片角度，观察到达限位开关的角度，然后参考这个角度将限位开关位置重新调整至刚好能触发时，在中控器上将角度清回 91°。限位开关是由螺栓拧紧固定在轮毂上，调整时需要两把小活扳手或者 8mm 呆板手。

项目二 轮毂与变桨系统的维护检修

7）故障特征：叶片限位开关动作。

可能原因：某个桨叶91°或95°触发，有时候是误触发，此时复位即可，如果无法复位，则进入轮毂检查，可能有杂物卡住限位开关，造成限位开关提前触发，或者91°限位开关接线本身损坏失效，导致95°限位开关触发。

处理方法：手动变桨使桨叶脱离后尝试复位，若叶片没有动作，可能的原因及处理有：

① 机舱柜的手动变桨信号无法传给中控器。此时可在机舱柜中将相关端子和其旁侧端子下方进线短接后手动变桨。

② 轴控柜内开关因过电流跳开。若为此种情况，合上开关后将桨叶调至90°，即可复位。

③ 轴控柜内控制桨叶变桨的接触器损坏。应更换接触器，同时检查其他电气元件是否有损坏。

8）故障特征：变桨电动机温度高。

可能原因：温度过高多数由线圈发热引起，有可能是变桨电动机内部短路或外载负荷太大所致，而过电流也会引起温度升高。

处理方法：先检查可能引起故障的外部原因：变桨齿轮箱卡塞、变桨齿轮夹有异物；再检查因电气回路导致的原因，常见的是变桨电动机的电气制动没有打开，可检查电气制动回路有无断线、接触器有无卡塞等。排除了外部故障再检查变桨电动机内部是否绝缘老化或被破坏导致短路。

9）故障特征：变桨控制通信故障。

变桨通信类故障主要的故障点为集电环、变桨变频器和通信线路。

可能原因：轮毂控制器与主控器之间的通信中断，在轮毂中控柜中控器无故障的前提下，主要故障范围是信号线，从机舱柜到集电环、再由集电环进入轮毂这一回路出现干扰、断线、航空插头损坏、集电环接触不良或通信模块损坏等。

处理方法：用万用表测量，若中控器进线端电压为230V左右、出线端电压为24V左右，则说明中控器无故障，继续检查。将机舱柜侧轮毂通信线拔出，即红白线、绿白线。将红白线接地，轮毂侧万用表一支表笔接地，如有电阻说明导通，无断路；如有断路则启用备用线。

若故障依然存在，继续检查集电环，一般情况下大多数变桨通信类故障都由集电环引起。

齿轮箱漏油严重时造成集电环内进油，油附着在集电环与插针之间形成油膜，起绝缘作用，导致变桨通信信号时断时续，一般清洗集电环后故障可消除。

集电环造成的变桨通信类故障还有可能由插针损坏、固定不稳等原因引起，若集电环没有问题，需将轮毂端接线脱开与集电环端进线进行校线，校线的目的是检查线路有无接错、短接、破皮或接地等现象。集电环座要随主轴一起旋转，里面的线容易与集电环座摩擦导致破皮接地，也能引起变桨故障。

若运行或起动时，3个变桨变频器通信指示灯都不闪烁，可能是由于偏航变频器之间通信丢失导致，应检查以下几个故障点：检查偏航通信开关是否设置为Yaw（off）；检查PLC从站到各个变桨变频器的通信电缆；如果偏航也没通信，检查从站PLC至偏航通信板线路连接是否正确，从站PLC的CAN-open配置是否正确。

若直流输入口 DC 550V 丢失、单个变桨变频器所有指示灯都不闪烁，则主要是由于直流供电回路故障，应首先检查直流斩波器是否存在问题。

10）故障特征：变桨错误。

可能原因：变桨控制时若变桨控制器信号中断，可能是变桨控制器故障，或者信号输出有问题。

处理方法：此故障一般与其他变桨故障一起发生，当中控器故障无法控制变桨时，变桨控制器无信号，可进入轮毂检查中控器是否损坏，一般中控器故障会导致无法手动变桨，若可以手动变桨，则检查信号输出的线路是否有虚接、断线等，前面提到的集电环问题也能引起此故障。

11）故障特征：变桨失效。

可能原因：当风轮转动时，机舱柜控制器要根据转速调整变桨位置使风轮按定值转动，若传输错误或延迟 300ms 内不能给变桨控制器传达动作指令，则为了避免超速会报错停机。

处理方法：机舱柜控制器的信号无法传给变桨控制器主要由信号故障引起，影响这个信号的主要是信号线和集电环，检查信号端子有无电压，有电压则说明控制器将变桨信号发出，继续查机舱柜到集电环部分，若无故障继续检查集电环，再检查集电环到轮毂，分段检查逐步排查故障。

12）故障特征：变桨电动机转速高。

可能原因：检测到的变桨转速超过 31°/s，这样的转速一般不会出现，大多数由于旋转编码器故障引起或者由轮毂传出的信号线问题引起。

处理方法：可参照检查变桨编码器不同步的故障处理方法检查编码器问题，编码器无故障则转向检查信号传输问题。

13）故障特征：变桨齿轮箱油位低。

可能原因：泄漏；轴伸出端密封不好；零件连接密封不好；螺栓连接密封不好。

处理方法：检查油泄漏原因，对密封件进行处理或更换。

14）故障特征：变桨驱动故障。

变桨驱动故障主要分为机械和电气两大类故障。故障检查前，应首先根据远程监控软件，查看故障记录，确定故障时刻的变桨转矩值，判断故障产生的原因。转矩值偏大可能是由于叶型、变桨轴承或变桨减速机故障导致，可以通过更换变桨系统、检查变桨轴承以及变桨减速机来解决。对于转矩值不是特别大的情况可从电气方面排除。

故障特征：当叶片在任意角度都可能卡桨，断电可复位，同时端子无 24V 输出。

可能原因：由于变桨电动机编码器到变频器之间的通信中断导致。

处理方法：紧固变桨电动机编码器线；更换变桨电动机编码器线；更换变桨变频器或变桨电动机。

故障特征：变桨到 86°附近或力矩大时频报变桨驱动故障。

可能原因：由于变桨变频器程序版本较旧，或者使用的变桨系统程序版本较旧导致。

处理方法：提升变桨变频器内部相关参数；加注变桨润滑油脂进行必要润滑；更改 PLC 程序控制逻辑或者采用新版本变桨系统替代。

15）故障特征：变桨机械部分故障。

变桨机械部分的故障主要集中在减速齿轮箱上，保养不到位加之质量问题，使减速齿轮箱有可能损坏，在有卡塞转动不畅的情况下会导致变桨电动机过电流并且温度升高，因此有电动机过电流和温度高的情况频发时，要检查减速齿轮箱。

轮毂内有给叶片轴承和变桨齿轮面润滑的自动润滑站，当缺少润滑油脂或油管堵塞时，叶片轴承和齿面得不到润滑，长时间运行必然造成永久损伤，变桨齿轮与 B 编码器的铝制凸轮没有润滑，长时间摩擦，铝制凸轮容易磨损，重则将凸轮打坏，造成编码器不同步致使风机故障停机，因此需要重视润滑这个环节，长时间的小毛病的积累，必然导致机械部件不可挽回的损坏。

16）故障特征：蓄电池故障。

变桨电池充电器故障可能是轮毂充电器已经损坏，或由于电网电压高而无法充电。轮毂充电器不工作会引起三面蓄电池电压降低，将会一起报故障。

蓄电池电压故障有两类，三个叶片均报蓄电池电压故障或单面蓄电池电压故障。

若三个叶片均报蓄电池电压故障，则检查轮毂充电器，测量有无230V 交流输入，若有则说明输入电源没问题；再测量有无230V 左右直流输出和24V 直流输出，若有输入无输出则可更换轮毂充电器；若由于电网电压短时间过高引起，则电压恢复后即可复位。

若只是单面蓄电池电压故障，则不是由轮毂充电器不充电导致，可能由于蓄电池损坏、充电回路故障等引起。

处理方法：按下轮毂主控柜的充电实验按钮，三面轮流试充电，此时测量吸合的电流接触器的出线端有无230V 直流电源，再顺着充电回路依次检查各电气元件的好坏，检查时留意有无接触不良等情况，确定充电回路无异常，则检查是否由于蓄电池故障导致不能充电。打开蓄电池柜，蓄电池由 3 组（每组 6 个蓄电池）串联组成，单个蓄电池额定电压12V。先分别测量每组两端的电压，若有不正常的电压，则挨个测量每个蓄电池，直到确定故障的蓄电池位置，将损坏蓄电池更换。再充电数个小时（具体充电时间根据更换的数量和温度等外部因素决定），一般充电 12h 即可。若不连续充电直接运行，则新蓄电池没有彻底激活，寿命大打折扣，很快也会再次损坏，还有可能导致其他蓄电池损坏。

17）故障特征：轮毂转速波动或过速。

可能原因：轮毂内转速发生波动或者过速主要是由于集电环安装有误或转速信号异常导致。

处理方法：

轮毂速度信号波动：当轮毂速度信号 1s 内波动 100r/min 时，首先应检查 TRUCK 超速继电器是否损坏。

轮毂与发电机转差异常：主要是由于轮毂集电环安装有误或者集电环本身编码器故障导致，可以通过检查集电环的固定、支撑杆紧固情况或者通过检查采样和信号，如有一路失真，则判定为集电环编码故障。

18）变桨系统飞车的原因分析及预防。

介于变桨系统的构成及工作原理，能导致叶片飞车的原因有以下三种：

① 蓄电池的原因：由变桨系统构成可以得出，在风机因突发故障停机时，是完全依靠轮毂中的蓄电池来进行收桨的。如蓄电池储能不足或电池失电，机组故障时不能及时回桨，则引发飞车。

蓄电池故障主要有两个方面：一是由于蓄电池前端的轮毂充电器损坏，导致蓄电池无法充电,直至亏损;二是由于蓄电自身的质量问题,如果电池组整体电压测量时属于正常范围,但某一电池单体电压非正常,这种蓄电池在系统出现故障后已不能提供正常电拖动力来促使桨叶有效回收,而最终引发飞车事故。

② 信号集电环的原因:风机绝大多数变桨通信故障都由集电环接触不良引起。齿轮箱漏油严重时造成集电环内进油,油附着在集电环与插针之间形成油膜,起绝缘作用,导致变桨通信信号时断时续,致使主控柜控制单元无法接受和反馈处理超速信号,导致变桨系统无法停止,直至飞车;由于集电环的内部构造的原因,会出现集电环磁道与探针接触不良等现象,也会引发信号的中断和延时,其中不排除探针会受力变形。

③ 超速模块的原因:超速模块主要作用就是监控主轴及齿轮箱低速轴和叶片的超速。该模块为同时监测轴系的三个转速测点,以三取二逻辑方式,对轴系超速状态进行判断。三取二超速保护动作有独立的信号输出,可直接驱动设备动作。具有两通道配合可完成轴旋转方向和旋转速度的测量。使用有一定齿距要求的齿盘产生两个有相位偏移的信号,A 通道监测信号间的相位偏移得到旋转方向,B 通道监测信号周期时间得到旋转速度。当该模块软件失效后或信号感知出现问题,会导致在超速时风机主控不能判断故障及时停机,而引发飞车。

为了预防变桨系统飞车事故的发生,应定期检查蓄电池单体电池电压,定期做蓄电池充放电实验,并将蓄电池检测时间控制在合理区间;运行过程中密切注意电网供电质量,尽量减少大电压对轮毂充电器及 UPS 的冲击,尽可能避免不必要的元器件损坏;彻底根除齿轮箱漏油的弊病,定期进行集电环的清洗,保证集电环的正常工作;有针对性地测试超速模块的功能,避免该模块软故障的形成。

实践训练

分析叶片变桨卡塞的原因,简单给出处理措施。

知识拓展

变桨系统综述

变桨系统的所有部件都安装在轮毂上。风电机组正常运行时所有部件都随轮毂以一定的速度旋转。变桨系统通过控制叶片的角度来控制风轮的转速,即:变桨系统能够根据风速的大小自动调整叶片与风向之间的夹角,实现风轮对风力发电机有一个恒定转速,进而控制风机的输出功率;还能够利用空气动力学原理使桨叶顺桨 90°与风向平行,实施空气动力制动,使风机安全停机。风机的叶片(根部)通过变桨轴承与轮毂相连,每个叶片都要有自己的相对独立的电控同步的变桨驱动系统。变桨驱动系统通过一个小齿轮与变桨轴承内齿啮合联动。图 2-27 所示为变桨距风机工作位置简图。

风机正常运行期间,当风速超过机组额定风速时(风速为 12~25m/s 时),为了控制功率输出变桨角度限定为

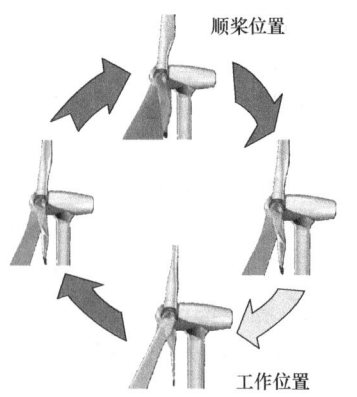

图 2-27 变桨距风机工作简图

0~30°（变桨角度根据风速的变化自动调整），通过控制叶片的角度使风轮的转速保持恒定。任何情况引起的停机都会使叶片顺桨到90°位置（执行紧急顺桨命令时叶片会顺桨到91°限位位置）。

变桨系统有时需要由备用电池供电进行变桨操作（比如变桨系统的主电源供电失效后），因此变桨系统必须配备备用电池以确保机组发生严重故障或重大事故的情况下可以安全停机（叶片顺桨到91°限位位置）。此外还需要一个冗余限位开关（用于95°限位），在主限位开关（用于91°限位）失效时确保变桨电动机的安全制动。

由于机组故障或其他原因而导致备用电源长期没有使用时，风机主控就需要检查备用电池的状态和备用电池供电变桨操作功能的正常性。

每个变桨驱动系统都配有一个绝对值编码器安装在电动机的非驱动端（电动机尾部），还配有一个冗余的绝对值编码器安装在叶片根部变桨轴承内齿旁，它通过一个小齿轮与变桨轴承内齿啮合联动记录变桨角度。表2-8为变桨系统主要构成部件。

表2-8 变桨系统主要构成部件

序号	变桨系统部件		数量
1	电控箱	中控箱	1套
		轴控箱	3套
2	变桨电动机(配有变桨系统主编码器:A 编码器)		3套
3	备用电池		3套
4	机械式限位开关		3套(6个)
5	限位开关支架及相关连接件		3套
6	冗余编码器:B 编码器		3套
7	冗余编码器支架、测量小齿轮及相关连接件		3套
8	各部件间的连接电缆及电缆连接器		1套

风机主控接收所有编码器的信号，而变桨系统只应用电动机尾部编码器的信号，只有当电动机尾部编码器失效时风机主控才会控制变桨系统应用冗余编码器的信号。

变桨中控箱执行轮毂内的轴控箱和位于机舱内的机舱控制柜之间的连接工作。中控箱如图2-28所示。

变桨中控箱与机舱控制柜的连接通过集电环实现。通过集电环，机舱控制柜向变桨中控箱提供电能和控制信号。另外风机控制系统和变桨控制器之间用于数据交换的Profibus-DP的连接也通过这个集电环实现。变桨控制器位于变桨中控箱内，用于控制叶片的位置。另外，三个电池箱内的电池组的充电过程由安装在变桨中控箱内的中充单元控制。在变桨系统内有三个轴控箱，每个叶片分配一个轴控箱。箱内的变流器控制变桨电动机速度和方向。轴控箱如图2-29所示。

图2-28 中控箱

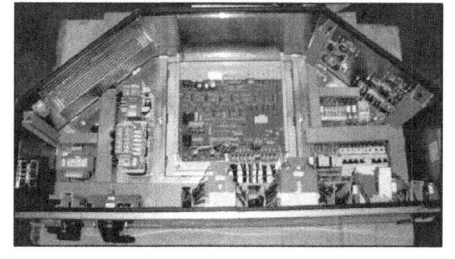

图2-29 轴控箱

和轴控箱一样，每个叶片分配一个电池箱。在供电故障或 EFC 信号（紧急顺桨控制信号）复位的情况下，电池供电控制每个叶片转动到顺桨位置。电池箱如图 2-30 所示。

变桨电动机是直流电动机，正常情况下变桨电动机受轴控箱变流器控制转动，紧急顺桨时电池供电电动机动作。变桨电动机如图 2-31 所示。

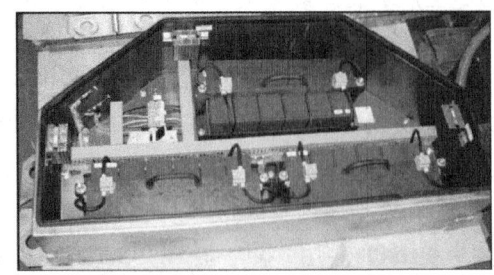

图 2-30　电池箱

图 2-31　变桨电动机

每个叶片对应两个限位开关：91°限位开关和96°限位开关。96°限位开关作为冗余开关使用。图 2-32 所示为冗余编码器，图 2-33 所示为限位开关。

图 2-32　冗余编码器

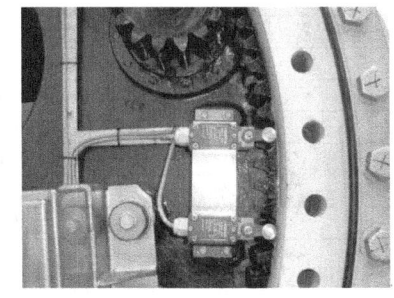

图 2-33　限位开关

变桨中控箱、轴控箱、电池箱、变桨电动机、冗余编码器和限位开关之间通过电缆进行连接。为了防止连接电缆时产生混乱，电缆有各自的编号。

变桨系统的保护种类是位置反馈故障保护：为了验证冗余编码器可利用性及测量精度，将每个叶片配置的两个编码器采集到的桨距角信号进行实时比较，冗余编码器完好的条件是两者之间角度偏差小于2°。所有叶片在91°与95°位置各安装一个限位开关，在0°方向均不安装限位开关，叶片当前桨距角是否小于0°由两个传感器测量结果经过换算确定。除系统掉电外，当下列任何一种故障情况发生时，所有轴柜的硬件系统应保证三个叶片以10°/s的速度向90°方向顺桨，与风向平行，风机停止转动：任意轴柜内的从站与 PLC 主站之间的通信总线出现故障，由轮毂急停、塔基急停、机舱急停、震动检测、主轴超速及偏航限位开关串联组成的风机安全链以及与安全链串联的两个风轮锁定信号断开（DC 24V 信号）；任何一个编码器出现故障，或同一叶片的两个编码器测量结果偏差超过规定的门限值；任何叶片桨距角在变桨过程中两两偏差超过2°；构成安全链、释放回路中的硬件系统出现故障；任意系统急停指令。变桨调节模式时，预防桨距角超过限位开关的措施：91°限位开关动作；到达限位开关动作角度时，变桨电动机制动抱闸；轴柜逆变器的释放信号及变桨速度命令无效，同样会使变桨电动机静止。变桨电动机制动抱闸的条件：轴柜变桨调节方式处于自动模式下，桨距角超过91°限位开关位置；轴柜上控制开关断开；电网掉电且后备电源输出电压低于其最低允许工作电压；控制电路器件损坏。

电动机变桨控制机构可对每个桨叶采用一个伺服电动机进行单独调节，如图2-34所示。伺服电动机通过主动齿轮与桨叶轮毂内齿圈相啮合，直接对桨叶的桨距角进行控制。位移传感器采集桨叶桨距角的变化与电动机形成闭环PID负反馈控制。在系统出现故障、控制电源断电时，桨叶控制电动机由蓄电池供电，将桨叶调节为顺桨位置，实现风轮停转。

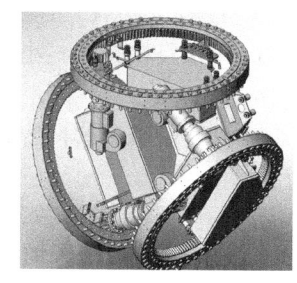

图2-34 变桨机构机械连接

思考练习

一、填空题

1. 变桨距机组的轮毂由壳体、_____、_____和_____等机构构成。
2. 轮毂有_____和_____两种，并网型三叶片机组的轮毂通常采用_____。
3. 变桨系统是通过改变叶片的桨距角来改变风轮的_____，从而实现对风力发电机_____进行控制，具有变桨和_____功能。
4. _____安装在叶片根部与轮毂的连接部位，其内外圈分别与风轮叶片和_____用螺栓连接。
5. 变桨驱动装置通过螺柱与轮毂连接，由_____、_____和变桨齿轮箱组成。
6. 进入轮毂前一定要锁定_____系统，将系统压力释放掉，并关闭液压单元的隔断阀；锁定轮毂时_____必须抱住，轮毂转动时禁止穿入_____。

二、选择题

1. 变桨系统在整个机组系统中的主要作用为____。
   A. 桨距调节　　　　　B. 桨距角的采集　　　　C. 故障保护
2. 变桨系统是通过改变叶片桨距角来改变风轮的气动特性，变桨角度范围为____。
   A. 0~86°　　　　　　B. 0~180°　　　　　　　C. 90°~360°
3. 变桨装置____系统的目的是保证变桨系统在外部电源中断时可以安全操作。
   A. 主控柜　　　　　　B. 电池柜　　　　　　　C. 轴柜
4. 目前兆瓦级并网型变桨距风力发电机组的变桨系统均采用____驱动方式。
   A. 独立　　　　　　　B. 共同　　　　　　　　C. 两种方式同时进行
5. 变桨雷电保护装置可以有效地将作用在轮毂和叶片上的电流通过____导到地面，避免雷击使风机线路损坏。
   A. 垫片　　　　　　　B. 碳纤维刷　　　　　　C. 集电爪
6. 注油时要每个油嘴均匀地加注油脂，加注时打开放油口，排出旧油脂，加注新油脂直至达到____标志处。
   A. 最大　　　　　　　B. 最小　　　　　　　　C. 中间
7. 在加油或检查油位过程中，注意使减速箱与水平面____。

A. 倾斜　　　　　B. 平行　　　　　　C. 垂直

8. 用塞尺检查变桨小齿轮与变桨齿圈的啮合间隙，正常啮合间隙为____ mm。

A. 0.5~1.5　　　B. 0.3~1.3　　　　C. 0.8~1.8

9. 顺桨时编码器位置与设定值差值一般是____。检查时若超过该值，需重新校准叶片零位。

A. 5°　　　　　 B. 3°　　　　　　 C. 1°

10. 当顺桨接近撞块运行到顺桨感光装置上方时，感光装置接收信号后传递给变桨系统，提示叶片已经处于____。

A. 顺桨位置　　 B. 工作位置　　　 C. 极限位置

三、判断题

1. 轮毂是风轮的骨架，是将叶片和叶片组固定到转轴上的装置；它将风轮的力和力矩传递到主传动机构中，是风力发电机组最直接的动力来源。　　　　　　　　　　（　）

2. 变桨距计算机控制系统是一个闭环的跟踪系统，控制理论上称为伺服系统。（　）

3. 变桨系统的作用主要是对风电机组进行转速和功率控制以及顺桨时变距。（　）

4. 变桨机构是由机械、电气和液压组成的装置，一般包含3个主控柜、3个轴柜、3个电池柜、3个变桨电动机及变桨轴承。　　　　　　　　　　　　　　　　　（　）

5. 如果变桨系统的一个驱动器发生故障，另两个不能安全地使风机停机。（　）

6. 变桨电动机是含有位置反馈和电热调节器的伺服电动机。　　　　　（　）

7. 当变桨轴承趋于极限工作位置时，撞块就会运行到限位开关上方，其上的撞杆受到撞击后，限位开关把信号通过电缆传递给变频柜，提示轴承已处于极限工作位置。（　）

8. 变桨机构进行任何维护和检修，必须首先使机组停止工作，各制动器处于制动状态并将风轮锁锁定。　　　　　　　　　　　　　　　　　　　　　　　　　（　）

四、简答题

1. 简述轮毂的检修项目。
2. 变桨系统的维护检修项目有哪些？具体有哪些检修内容？
3. 分析变桨系统常见故障的成因及排除措施。

项目三

齿轮箱的维护及故障处理

项目目标

知识目标
1) 了解齿轮箱的类型、结构及特点。
2) 掌握齿轮箱的使用、维护与检修。
3) 熟悉并理解齿轮箱冷却与润滑系统的相关知识。

能力目标
1) 能够独立进行齿轮箱的日常维护及相关部件的拆卸与安装。
2) 会分析处理齿轮箱的常见故障。

项目设计

本项目主要是通过对双馈式风力发电机组齿轮箱的维护检修及故障分析，使学生了解机组主传动系统的结构和齿轮箱的工作原理；掌握齿轮箱的维护检修内容，能够分析与处理齿轮箱的常见故障。为此，本项目设计为三个任务，分别是齿轮箱的维护检修、齿轮箱冷却与润滑系统的维修、齿轮箱及冷却系统常见故障分析与处理。

知识链接

齿轮箱按用途可分为增速箱和减速箱，机组主传动链上使用的是增速箱，偏航系统与变桨系统使用的是减速箱。本章无特殊说明，均指齿轮增速箱。

1. 齿轮箱的作用

风力发电机组主传动系统的功能是将风力机的动力传递给发电机。双馈式风力发电机组主传动系统主要由主轴、主轴承、齿轮箱和联轴器组成。主轴安装在风轮和齿轮箱之间，前端通过螺栓与轮毂刚性连接，后端与齿轮箱低速轴连接，承力大且复杂。

齿轮箱是风力发电机组的一个重要机械部件，其主要功能是将风轮在风力作用下所产生的动力传递给发电机并使其得到相应的转速。风轮的转速很低，远达不到发电机的要求，必须通过齿轮箱齿轮副的增速作用来实现，故也将齿轮箱称之为增速箱。其外形如图3-1所示。

由于发电机转速高，两极三相交流发电机转速约3000r/min，四极、六极约为1500r/min、1000r/min，而大

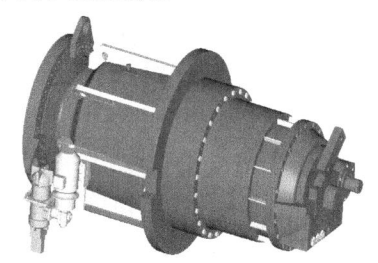

图3-1 齿轮箱外形

中型风电机组转速约每分钟几十转甚至十几转。如此大的转速差别，只有通过齿轮箱增速才能使发电机以额定转速旋转，增速比一般为几十倍至一百多倍。

齿轮变速主要有两种形式，一种是圆柱齿轮变速，一种是行星齿轮变速。风电机组的齿轮增速箱增速比较大，多采用两级行星齿轮增速或一级行星齿轮加一级圆柱齿轮增速，大增速比的采用两级行星齿轮增速加一级圆柱齿轮增速。行星齿轮增速变比大、体积较小，故行星齿轮增速在风电机组中是用得最多的增速方式。齿轮增速箱的主输入轴大多是管状的，中部通孔用于轮毂变桨的信号与动力的传输。

风电机组齿轮箱安装于主机架内，位于机舱中部偏风轮部分。齿轮箱的重量约占机舱重量的1/2，前端通过法兰与风轮相连，后端通过联轴器与发电机相连接，如图3-2所示。

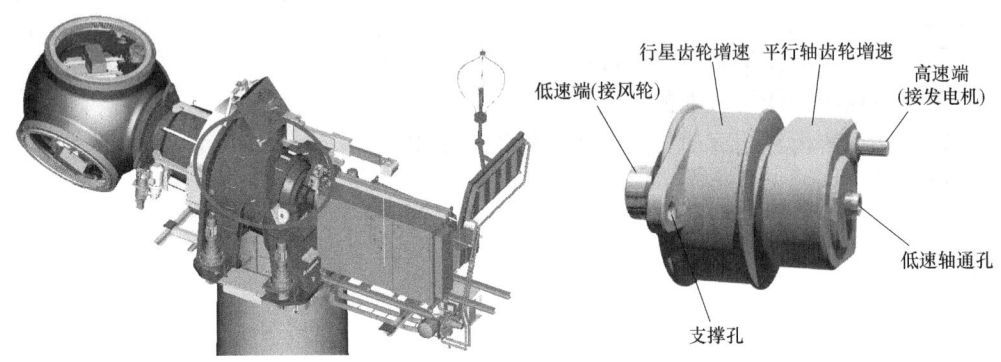

图3-2 风电机组齿轮箱位置图

2. 齿轮箱的结构

常见的兆瓦级风力发电机组齿轮箱由一级行星齿轮和两级平行轴齿轮传动或者由两级行星齿轮和一级平行轴齿轮传动组成，是一种典型的传动装置。齿轮箱利用其前箱盖上的两个突缘孔内的弹性套支撑在支架上。齿轮箱低速级的行星架通过胀紧套与机组的大轴连接，三个一组的行星轮将动力传至太阳轮，通过内齿联轴节传至位于后箱体内的第一级平行轴齿轮，再经过第二级平行轴齿轮传至高速级的输出轴，通过柔性联轴器与发电机相连接。齿轮箱输出轴端装有制动法兰供安装系统制动器用。此外，为了保护齿轮箱免受极端负荷的破坏，中间传动轴上还装有安全保护装置。

从图3-3可以看出，齿轮箱由传动轴、箱体部分和齿轮副三大部分组成。

1）传动轴：传动轴的作用就是将风轮的动能传递到齿轮箱的齿轮副。华锐FL1500系列风力发电机组齿轮箱最大的特点就是将主轴置于齿轮箱的内部。这样设计可以使风机的结构更为紧凑、减少机舱的体积和重量、有利于对主轴的保护。

2）箱体部分：箱体部分是齿轮箱的重要部件，由前机体、中机体和后机体三部分组成。齿轮箱的箱体部分承受来自风轮的作用力和齿轮传动时产生的反作用力，并将力传递到主机架。因此箱体部分必须具有足够的刚性去承受力和力矩的作用，防止变形，保证传动质量。一般采用铸铁箱体，还可以发挥其减振性，常用的材料有球墨铸铁和其他高强度铸铁。箱盖上还设有透气罩、油标或油位指示器，在相应部位设有注油器和放油孔。采用强制润滑和冷却的齿轮箱，在箱体的合适部位设置有进出油口和相关的液压件的安装位置。

3）齿轮副：齿轮箱的增速机构——齿轮副，采用行星齿轮和平行轴齿轮混合的机构传动，即两级行星齿轮和一级平行轴齿轮。采用行星齿轮机构可以提高速比、减小齿轮箱的体积。为了提高承载能力，齿轮一般都采用优质合金钢制造。

齿轮箱通过加紧法兰和楔块被固定到主机架上。在齿轮箱与加紧法兰、齿轮箱与主机架之间均有减噪板弹簧。这使齿轮箱和主机架之间没有任何的刚性连接。这种方式可以最大程度上吸收齿轮箱所产生的振动，减小振动对主机架的影响。齿轮箱的吊装如图3-4所示。

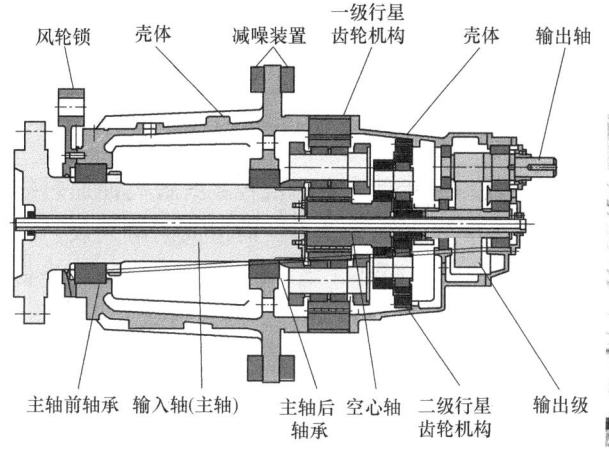

图3-3 风力发电机组齿轮箱内部结构简图

图3-4 齿轮箱的吊装

齿轮箱的工作过程：齿轮箱主轴的前端法兰与风轮相连，风作用到叶片上驱动风轮旋转；旋转的风轮带动齿轮箱主轴转动并将动能输入齿轮副；经过三级变速，齿轮副将输入的大转矩、低转速动能转化成低转矩、高转速的动能，传递到齿轮箱的输出轴上；齿轮箱的输出轴通过弹性联轴器与发电机轴相连接，驱动发电机的转子旋转，并将能量输入给发电机；发电机将输入的动能最终转化成电能并输送到电网上。

3. 齿轮箱基本参数

齿轮箱的基本参数主要是技术参数，以 SL1500/77 型风电机组为例，见表3-1。

表3-1 齿轮箱技术参数

型号	SL1500/77	主要结构	二级行星齿轮，一级平行轴齿轮
传动比 i	≈104(77)	齿轮箱的轴间角/°	4.5
输入端		输出端	
额定驱动功率/kW	1700	发电机额定速度/(r/min)	1810
额定转矩（额定速度时）/kN·m	933	发电机速度范围/(r/min)	1030~2040
旋转方向	顺时针（迎风轮的风向）	运行时最高转速/(r/min)	2min 约为 2200 10s 约为 2500
空转转速/(r/min)	0~3	最大转矩/(kN·m)	25.5
润滑方式	飞溅润滑 + 压力润滑	最大转矩时的横向力/kN	77.3
		最大转矩持续时间/s	13
		最大转矩发生频率	每年约3次

4. 齿轮箱主要部件

以 SL1500/77 型风电机组为例，齿轮箱主要构成零件参见表3-2。

表3-2 齿轮箱主要构成零件

序号	零件	型号	数量	序号	零件	型号	数量
1	齿轮箱	PWE1500	1	9	温控阀		1
2	手动阀		2	10	热交换器		1
3	冷却油泵驱动电动机	换极式异步电动机 3.5/6.0kW	1	11	油-空气冷却器电动机	异步电动机 1.5kW	1
4	安全阀	10bar	1	12	压力继电器	DC 24V/0.6bar	1
5	滤网	10	1	13	冷却油泵		1
6	旁路阀	3bar	1	14	热交换器进油软管	G1 1/2in	1
7	压差继电器	DC 24V/2bar	1	15	热交换器出油软管	G1 1/2in	1
8	滤网	50	1	16	齿轮油	XMP SHC 320	1

注：$1bar = 10^5 Pa$。$1in = 0.0254m$。

大型风电机组齿轮箱设有润滑油净化和温控系统。润滑油净化和温控系统设有油加热装置用于低温起动，以避免油温过低（环境温度小于10℃）、流动性不良而造成润滑失效，损坏齿轮和传动件。油加热装置是电热管式的，安装在油箱底部。该系统可以实现自动控制（10~65℃），油温过高时，机组控制系统将使润滑油进入系统的冷却管路，再进入齿轮箱。冷却器常用风冷式的。系统装有压力传感器和油位传感器，以监控润滑油的正常供应，有故障会发出警报。

(1) 冷却与润滑系统　冷却与润滑系统由泵单元、分配器、冷却器单元和管路等构成。其中泵单元由电动机、油泵和滤网（粗滤、精滤）组成，冷却器单元主要是油-空气冷却器（油冷风扇）或热交换器。冷却与润滑系统如图3-5所示。

1) 润滑系统：用润滑油润滑齿轮及轴承的运动表面，使在齿轮和轴承的相对运动部位上保持一层油膜，达到减少摩擦及降低接触应力、减少磨损及降低运动表面温度的目的，使零件表面产生的点蚀、磨损、粘连和胶合等破坏最小。

齿轮箱常采用飞溅润滑或强制润滑。

① 飞溅润滑：结构简单，箱体内无压力，渗漏现象少，但有润滑不良现象。

② 强制润滑：结构复杂，润滑管路内有压力，关键润滑点有可靠润滑，且强制循环有利于使润滑油的热量均匀和快速传递，但有渗漏概率增大的问题。

图3-5　冷却与润滑系统

强制润滑系统包括油泵、过滤器和下箱体（作为油箱使用），还配有电加热器和强制循环或制冷降温系统。强制润滑是油泵从下箱体吸油口抽油后，经过过滤器输送到齿轮箱的润滑管路上，再通过管路将油送往齿轮箱的轴承、齿轮及各个润滑部位。管路上装有各种监控装置，确保齿轮箱在运转当中不会出现断油。

2) 冷却系统：热带或沙漠地区会有50℃高温天气，润滑油黏度变稀，油膜变薄，承载能力降低，导致润滑状态恶化，齿轮箱寿命缩短甚至破坏。设置强制风冷却器或制冷型冷却器。

(2) 加热系统　高寒地区运行的风电机组会工作在-30℃以下，润滑油的黏度增大，油泵效率降低，管路阻力增大，各润滑点润滑状态恶化，为此设置了电加热器。加热系统由加热器（3kW）、温度控制器和温度传感器Pt100等装置组成，分布如图3-6a所示。

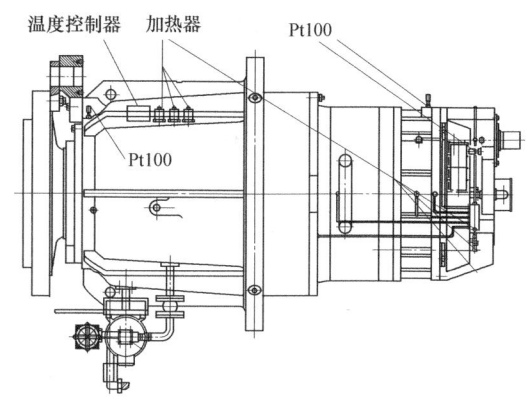
a) 齿轮箱加热系统装置分布

b) 齿轮箱后部的Pt100

图3-6 齿轮箱加热系统

Pt100（温度传感器）有三个：油箱、高速端轴承各一个，齿轮箱主轴一个（备用），位置在齿轮箱后部右侧和上方，作用是监控油温和高速端轴承温度，确保机组的安全。控制方式采用系统自动控制。Pt100外形如图3-6b所示。

加热器有六个（两组，每组一个备用），位置在齿轮箱的前部和后部，如图3-7所示。

 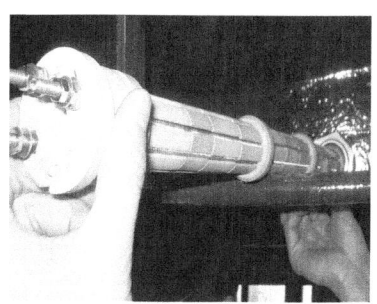

图3-7 加热器

当齿轮箱工作环境温度较低时，加热器对齿轮箱润滑油进行加热，以确保齿轮箱内部的润滑油保持在一定的黏度范围。控制方式为系统自动控制。温度控制器的作用是控制加热器的加热温度。

（3）其他部件 齿轮箱冷却与润滑系统还包括风轮锁、雷电保护装置、液位传感器、油位指示器、空气过滤器、视孔（观察孔）盖、检查孔、排油阀和集油盒等部件。

转子锁（风轮锁）有一套，位于齿轮箱的前端，作用是锁定风轮，确保机组处于安全状态。控制方式为手动控制。转子锁（风轮锁）如图3-8所示。

雷电保护装置有三组，位于齿轮箱前端连接轮毂处，作用是将风轮上的电流传导到齿轮箱的机体上，再通过接地线将电流倒入大地，以保护机组，不需控制，如图3-9所示。

液位传感器有一组，位置在齿轮箱左后方，作用是监控齿轮箱内部润滑油的油位，当油位低于系统设定值时，系统会自动发出报警。可以观察润滑油的状态（如颜色、油位高度和油质等情况），不需控制。

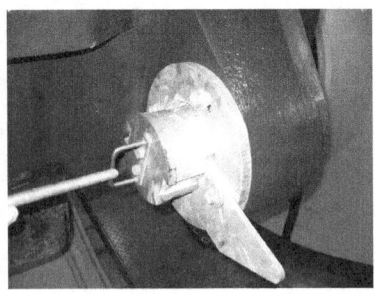

图 3-8　齿轮箱的转子锁（风轮锁）

在液位传感器的旁边还设有一个观察器，即油位指示器。通过油位指示器可以观察润滑的状态。液位传感器和油位指示器如图 3-10 所示。

图 3-9　齿轮箱雷电保护装置　　　　图 3-10　液位传感器和油位指示器

空气过滤器位于齿轮箱上部，作用是保证齿轮箱内部的压力稳定，防止外部杂质进入齿轮箱内部，不需控制，如图 3-11 所示。

用扳手将观察孔上的螺栓卸掉，将内窥镜通过检查孔深入齿轮箱内部，观察齿轮啮合与齿表面情况，如图 3-12 所示。

集油盒是压力润滑齿轮箱溢出油的收集装置，如图 3-13 所示。

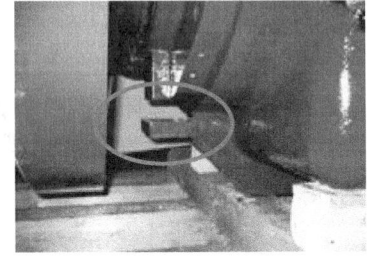

图 3-11　空气过滤器　　　　图 3-12　检查孔　　　　图 3-13　集油盒

任务1　齿轮箱的维护检修

任务描述

齿轮箱是双馈式风力发电机组的主要传动部件，起到增速的作用。由于其特殊的机械构造,运行中若不注意维护,会产生比较严重的磨损,从而减少使用寿命。本任务是指导学生在学习掌握了机组齿轮箱的相关知识后,对齿轮箱进行维护检修。

任务实施

(一)注意事项

1)关于对环境、气候的要求,参见项目一任务1"叶片的维护检查"的注意事项。

2)对齿轮箱进行任何维护和检修,必须首先使风力发电机停止工作,各制动器处于制动状态并将风轮锁锁定。如遇特殊情况,需在风力发电机处于工作状态或齿轮箱处于转动状态下进行维护和检修(如检查轮齿啮合、噪声或振动等状态时),必须确保有人守在紧急开关旁,可随时按下开关,使系统制动刹车。

3)当处理齿轮箱润滑油或打开任何润滑油蒸气可能冒出的端盖时,必须穿戴安全面具和手套。因为齿轮箱润滑油可能有刺激性并且有害。

(二)准备工器具

对齿轮箱进行维护检修时需要的工具见表3-3。

表3-3 齿轮箱维护检修工具

序号	名称	型号	序号	名称	型号
1	液压力矩扳手	HYTORC 8XLT	10	老虎钳	
2	力矩扳手	20~200N·m	11	管钳	24#
3	活扳手	10#、24#	12	铁锤(1kg)	
4	呆扳手	8~10mm、11~13mm	13	手电筒	
5	呆扳手	16~17mm、17~19mm	14	防水记号笔	
6	小棘轮		15	无纤维抹布	
7	套筒	13mm	16	刷子	
8	内六角		17	清洁剂	
9	小十字螺钉旋具		18	吊物袋	中号、大号

(三)维护检修任务

一般情况下,齿轮箱每半年维护检修一次,润滑油应定期更换。润滑油第一次更换应在首次投入运行500h后进行,以后的换油周期为5000~10000h。

1. 齿轮箱维护检修项目

(1)齿轮箱外观检查与维护 检查齿轮箱表面的防腐涂层是否有脱落现象,如果有,应及时补上。检查齿轮箱表面清洁度,如有污物,用无纤维抹布和清洁剂清理干净。检查齿轮箱低速端、高速端、各连接处是否有漏油、渗油现象。

(2)紧固件检查 检查齿轮箱中所有螺栓紧固情况。用液压力矩扳手以规定的力矩检查用于将加紧法兰固定到主机架上的螺栓、将楔块固定到加紧法兰上的螺栓、将楔块安装到主机架上的螺栓、用于减速器法兰上固定接触环组件的螺栓、固定避雷板的螺栓和转子锁装置螺栓等。如果螺母不能被旋转或旋转的角度小于20°,说明预紧力仍在限度以内;如果螺母能被旋转,且旋转角超过20°,则必须把螺母彻底松开,并用液压力矩扳手以规定的力矩重新把紧。每检查完一个,用笔在螺栓头处做一个圆圈记号。

(3)检查润滑油油位 通过油位指示器观察时应先将机组停止运行等待一段时间(时

间≥20min），使油温降下来（油温≤50℃），再检查油位，只有这样检查的油位才是真实的油位。如果缺少润滑油应立即补足（齿轮箱一般需要600L润滑油）。齿轮箱的油位应从观察孔能够看到。

(4) 检查润滑油　检查润滑油的情况时，应先将机组停止运行等待一段时间（时间≥20min），使润滑油油温降下来（油温≤50℃），检查润滑油的颜色是否有变化（更深、黑等）；检查润滑油的气味，是否闻起来像燃烧退化过；检查润滑油是否有泡沫以及泡沫的形状、高度，油的乳白度，泡沫是否只在表面上，检查润滑油颗粒度有无超标。

(5) 齿轮箱油样采集　取油样时应先将机组停止运行等待一段时间（时间≥20min），使油温降下来（油温≤50℃），用风轮锁锁定风轮并按下紧急停机按钮，通过齿轮箱底部排油阀放油。在取样前，应将排油阀及附近清洁干净，并将油先放出约100mL后再取样。取出200mL油样（取出的油样要密封保管好）。取油样工作完毕后关闭放油阀，擦干净并再次确认放油阀位置没有泄漏。

风机正常运行后，每隔6个月对齿轮箱润滑油进行一次采样化验，根据化验结果确定是否需要换油。如果风电机组齿轮油是合成油，应该在运行3个月后检测油样。

(6) 检查齿轮箱空气过滤器　风机长时间工作后，空气过滤器可能因灰尘、油气或其他物质而导致污染，不能正常工作。取下空气过滤器的上盖，检查其污染情况。如已经污染，应取下空气过滤器，用清洗介质进行处理，除去污物，然后用压缩空气进行干燥。

(7) 检查齿轮箱噪声　检查齿轮箱是否有异常噪声（如嘎吱声、咔嗒声或其他异常噪声）。要特别注意主轴轴承、制动装置在运行中的噪声。由于轴承游隙增大，导致运行中齿轮蹿动，相互撞击，发出异常声音；如果发现异常噪声，应立即查找原因，排查噪声源。

(8) 检查齿轮箱振动情况　齿轮箱的振动通过减噪装置传递给主机架，在主机架的前面板上装有两个振动传感器，系统可以监测齿轮箱的振动情况。如果需要检测齿轮箱本体的振动情况，可以应用手持式测振仪器和听音棒进行检测。应多点检测，最好检测振动速度。

采集并分析的振动参数为以下两种：

1) 速度频谱：检测由于如松动、不平衡和不对中等引起的低频振动故障；监测和确认轴承、齿轮缺陷阶段。

2) 加速度包络线谱：检测齿轮啮合、轴承早期缺陷、润滑不良和重复性冲击等问题。

(9) 轮齿及轴承检查　将视孔（观察孔）盖及其周围清理干净，用扳手打开视孔盖。通过视孔观察齿轮啮合，齿表面腐蚀、点蚀，齿面疲劳，胶合，断齿、齿接触撞击标记等情况。观察完后，按照安装要求，将视孔盖重新密封安装。

打开轴承端盖检查轴承侧面，确认油脂颜色正常无焦糊现象，滚动体无伤痕，轴承座完好无磨损痕迹，轴承内圈挡圈环无变形损坏、固定牢固；检查箱体内低速轴前轴承座内径磨损情况；检查行星齿轮前、后两盘轴承S值是否超标；检查低速输入轴轴承磨损情况；目测润滑油油色及杂质情况。

(10) 检测传感器　检测齿轮箱上所有的温度传感器、压力传感器，查看其连接是否牢固；通过控制系统测试其功能是否正常；如传感器失灵或机械损坏，应立即更换。

(11) 检查叠板弹簧、弹性支撑　目检组装状态的叠板弹簧，查看橡胶有无裂纹；目检工作状态下的叠板弹簧，通过缝隙查看是否有老化、粉末物质脱落等情况；力矩检查齿轮箱弹性支撑紧固螺栓有无松动，外观检查弹性支撑有无弯曲变形、连接螺栓是否完好；检查扭力臂关节轴承转动是否灵活，内表面和球面有无磨损、划痕、裂纹或锈蚀等缺陷，关节轴承密封件是否完整、有无损坏，弹性橡胶块有无缺损，锚销有无伤痕等。弹性支撑如图 3-14 所示。

（12）胀紧套检查　检查锥形胀紧套（内套）与轴接触的部位有无较为明显的滑动痕迹，有无飞边、拉伤、凸起或沟槽等缺陷；检查螺栓孔有无伤痕，螺纹有无拉伤、断裂和螺纹滑扣等缺陷；力矩检查螺栓预紧力是否符合标准。胀紧套如图 3-15 所示。

图 3-14　弹性支撑

图 3-15　胀紧套

（13）检查加热器　短时间起动齿轮箱加热器，用电流探头测试加热元件是否供电。

（14）检查集油盒　检查齿轮箱前端主轴下面的集油盒，将里面的油收集到指定的容器内。将集油盒清理干净。

（15）检查避雷装置　检测避雷装置上的碳纤维块。碳纤维块应与主轴前端转子接触。如果碳纤维块的磨损量过大，应立即更换新的碳纤维块。避雷装置前端尖部与主轴前端转子法兰面之间的间隙为 0.5~1mm。

2. 齿轮箱内部件拆卸及更换

齿轮箱的使用寿命为 20 年，正常情况下齿轮箱不会出现故障或损坏。一旦某些部件出现故障，则需要拆卸及更换。

（1）空气过滤器拆卸及更换　逆时针旋转空气过滤器，将其从齿轮箱上拆除，清洗空气过滤器。

（2）加热器拆卸及更换

1）确认系统已经处于安全状态，已经切断系统电源。

2）逆时针旋转加热器的后端盖，将加热器的端盖拆下。

3）用扳手将接线柱上的螺栓拆掉，拔出连接片，拆下接线。将加热器抽出来。

4）将新的加热器插入壳体内，用扳手拧上连接片螺栓，将电缆线接上。

5）安装加热器的后端盖。

（3）温度传感器拆卸及更换

1）确认系统已经处于安全状态，系统已经完全断电。

2）拔下传感器的接线端子。

3）将旧传感器从安装位置拔出，将新的传感器插入安装位置。

4）去除旧接线端子上的接线，给新传感器接线端子接线。

5）将接线端子插到传感器前端部。

(4) 雷电保护板拆卸及更换

1) 确认系统已经处于安全状态,系统已经完全断电。
2) 用扳手将雷电保护板上的接线卸掉,然后卸下雷电保护板。
3) 装配新的雷电保护板。
4) 给雷电保护板接线。

(5) 齿轮箱油泵电动机的拆卸及更换

1) 将风电机组打到服务模式,风电机组由"远程允许"切换至"远程禁止"。
2) 拉开风电机组 NCC300、310 柜 400V 开关,将油泵停止,关闭油进出口阀门。
3) 用呆扳手将油泵电动机与齿轮箱连接螺栓拆除,用棘轮扳手将电动机与油泵的连接螺栓拆除,油泵电动机如图 3-16 所示。退出油泵电动机。
4) 用铁锤(1kg)将电动机端联轴器退出。
5) 将新油泵电动机装上,上电检测,服务模式下起动油泵,检测油泵电动机的旋转方向是否正确(顺时针)。

(6) 齿轮箱油管的拆卸及更换

1) 将风电机组打到服务模式,风电机组由"远程允许"切换至"远程禁止"。
2) 将油泵停止,关闭油进出口阀门。
3) 拆油管时在管接头处准备一废油桶,接遗留在管中的废油。
4) 更换上新油管,用管钳和大号活扳手紧固管接头,并打上螺纹密封胶 577#。

图 3-16 齿轮箱油泵电动机

5) 打开油进出口阀门,起动油泵检查密封情况,确认无渗油后关闭油泵。观看齿轮箱油位是否正常。
6) 用抹布将工作现场擦拭干净,清理杂物。

(7) 齿轮箱润滑油的更换

1) 换油时应先将机组停止运行一段时间(≥20min),使油温降下来(油温≤20℃)。
2) 将准备的空油桶和一根放油软管,通过机舱内的小葫芦吊吊放到机舱里。
3) 用洁净的抹布清理排油阀及加油孔端盖,清理完后,将放油软管一头连接到排油阀上,另一端放入油桶里。检查放油管路,如无问题卸下箱体顶部的空气过滤帽,打开放油阀,将齿轮箱内的润滑油全部排出,排完后关闭排油阀。
4) 将装满油的油桶通过葫芦吊逐个放到地面。
5) 检查齿轮箱内部清洁程度,用干洗剂清洗齿轮箱内部,特别是要把油槽中的杂质清除干净;清洁位于放油堵头处的磁铁,清洗完毕后排净清洁剂,并用少量的新润滑油冲洗。
6) 拧紧放油堵头(检查油封:堵头处受压的油封可能失效,必要时可更换油封);卸下观察盖板进行检查。
7) 将新润滑油吊到机舱内,通过油泵与过滤装置,将新润滑油过滤后泵入齿轮箱内(过滤精度 30μm 以上)。油液液位要达到液位计的标注刻度处,以保证轴承和齿轮润滑的可靠。
8) 加完油后将加油孔装配并重新封好,清理掉加油过程中所泄漏的润滑油。
9) 再次检查加油孔、放油阀是否密封完好。最后将空油桶吊到地面,加油完毕。

项目三 齿轮箱的维护及故障处理

注意：

1）油液更换时，必须使用和先前同一品牌的油液。如果更换另一品牌的油液，在注入新油液之前必须彻底清洗齿轮箱。

2）在更换油液时，为了清除箱底的杂质、铁屑和残留油液，齿轮箱必须用新油液进行冲洗。高黏度的油液必须进行预热。新油液应该在齿轮箱彻底清洗后注入。

3）旧的油液应该在停机后齿轮箱冷却之前尽快排出。

实践训练

独立进行齿轮箱的例行维护。

任务2　齿轮箱冷却与润滑系统的维修

任务描述

齿轮箱与风轮轴的润滑十分重要，良好的润滑能够对齿轮和轴承起到足够的保护作用。机组运行时齿轮箱内的温度会非常高，高温会使润滑油黏度变稀，使油膜变薄，承载能力降低，导致齿轮箱内各润滑点的润滑状态恶化，从而缩短齿轮箱寿命甚至损坏。所以齿轮箱冷却与润滑系统的作用就是保证齿轮箱可靠润滑。齿轮箱冷却与润滑系统结构复杂，零部件较多，要指导学生加强对系统部件的识记，熟练掌握系统的维护检查内容。

任务实施

齿轮箱冷却与润滑系统如图3-17所示，其功能是使齿轮箱充分润滑、冷却齿轮箱润滑油油温以及过滤润滑油中杂质。此外齿轮箱冷却与润滑系统还具有高的承载能力，具有减小摩擦和磨损、防止胶合、吸收冲击和振动、防止疲劳点蚀、冷却、防锈及抗腐蚀等性能。

图3-17　齿轮箱的冷却与润滑系统

上文提到，齿轮箱冷却与润滑系统由泵单元、分配器（单向阀）冷却器单元和连接管路等组成。泵单元主要是电机泵和过滤器，过滤器内部有精滤和粗滤两级滤网，在滤网的两侧设有压差继电器，可以对滤网的状态进行监控。冷却单元主要是热交换器，当系统油温过高时，油被送到热交换器进行热量交换。

在机组每次开机工作前,必须先起动冷却与润滑系统,待各润滑点充分得到润滑后再起动齿轮箱工作。若齿轮箱内部齿轮油温度低于定值时,先通过其中的加热系统,将齿轮油加热到定值,再起动机器。

1. 冷却与润滑系统的维护项目

(1) 油路检查

1) 管路连接情况检查。检查冷却与润滑系统所有管路的接头连接情况(包括箱底放油阀),查看各接头处是否有漏油、松动及损坏现象。对于易发生松动的管接头及安全阀相关接头处,发现松动要及时拧紧。安全阀如图3-18所示。

2) 软管老化情况检查。检查冷却与润滑系统中的软管是否有老化、磨损及裂纹现象,管路与机械部件的接触位置是否采取防磨损的保护措施。如果发现软管的表面有老化痕迹和过多的裂纹,必须进行更换。油冷回路软管如图3-19所示。

图3-18 管路安全阀及连接

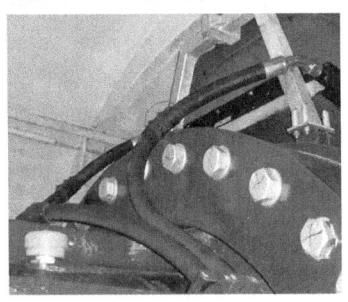
图3-19 油冷回路软管

(2) 热交换器检查 热交换器也称为油冷散热器。检查各部件安装螺栓的紧固情况;检查主机架上部热交换器上电动机的接线情况是否正常;检查热交换器的风扇部分是否有过多污垢,如有应及时清理;检查散热装置是否有渗漏现象,如有需更换;检查热交换器与其支架的各连接部位的连接情况,如果连接部位有松动或损坏现象,应进行把紧或更换处理;检查热交换器的整体运转情况是否正常,是否存在振动、噪声过大等现象。如果有,应查找原因并进行检修处理。

(3) 过滤器检查 一般情况下压力继电器系统可以监测滤网两侧的压力。如果滤网堵塞,两侧的压差会增加。当压差超过系统设定值时,系统自动报警或采取安全措施。

(4) 油泵检查 检查油泵的接线情况;检查油泵表面的清洁度;检查油泵与过滤器的连接处是否漏油。

(5) 手动阀检查 检查两个手动阀,检查其工作是否正确,有无漏油现象。

(6) 紧固件检查 用液压力矩扳手以规定的力矩检查用于将冷却油泵和过滤器安装到齿轮箱上的螺栓,检查油泵电动机/支架安装螺栓、油泵电动机/钟形罩安装螺栓,如图3-20所示。

(7) 传感器检查 检查各传感器开关是否工作正常。如传感器失灵或损坏,立即更换。

(8) 比例阀检查 定期清洁比例阀。比例阀要使用酒精冲洗,不应该用煤油清洗。

2. 冷却与润滑系统相关部件拆卸及更换

(1) 冷却与润滑系统油泵拆卸及更换 冷却与润滑系统油泵拆卸及更换步骤:

1) 确认风机已处于安全状态,检查冷却与润滑系统是否已完全卸压。

项目三 齿轮箱的维护及故障处理

图 3-20　油泵电动机安装螺栓

2）用抹布清洁过滤器、油泵和管路接头等。

3）将吊具安装到油泵电动机的吊环螺钉上准备起吊。

4）将过滤器的尾帽卸掉。用扳手将过滤器支架上的螺栓卸掉，并将其从过滤器上部取下。取下后重新安装过滤器的尾帽。

5）拆下油泵进油口、回油口两处管路接头。此过程中会有少许润滑油流出，因此必须有接油装置。

6）用棘轮扳手拆掉油泵支座下方的四个螺栓。调整吊车，将吊具拉直准备起吊。

7）用手扶住过滤器和油泵后，拆掉油泵支架上最后的两个螺栓。将油泵和过滤器吊走。

(2) 滤网拆卸及更换　如果需要人工检查或更换滤网，可参照如下步骤进行：

1）确认风机已处于停机的安全状态，检查冷却与润滑系统已完全卸压。

2）按下急停按钮，关闭齿轮箱与油泵之间的球阀，打开过滤器下部放油阀，如图 3-21 所示。用抹布清洁过滤器后部及尾帽四周。

3）拆下过滤器尾部与齿轮箱之间的连接软管及尾帽，检查尾帽密封圈是否有老化现象，如发现老化需及时更换。

4）逆时针旋转尾帽，将其卸下。

5）用力提升滤网后部的横梁，将滤网慢慢提起，放入事先准备好的可以接油的装置内。目测滤网的堵塞

图 3-21　放油阀

情况及滤网上是否有损坏现象。如滤网堵塞，用相同型号的洁净润滑油对滤网进行冲洗。如滤网已损坏，则更换新的滤网。

6）将新的滤网安装到过滤器内部。

7）关闭放油阀，安装过滤器的尾帽。

8）旋紧尾帽（旋紧后再回旋 1/4 圈），连接放气软管并打开球阀，检查过滤系统工作情况。

(3) 油冷散热器的拆卸与更换　风电机组齿轮箱油冷散热器（也称油冷风扇）（见图 3-22a）的拆卸与更换步骤：

a) 油冷散热器　　　　　　　　b) 油冷帆布

图 3-22　油冷散热器与油冷帆布

1）将风电机组打到服务模式，风电机组由"远程允许"切换至"远程禁止"。将 NCC300 柜内的断路器断开，防止在更换过程中电动机得电转动而出现安全事故。

2）松开油冷散热器上方油冷帆布（见图 3-22b），并将其卷起。

3）用棘轮扳手加 13mm 套筒和 11～13mm 呆扳手（根据风机生产批次不同可能需要内六角）将电动机框架与散热片连接处四颗螺栓卸掉。再用 10mm 呆扳手将油冷风扇扇叶与电动机之间相隔的铁网上四颗螺栓卸掉。

4）用 8mm 呆扳手将电动机接线盒盖子卸掉，之后再用 8mm 呆扳手和小十字螺钉旋具将接线盒内部的接线拆掉。并将电动机接线从中抽出。

5）将电动机与扇叶一同抬下，抬下之后将其放到机舱柜上方，并使电动机朝下。

6）将油冷系统进出口阀门关闭，用管钳及活扳手将散热器进出口油管拆除，用活扳手将散热器固定支架连接螺栓拆除。

7）用废油桶将油冷交换器存油放完，抬下散热器。

8）将新的油冷散热器按拆卸的相反顺序安装好，进出口油管涂上螺纹密封胶。

9）按油冷风扇拆除相反的方向装好风扇和电动机，扎好油冷帆布。

10）将 NCC300 柜内的断路器合上，操作风机的油冷风扇，注意观察油冷散热器的风向是否正常。

（4）油压开关的拆卸与更换　油压开关的拆卸与更换步骤：

1）将风电机组打到服务模式，风电机组由"远程允许"切换至"远程禁止"。

2）断开风电机组 NCC300、NCC310 柜 400V 开关。

3）油压开关如图 3-23 所示，用小一字螺钉旋具将油压开关拆卸下来。

4）将新油压开关压力值调到规定值后，安装上油压开关。

5）通电服务模式下将故障复位，自动模式下自检测试。

（5）油位指示器的拆卸

1）确认风机已处于安全状态，系统已经完全断电。

2）清洁油位指示器。

3）拆除油位指示器下部的电缆。

4）用棘轮扳手将油位指示器上部和下部的螺栓卸掉，取下油位指示器。

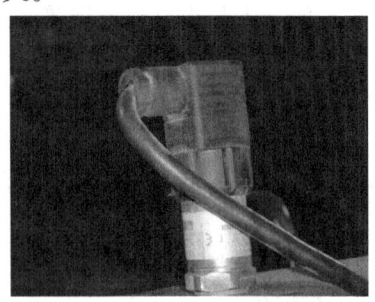

图 3-23　齿轮箱油压开关

项目三 齿轮箱的维护及故障处理

实践训练

进行齿轮箱冷却与润滑系统的维护。

任务3 齿轮箱及冷却系统常见故障分析与处理

任务描述

由于齿轮箱及冷却系统的结构及运行特点，运行一段时间后，会出现渗漏油或齿轮磨损等小故障，本任务是指导学生针对齿轮箱及冷却系统的常见故障进行分析与处理。

任务实施

1. 齿轮箱常见故障分析与处理

齿轮箱运行过程中的常见故障有齿轮损伤、轴承损坏、断轴及油温高等。

（1）齿轮损伤 齿轮损伤的影响因素很多，包括选材、设计计算、加工、热处理、安装调试、润滑和使用维护等。常见的齿轮损伤有轮齿折断和齿面损伤两类，齿面损伤有齿面疲劳、齿面胶合等。

1）轮齿折断（断齿）。断齿常由细微裂纹逐步扩展而成。根据裂纹扩展的情况和断齿原因，断齿可分为过载折断（包括冲击折断）、疲劳折断以及随机断裂等。

过载折断总是由于作用在轮齿上的应力超过其极限应力，导致裂纹迅速扩展，常见的原因有突然冲击超载、轴承损坏、轴弯曲或较大硬物挤入啮合区等。断齿断口有呈放射状花样的裂纹扩展区，有时断口处有平整的塑性变形，断口处常可拼合。仔细检查可看到材质的缺陷，齿面精度太差，轮齿根部未作精细处理等。安装时应防止箱体变形，防止硬质异物进入箱体内等。

疲劳折断发生的根本原因是轮齿在过高的交变应力重复作用下，从危险截面（如齿根）的疲劳源起始的疲劳裂纹不断扩展，使轮齿剩余截面上的应力超过其极限应力，造成瞬时折断。在疲劳折断的起源处，裂纹呈贝状纹扩展并向外辐射。产生的原因是设计载荷估计不足、材料选用不当、齿轮精度过低、热处理裂纹、磨削烧伤及齿根应力集中等。

随机断裂的原因通常是材料缺陷，点蚀、剥落或其他应力集中造成的局部应力过大，或较大的硬质异物落入啮合区。

2）齿面疲劳。齿面疲劳是在过大的接触剪应力和多次应力循环作用下，轮齿表面或其表层下面产生疲劳裂纹并进一步扩展而造成的齿面损伤，其表现形式有早期点蚀、破坏性点蚀、齿面剥落和表面压碎等。特别是破坏性点蚀，常在齿轮啮合线部位出现，并且不断扩展，使齿面严重损伤，磨损加大，最终导致断齿失效。齿面点蚀如图3-24a所示。

提高齿面硬度和润滑油的黏度，采用正角度变位传动等，可减缓或防止点蚀产生。正确进行齿轮强度设计，选择好材质，保证热处理质量，选择合适的精度配合，提高安装精度，改善润滑条件等，是解决齿面疲劳的根本措施。

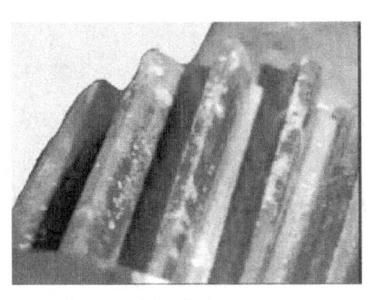  

a) 齿面点蚀　　　　　　　　b) 齿面胶合　　　　　　　　c) 齿面磨损

图 3-24　齿轮损伤

3) 齿面胶合。齿面胶合如图 3-24b 所示,是相啮合齿面在啮合处的边界膜受到破坏,导致接触齿面金属融焊而撕落齿面上的金属的现象,很可能是由于润滑条件不好或有干涉引起。因各种原因造成的齿面磨损如图 3-24c 所示。

适当改善润滑条件和及时排除干涉起因,调整传动件的参数,清除局部载荷集中,可减轻或消除胶合现象。减小模数、降低齿高、采用角度变位齿轮以减小滑动系数,提高齿面硬度,采用抗胶合能力强的润滑油等,均可减缓或防止齿面胶合。

表 3-4 列出齿轮轮齿故障模式分类及其特征。

表 3-4　齿轮轮齿故障模式分类及其特征

故障	故障模式特征	举例	损坏部位示意图
表面接触疲劳损伤	麻点疲劳剥落:在轮齿节圆附近,由表面产生裂纹造成深浅不同的点状或豆状凹坑	承受较高的接触应力的软齿面和部分硬齿面齿轮	
	浅层疲劳剥落:在轮齿节圆附近,由内部或表面产生裂纹,造成深浅不同、面积大小不同的片状剥落	承受高接触应力的重载硬齿面齿轮	
	硬化层剥落:表面强化处理的齿轮在很大接触应力作用下,由于应力/强度大于 0.55,在强化层过渡区产生平行于表面的疲劳裂纹,造成硬化层压碎,大块剥落	承受高接触应力的重载硬齿面(表面经强化处理)齿轮	
齿轮弯曲断裂	疲劳断齿:表面硬化(渗碳、碳氮共渗、感应淬火)齿轮,一般在轮齿承受最大交变弯曲应力的齿轮根部产生疲劳断裂。断口呈疲劳特征	承受弯曲应力较大的变速箱齿轮和最终传动齿轮等	
	过载断齿:一般发生在轮齿承受最大弯曲应力的齿根部位,由于材料脆性过大或突然受到过载和冲击,在齿根处产生脆性折断,断口粗糙	变速箱齿轮等	

(续)

故障	故障模式特征	举 例	损坏部位示意图
齿轮磨损	胶合磨损：轮齿表面在相对运动时，因速度大，齿面接触点局部温度升高（热粘合）或低速重载（冷粘合）使表面油膜破坏，产生金属局部粘合，在接近齿顶或齿根部位速度大的地方，造成与轴线重直的刮伤痕迹和细小密集的粘焊节瘤，齿面被破坏，噪声变大	高速传动齿轮	
	齿端冲击磨损：变速箱齿轮齿端部受到冲击载荷，使齿端部产生磨损、打毛或崩角	变速箱齿轮受多次冲击载荷作用	
齿面塑性变形	塑性变形：在瞬时过载和摩擦力很大时，软齿面齿轮表面发生塑性变形，呈现凹沟、凸角和飞边，甚至使齿轮扭曲变形造成轮齿塑性变形	软齿面齿过载	
	压痕：当有外界异物或从轮齿上脱落的金属碎片进入啮合部位，在齿面上压出凹坑，一般凹痕线平，严重时会使轮齿局部变形	齿轮啮合时有异物压入	压痕
	塑变折皱：硬齿面齿轮当短期过载摩擦力很大时，齿面出现塑性变形现象，呈波纹形折皱，严重破坏齿廓	硬齿面齿轮过载	

（2）轴承损坏　轴承是齿轮箱中最为重要的零件，其失效常常会引起齿轮箱灾难性的破坏。轴承在运转过程中，套圈与滚动体表面之间经受交变负荷的反复作用，由于安装、润滑及维护等方面的原因，产生点蚀、裂纹及表面剥落等缺陷，使轴承失效，从而使齿轮副和箱体损坏。据统计，在影响轴承失效的众多因素中，属于安装方面的原因占16%，属于污染方面的原因也占16%，而属于润滑和疲劳方面的原因各占34%。使用中70%以上的轴承达不到预定寿命。

为充分保证润滑条件，必须按照规范进行安装调试，并加强对轴承运转的监控。通常在齿轮箱上设置轴承温控报警点，对轴承异常高温现象进行监控。同一箱体上不同轴承之间的温差一般也不超过15℃，要随时随地检查润滑油的变化，若发现异常应立即停机处理。

（3）断轴　断轴也是齿轮箱常见的重大故障之一。究其原因是轴在制造中没有消除应力集中因素，在过载或交变应力的作用下，超出了材料的疲劳极限所致。因而对轴上易产生的应力集中因素要给予高度重视。选用时要特别注意在不同轴径过渡区要有光滑的圆弧连接，此处要求较光洁，也不允许有切削刀具刃尖的痕迹；要保证相关零件的刚度，以防止轴的变形，也是提高轴可靠性的相应措施。

（4）油温高　齿轮箱油温最高不应超过80℃，不同轴承间的温差不得超过15℃。大型齿轮箱都设置冷却器和加热器，当油温低于10℃时，加热器会自动对油池进行加热；当油温高于65℃时，油路会自动进入冷却器管路，经冷却降温后再进入润滑油路。如华锐SL1500齿轮箱油温高于75℃时，机组会限制功率运行。

如齿轮箱出现异常高温现象，则要仔细观察，判断发生故障的原因。要检查润滑油供应是否充分，特别是在各主要润滑点处，必须要有足够的油液润滑和冷却；检查齿轮箱工作状况是否正常，各传动零部件有无卡滞现象；检查散热系统；检查温度传感器；检查机组的振动情况，前后连接是否松动；必要时开启观察孔检查齿轮啮合情况，或拆卸过滤器检查有无金属杂质等。

出现温度接近齿轮箱工作温度上限的现象时，可敞开塔架大门，增强通风降低机舱温度，改善齿轮箱工作环境温度。若发生温度过高导致的停机，不应进行人工干预，使机组自行循环散热至正常值后再起动。若经检查是齿轮箱部件故障，应及时进行检修。

2. 冷却系统常见故障分析与处理

冷却系统常见故障包括齿轮箱油泵过载、齿轮箱油位低、油温高限功率及高速泵无压力等故障。

（1）齿轮箱油泵过载　齿轮箱油泵过载多发生在冬季低温气象条件之下，当风电机组故障长期停机后齿轮箱温度下降较多，润滑油黏度增加，造成油泵起动时负载较重，导致油泵电动机过载。出现该故障后，应使机组处于待机状态下逐步加热润滑油至正常值后再起动风机，避免强制起动风电机组，以免因润滑油黏度较大造成润滑不良、齿面或轴承以及润滑系统的其他部件损坏。

（2）齿轮箱油位低　齿轮箱油位低故障是由于齿轮箱润滑油低于油位下限，磁浮子开关动作。机组发生该故障后，应及时检查油位，必要时测试传感器功能。不允许盲目复位开机，避免润滑条件不良损坏齿轮箱，或者齿轮箱有明显泄漏点开机后导致更多的润滑油外泄。

（3）齿轮箱油温高限功率　齿轮箱油温高限功率情况常见的原因主要有三个方面：散热板堵塞；温控阀、单向阀损坏；电气元件损坏。针对每种情况引起油温高限功率的处理方法如下：

1）散热板堵塞。针对散热板因灰尘、油泥或柳絮等原因堵塞而引起的齿轮箱油温高限功率的情况，可采用对散热板清理的方法进行处理。

2）温控阀、单向阀损坏。温控阀：温控阀属于机械式阀体，45℃开始动作，55℃停止。随冷却循环系统的起动，当油温低于45℃时润滑油经过管路1直接流回齿轮箱。润滑油温度的升高达到55℃以上时，润滑油经过管路2流至油冷散热器进行散热。冷却系统管路如图3-25所示。

温控阀是否损坏可通过控制面板观察齿轮箱润滑油温度判断，当润滑油温度高于55℃时用手触摸管路1和管路2，如发觉管路2温度较高而管路1温度较低则证明温控阀正常，反之则温控阀损坏。

单向阀：单向阀设定压力为10bar（1MPa），当润滑系统压力高达10bar（1MPa）时单向阀打开，系统泄压，起到对系统保护的作用。单向阀是否损坏可通过控制面板起动冷却系统高速泵，观察冷却系统的压力来判断，如压力低于10bar（1MPa），用手触摸单向阀以及连接油管，如温度较高则证明单向阀打开。单向阀打开存在两种情

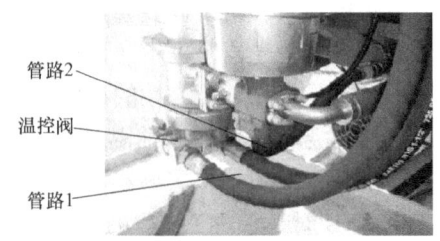

图3-25　冷却系统管路

况：一是油冷回路中油泵到压力传感器之间堵塞，包括管路、散热器或滤芯堵塞，导致在压力传感器测压点之前的管路中压力较高达到单向阀的开启压力使单向阀打开；二是单向阀损坏。

关于温控阀、单向阀的检查，在机组刚刚停机同时油温高于55℃时进行最为适宜。

3) 电气元件损坏。在电气控制系统中与齿轮箱油温有关的回路有Pt100回路和80℃温控开关回路两条回路。而可能引起油温高限功率的仅有Pt100这条回路。

电气回路检查：检查确保齿轮箱Pt100正常固定；通过控制面板记录Pt100的温度，在控制柜内，用端子起取出端子排（油温）端口的导线，测量其电阻值，通过《Pt100热电阻分度表》查询对应温度，将查询到的温度与控制面板记录的温度进行比较，如温度相差在2℃以内则可视为正常。如果温度超过2℃或在并网瞬间温度跳动明显则证明从站PLC模拟接地有问题，可将从站PLC的相关端子导线取出，包裹好放入线槽，另选择一根2m导线，一端接在PLC的端子上，另一端接在控制柜底部的接地铜排上。

(4) 高速泵无压力 当起动高速泵，压力传感器检测到压力小于0.5bar（0.05MPa）时产生故障。高速泵无压力故障大致可以分为四类：油泵电动机或油泵联轴器损坏、滤芯或油冷管路堵塞、10bar单向阀损坏和压力传感器损坏。

1) 油泵电动机或油泵联轴器损坏。

油泵电动机损坏判断：手动起动高速泵，检查油泵电动机是否能正常运转，如正常运转则证明油泵电动机完好，否则排除断路器、电气线路等原因判断油泵电动机是否损坏。在此过程中可通过辨别油泵电动机运行时的声音与正常运行时的差别判断油泵电动机是否损坏。

油泵联轴器损坏判断：按下急停按钮，关闭吸油口主阀门（见图3-26），打开油泵电动机风罩（见图3-27），手动反向旋转油泵电动机风叶，使齿轮箱出油口到油泵电动机之间形成密闭空间，如油泵联轴器正常，则在旋转风叶的过程中会有明显的阻力，如无阻力或阻力较小则证明油泵联轴器损坏。

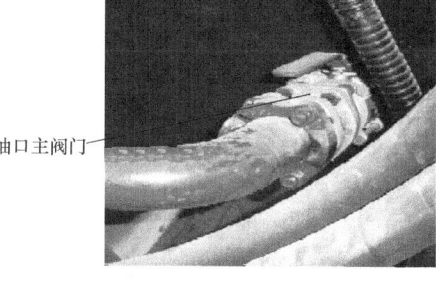
图3-26 管路吸油口主阀门

图3-27 管路油泵电动机

2) 滤芯或油冷管路堵塞。滤芯可能因磨损或杂物导致堵塞，致使机组报出高速泵无压力故障。检查滤芯是否污染较为严重，并对其进行更换。

检查顺序：出油口→油泵→油冷散热器→油分配器，逐级检查油冷管路及油冷散热器是否有堵塞情况。

3) 10bar单向阀损坏。10bar单向阀损坏判断：拆下单向阀，将手电筒放置在单向阀一端打光，在另一端进行观察，检查阀体和阀芯接合面处是否有光通过，如有光通过则证明单向阀损坏。

4）压力传感器损坏。检查压力传感器及其线路，如发现损坏则对其进行更换。

在油温适合的情况下，也可采用起动高速泵用手触摸油管的方法进行判断。当起动高速泵时，如果与单向阀连接的油管温度有明显变化，则证明单向阀处于打开状态，同时因油泵电动机、油泵联轴器、滤芯及管路检查均正常，则可判断单向阀损坏。

实践训练

思考：如何尽量减少齿轮箱在使用过程中出现故障。

思考练习

一、填空题

1. 齿轮箱的作用是将风轮在风力作用下所产生的动力传递给_____，并使其得到相应的_____。

2. 风电机组齿轮箱安装于_____内，位于机舱中部偏_____部分，前端通过法兰与风轮相连，后端通过_____与发电机相连接。

3. 为了保护齿轮箱免受极端负荷的破坏，中间传动轴上装有_____。

4. _____即齿轮箱的增速机构，采用行星齿轮和平行轴齿轮混合的机构传动。

5. 大型风机齿轮箱设有润滑油净化和_____系统。

6. 油加热装置是_____式的，安装在油箱底部，采用自动控制。

7. _____系统包括油泵、过滤器和下箱体（作为油箱使用），配有电加热器和强制循环或制冷降温系统。

8. _____（Pt100）有三个，位置在齿轮箱后部右侧和上方，作用是监控油温和高速端轴承温度。

9. 检查齿轮箱振动情况应用手持式_____和听音棒进行检测。

10. 采集并分析的齿轮箱振动参数为_____和加速度包络线谱两种。

二、选择题

1. 齿轮箱按用途可分为增速箱和减速箱，机组主传动链上使用的是____，偏航系统与变桨系统使用的是____。
   A. 减速箱、增速箱　　　B. 增速箱、增速箱　　　C. 增速箱、减速箱

2. 风机正常运行后，每隔____对齿轮箱润滑油进行一次采样化验，根据化验结果确定是否需要换油。
   A. 3个月　　　　　　　B. 6个月　　　　　　　C. 一年

3. 一般用清洗介质进行空气过滤器的清洁处理，然后用____进行干燥。
   A. 电热器　　　　　　　B. 干燥剂　　　　　　　C. 压缩空气

4. 短时间起动齿轮箱加热器，用____测试加热元件是否供电。
   A. 电流探头　　　　　　B. 电压探头　　　　　　C. 温度计

5. 检查过滤器时，____可以监测滤网两侧的压力。如滤网堵塞，两侧的压差会增加。
   A. 液位传感器　　　　　B. 压力继电器　　　　　C. 空气过滤器

6. 油氧化后，下列说法正确的是____。
A. 黏度增大、颜色变浅　　　B. 黏度增大、颜色变深　　　C. 黏度减小、颜色变深
7. 如果风电机组齿轮油是合成油，应该在运行____检测油样。
A. 三个月　　　　　　　　B. 六个月　　　　　　　　C. 一年
8. 华锐 SL1500 齿轮箱油温高于____℃时，机组限制功率运行。
A. 65　　　　　　　　　　B. 70　　　　　　　　　　C. 75

三、判断题
1. 兆瓦级风电机组增速箱的传动装置由一级行星齿轮和两级平行轴齿轮组成。（　　）
2. 润滑油净化和温控系统设有冷却装置用于低温起动。（　　）
3. 冷却与润滑系统装有压力传感器和油位传感器，以监控润滑油的正常供应，有故障会发出警报。（　　）
4. 齿轮箱常采用飞溅润滑或强制润滑。（　　）
5. 齿轮箱的噪声是由于轴承游隙增大导致运行中齿轮蹿动而相互撞击发出的。（　　）
6. 齿轮箱润滑油液更换时，必须使用和先前同一牌号的油液。（　　）
7. 齿轮箱冷却与润滑系统的比例阀要使用煤油冲洗，不应该用酒精清洗。（　　）
8. 发生齿轮箱油位低故障，应及时检查齿轮箱油位，必要时测试传感器功能。（　　）

四、简答题
1. 简述齿轮箱的日常维护项目。
2. 齿轮箱的冷却与润滑系统有什么作用？
3. 齿轮箱的常见故障有哪些？如何减少这些故障的发生？

项目四

机械制动装置的维护检修

项目目标

知识目标

1）了解联轴器的类型、结构及特点,熟悉并掌握联轴器的使用、维护与检修项目。
2）了解制动器的结构,掌握制动器维护内容、常见故障及排除方法。

能力目标

1）能够独立进行联轴器的同轴度检测。
2）能够独立进行制动装置的日常维护;会分析处理制动装置的常见故障。

项目设计

本项目通过对风力发电机组机械制动系统的维护检修及故障分析,使学生理解机械制动系统的结构及各机械部件的作用;掌握联轴器与制动器的维护检修内容,能够分析与处理常见故障。为此,本项目设计为三个任务,分别是联轴器的维护检修、制动器的维护检修、制动器的拆卸及常见故障分析。

知识链接

大型风力发电机组制动装置的作用是保证机组从运行状态到停机状态的转变。制动有两种情况,一种是运行制动,是在正常情况下经常性使用的制动;另一种是紧急制动,在突发故障时使用,平时很少用。

制动装置有两类:机械制动和空气动力制动。在风力发电机组的制动过程中,两种制动形式是相互配合的。本项目中将重点介绍机械制动。

1. 机械制动

机械制动工作原理是利用非旋转元件与旋转元件之间的相互摩擦达到阻止转动或转动趋势的效果。机械制动装置一般由动力装置、执行机构（制动器）及辅助部分（管路、保护配件）组成。制动器的主要组成部件包括制动器液压泵站（电动机、液压泵）、制动钳、制动盘及连接管路等,如图4-1所示,其实物安装如图4-2所示。液压泵站、简称液压站或泵站。

（1）制动器 制动器俗称刹车或闸,是一个靠液压动作的盘式制动装置,用于机械刹车制动,是阻碍机械中的运动部件运动或运动趋势的机械部件。

制动器的原理就是将作用于制动钳上的夹紧力转换成制动力矩施加在制动盘上,使制动

项目四 机械制动装置的维护检修

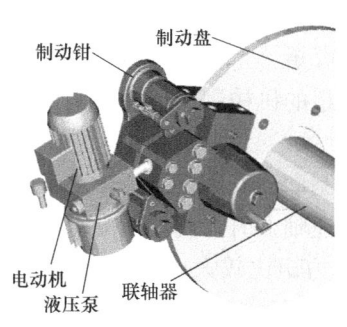

图 4-1 机械制动装置构成简图

图 4-2 机械制动装置实体图

盘停止转动或在停机状态下防止松动（停机制动）。制动器按工作状态分为常闭式和常开式两种。常闭式制动器靠弹簧或重力的作用经常处于紧闭状态，机构运行时用人力或松闸器使之松闸；常开式恰好相反，平时处于松闸状态，只有施加外力时才能使其紧闸。

（2）制动器的类型 风力发电机组常用盘式制动器。这种制动器沿轴向施力，制动轴不受弯矩；径向尺寸小，散热性好，制动性能稳定。

盘式制动器有钳盘式、全盘式及锥盘式三种，常用钳盘式。钳盘式制动器制动衬块（摩擦块）与制动盘接触面小，也叫点盘式制动器。由于风力发电机组普遍使用钳盘式制动器，所以本书重点介绍钳盘式制动器。

钳盘式制动器也叫碟式制动器，由液压控制，主要零部件有制动盘、液压缸、制动钳和液压管等。制动盘由合金钢制造并固定在轮轴上，随轮轴转动。液压缸在制动器的底盘上固定不动。制动钳上的两个摩擦块分别安装在制动盘的两侧。液压缸的活塞受液压管输送来的液压作用，推动摩擦块、制动盘发生摩擦制动，动作起来就像用钳子夹住旋转中的盘子，迫使它停下来一样。

钳盘式制动器按制动钳的结构形式可分为固定钳式和浮动钳式两种。

1）固定钳式：制动器体固定不动，制动盘两侧均有液压缸。制动时仅两侧液压缸中的活塞驱使两侧摩擦块作相向移动。

2）浮动钳式：分滑动钳式和摆动钳式两种。

① 滑动钳式：制动器体可以相对于制动盘作轴向滑动，在制动盘的内侧置有液压缸，外侧的摩擦块固装在制动器体上。制动活塞在液压作用下使活动摩擦块压靠紧制动盘，而反作用力则推动制动器体连同固定摩擦块压向制动盘的另一侧，直到两摩擦块受力均等为止。滑动钳式用于风力发电机组主传动的制动。

② 摆动钳式：采用单侧液压缸结构，制动器体与固定支架铰接。为实现制动，制动器体不是滑动而是在与制动盘垂直的平面内摆动。摩擦块做成楔形。

（3）钳盘式制动器的特点

1）优点：无摩擦助势作用，效能稳定；浸水后效能降低较少；输出制动力矩相同的情况下，尺寸和重量较小；结构简单，较易实现间隙自动调整，保养维修简便；制动盘外露，散热良好；负载大时耐高温性能好，制动效果稳定；制动盘上的小孔可作为风轮锁定装置的一部分。

2）不足：对制动器和制动管路的制造要求高，摩擦块损耗量较大，成本较高；由于摩擦块面积小，相对摩擦的工作面也小，需要的制动液压力高，一般要使用伺服装置。

（4）制动器安装方式　为避免制动轴受到径向力和弯矩，钳盘式制动器要成对布置，制动转矩较大时可采用多对制动器。如兆瓦级风力发电机组的机械制动通常采用6组，而机组偏航系统由于制动惯性大，常采用8到10组制动器。

风力发电机组的机械制动有两种安装方式：一种是将制动器安装在高速轴上，另一种是将制动器安装在机组的低速轴上。制动器安装在齿轮箱低速轴上时，制动功能直接作用在风轮上，可靠性高，制动力矩不会变成齿轮箱载荷。但制动力矩比较大，结构布置较为困难。制动器安装在齿轮箱高速轴上时，优缺点与安装在低速轴上相反，但易发生动态中制动的不均匀性，产生齿轮箱的冲击过载。

1）高速轴制动器：高速轴即齿轮箱的输出轴，此处转矩小（较低速轴小几十倍），制动体积较小。制动盘安装在高速轴上，制动钳安装在齿轮箱体的安装面上，用高强度螺栓固定。FL1500系列风力发电机组的制动系统设置在齿轮箱的高速端，这样可以降低制动所需要的力矩。如图4-3a所示，制动盘安装在齿轮箱高速端的输出轴上。制动钳和制动器液压站分别安装在齿轮箱尾部的安装面上。

a) 主轴制动器　　　　　　b) 偏航制动器

图4-3　风电机组制动器

2）低速轴制动器：没有叶尖制动的定桨距风机在低速轴上安装制动器。此处转矩大，制动盘直径较大，有安装在主轴上的，也有将制动盘与联轴器制成一体的。制动钳一般要使用两个，直接安装在风机底盘的支架上。

此外，风力发电机组偏航系统也设置有制动器，如图4-3b所示。偏航制动器与偏航轴承安装在塔架上，由于机舱与风轮重百吨，转动惯量很大，需要至少八个偏航制动钳。制动钳安装在底盘的安装支架上，用高强度螺栓固定。

（5）制动器参数　双馈式风力发电机组机械制动主轴制动器的主要参数见表4-1。

表4-1　主轴制动器主要参数

参数	数据	参数	数据
闸瓦数目	1	最大制动转矩/(N·m)	25500
制动盘	1	最小制动转矩/(N·m)	尽可能高,但至少15000
齿轮箱额定转矩/(N·m)	8700	理论制动时间/s	在最大制动转矩时<13,在最小制动转矩时<16
爬坡时间 t_r/s	<0.8	制动盘最高速度/(r/min)	2100
延时 t_v/s	<0.2	控制回路	液压泵为AC 690V/3/50Hz 控制阀为DC 24V

2. 空气动力制动

对于大型风力发电机组，必须是机械制动和空气动力制动同时采用。空气动力制动不能使风轮完全静止下来，只是使其转速限定在允许范围内（转速小于 1r/min），然后进行机械制动。

定桨距风机空气动力制动装置安装在叶片上。它通过叶片形状的改变来改变风轮的阻力。叶尖的旋转部分称为<u>叶尖扰流器</u>。使叶尖扰流器复位的动力是风力发电机组中的液压系统。液压系统提供的液压油通过旋转接头进入叶片根部的液压缸，叶尖扰流器通过不锈钢丝与液压缸的活塞杆相连接。制动时，液压系统按照控制指令将叶尖扰流器释放，叶尖部分在其离心力作用下旋转，形成阻尼板，叶尖（约为叶片半径的 15%）产生的气动阻力足以使风力机减速。液压系统故障引起油路失去压力，也将导致叶尖扰流器展开使风轮停止运行，叶尖扰流器也是液压系统失效时的保护装置。

普通变桨距（正变距）风机应用变桨系统进行空气动力制动。制动时由液压或伺服电动机驱动叶片执行顺桨动作，叶片平面旋转至与风向平行时停止，叶片执行制动动作过程中阻力增大，使风轮转速下降，起到气动制动的效果。变桨角一般选取 10°/s。

3. 联轴器

联轴器是一种通用元件，用于传动轴的连接和动力传递。在风力发电机组中联轴器主要是通过制动盘连接齿轮箱和发电机的，如图 4-1 所示。联轴器与制动器的具体位置如图 4-4 所示，联轴器平面简图如图 4-5 所示。

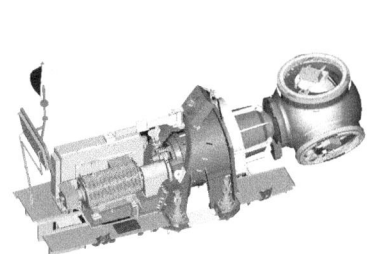

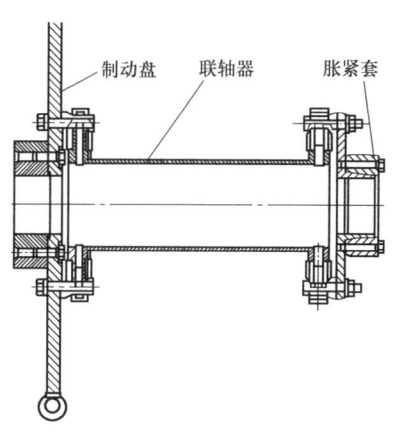

图 4-4　联轴器和制动器位置图　　　　图 4-5　联轴器平面简图

联轴器作为一个柔性轴，它补偿齿轮箱输出轴和发电机转子的平行性偏差和角度误差。联轴器具有质量轻、安全可靠（专利性的过载保护功能）、纠偏能力强、碳纤维结构的筒体可以吸收振动、减少过载后的冲击以及安装方便等优点。

双馈式风力发电机组（1500kW）主轴联轴器的主要技术参数见表 4-2。

表 4-2　主轴联轴器主要技术参数

参数	数据	参数	数据
运行速度/(r/min)	约 1000~2000	电阻/MΩ	≥100
额定速度/(r/min)	1810	耐电压性/kV	≥2

(续)

参数	数据	参数	数据
最大速度(短时)/(r/min)	2100	传递的最小转矩/(N·m)	1200
额定功率下的转矩/(N·m)	8300	最大连续轴向偏移绝对值/mm	≥7
运行中的最大转矩/(N·m)	9150	最短时间轴向偏移绝对值/mm	≥15
最大连续的径向偏移/mm	≥5	最短时间轴向力/N	5000
最短时间的径向偏移/mm	≥10	最大连续轴向力/N	3000
联轴器的平衡性能	G6.3 TO [8]	最大连续角位移/°	≥0.5
制动盘的平衡性能	G6.3 TO [8]	最短时间角位移/°	≥1.0

联轴器主要分为刚性联轴器和挠性联轴器两类。其中刚性联轴器（如胀套联轴器）常用于对中性好的两个轴的连接，如风电机组的低速轴端（主轴与齿轮箱低速轴连接处）；挠性联轴器包括无弹性元件联轴器（如万象联轴器）、非金属弹性元件联轴器（如轮胎联轴器）、金属弹性元件联轴器（如膜片联轴器）和连杆联轴器四类。挠性联轴器用于对中性较差的两个轴的连接，如风电机组的高速轴端（发电机与齿轮箱高速轴连接处）。挠性联轴器还可以提供一个弹性环节吸收轴系外部负载波动产生的振动。

任务1 联轴器的维护检修

任务描述

联轴器用于传动轴的连接和动力传递，在任何一种类型的风力发电机组上都有应用。根据轴的连接要求，联轴器有多种类型。本任务主要是针对其共性，特别是主轴联轴器，进行维护工作。维护任务主要有螺栓紧固、缓冲元件维护及同轴度检测等。

任务实施

（一）注意事项

1）对联轴器进行任何维护和检修，必须使风力发电机组停止工作，各制动器处于制动状态并将风轮锁锁定。

2）如有特殊情况，需在风力发电机组处于工作状态下进行维护和检修时，必须确保有人守在紧急开关旁，可随时按下开关，使系统制动。

3）如果超过规定的任何一个风速限定值，必须立即停止维护和检修工作。

（二）准备工器具

以 FL1500 系列风力发电机组为例，表 4-3 列出了风力发电机组联轴器的主要维护检修工具。

（三）检修维护任务

1. 联轴器的维护检查内容

1）检查联轴器表面的防腐涂层是否有脱落现象。如果有，应及时补上。

项目四 机械制动装置的维护检修

表 4-3 联轴器主要维护检修工具

名称	型号	名称	型号
力矩扳手	160~800N·m	套筒扳手	SW24mm
力矩扳手	60~400N·m	内六角扳手	SW8mm
套筒扳手	SW30mm	防水记号笔	

2) 检查联轴器表面清洁度。如有污物,应用无纤维抹布和清洁剂清理干净。

3) 检测螺栓紧固情况。检查将制动盘和收缩盘连接到齿轮箱输出轴上的螺栓、联轴器本体螺栓的紧固度,如果螺母不能被旋转或旋转的角度小于 20°,说明预紧力仍在限度以内;如果螺母能被旋转,且旋转角超过 20°,就必须把螺母彻底松开,并用力矩扳手以规定的力矩重新把紧。每检查完一个,用笔在螺栓头处做一个圆圈记号,直至全部检查完为止。联轴器的分解如图 4-6 所示,一般情况下两侧胀紧装置中的螺栓规格不同,紧固力矩也不同,检查时要特别注意区分。

4) 检查橡胶缓冲部件有无老化或损坏。

5) 对于膜片联轴器,若单片膜片破裂则必须更换整个膜片组,且检查相应的连接法兰,确保没有损坏。

6) 同轴度检测。为保证联轴器的使用寿命,必须每 6 个月进行一次同轴度检测。轴的平行度误差约是 ±0.2mm,如误差超出 ±0.2mm,应重新进行同轴度调整。轴的平行度误差如图 4-7 所示。

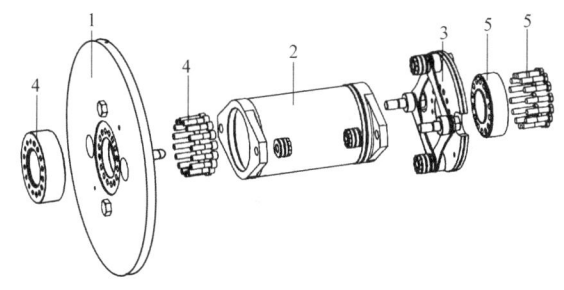

图 4-6 联轴器分解图
1—齿轮箱侧组件(带膜片组的制动盘) 2—带力矩限制器和玻璃纤维管的中间体 3—发电机侧组件(带膜片组的法兰) 4—胀紧装置(带 16 个螺栓) 5—胀紧装置(带 14 个螺栓)

① 同轴度检测设备:同轴度检测设备是激光对中仪,激光对中仪的使用如图 4-8 所示。

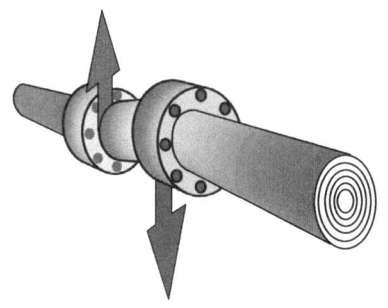

图 4-7 轴的平行度误差

图 4-8 工作中的激光对中仪

② 调整方法:激光对中仪使用时靠调整发电机的位置来控制同轴度。用激光对中仪进行同轴度检测如图 4-9 所示。具体使用方法参见本书绪论中"激光对中仪"一节。

竖直方向误差的调整:用液压千斤顶将发电机顶起一定高度后,通过调整发电机减振器上的调整螺母调整发电机的高度,以配合齿轮箱的输出轴,与齿轮箱的输出轴对中,如图 4-10 所示。

图4-9　用激光对中仪进行同轴度检测

水平方向误差的调整：拆下发电机减振器安装螺栓，将发电机调整工装安装在减振器安装螺栓上，拧紧工装上的螺栓，通过调节减振器的位置来调整发电机的水平位置，如图4-11所示。

图4-10　竖直方向误差的调整　　　　　图4-11　水平方向误差的调整

2. 联轴器的拆卸安装

拆卸联轴器的时候，要确保系统已经处于安全状态，风轮锁已经锁定。

（1）拆卸联轴器

1）清洁联轴器表面及联轴器与发电机侧、齿轮箱侧各连接位置处。

2）将吊带套在联轴器的中部，调整吊车位置拉直吊带。

3）用扳手将联轴器与制动盘之间的螺栓每个逆时针旋转一圈，顺次拆卸螺栓，直到所有螺栓完全松开为止。

4）用扳手将联轴器与发电机侧胀紧套之间的螺栓松开。

5）再次调整吊车位置，将两侧的螺栓卸掉，取下联轴器。

（2）安装联轴器

1）将收缩盘用吊车垂直吊起安装在发电机轴上，调整收缩盘在发电机轴上的位置，保证收缩盘端面到制动盘端面之间的距离为规定值。

2）开始使用规定力矩紧固螺栓三圈，然后每次增加50N·m的力矩再紧固三圈。到终紧力矩时，一直紧固到螺栓不再转动为止。

3）将联轴器附带的螺栓、螺纹处用润滑剂 MoS_2 润滑，用螺栓将联轴器连接体安装到连接轴上。

4）用吊带将预先装配好的联轴器吊起，放在制动盘和收缩盘之间。

5）使用螺栓、螺母和垫圈，将联轴器安装在制动盘和收缩盘上。用规定力矩紧固

项目四 机械制动装置的维护检修

螺栓。

实践训练

使用激光对中仪独立进行联轴器的同轴度检测。

任务2 制动器的维护检修

任务描述

在掌握了制动器的结构及作用后,指导学生对制动器进行维护训练,维护项目主要以定期维护内容为主。在任务实施过程中,注意指导学生正确使用维修工具。

任务实施

(一)注意事项

1)对制动器进行任何维护和检修,必须使风力发电机组停止工作,并将风轮锁锁定;确定液压站和液压回路没有压力;确定蓄能器内的油压已卸压;开始对系统工作之前,控制信号已关闭或切断;电源已切断。

2)将液压系统排出空气并重新注油之前不要运行制动器。

3)不要使用高于制动器铭牌规定的工作压力。

4)不要改变弹簧组的规格或型号。

5)当制动器闸垫(衬垫)已磨损到规定的最小厚度时,不要继续使用。

6)制动盘或制动器闸垫上有污物或有防腐保护层时,不要运行制动器。

7)弹簧加压型制动器工作前,应先用气隙螺栓或螺母锁定或固定制动器活塞。

8)制动器有压力时,决不要将手放在制动闸垫和制动盘之间。

(二)准备工器具

以 FL1500 系列风力发电机组为例,表 4-4 列出风力发电机组制动器的维护检修工具清单。

表 4-4 制动器维护检修工具清单

名称	型号	名称	型号
液压力矩扳手	HYTORC 8XLT	测压器	
力矩扳手	20~200N·m	塞尺	
套筒	55mm	游标卡尺	
刷子		吊带	t/3m
清洁剂		卸扣	t
防水记号笔		棘轮扳手	
无纤维抹布			

（三）维护检修任务

制动器检修维护内容如下。

（1）防腐层检查　检查制动器表面的防腐涂层是否有脱落现象。如果有，应及时补上。

（2）清洁度检查　检查制动器表面清洁度，检查制动器和制动泵之间的液压管路、各连接处及液压泵的各个阀口处。如有污物，应用无纤维抹布和清洁剂清理干净。

（3）螺栓紧固检查　检查将制动器安装在齿轮箱上的螺栓；检查制动器本体上、闸瓦返回装置上的各螺栓；检查闸瓦保持装置的螺栓等。

（4）制动盘和闸垫之间间隙检查　在检查间隙之前，应确保制动器已经工作过 5~10 次。用塞尺检查制动盘和闸垫之间间隙，其间隙的标准值应为 1mm，如果间隙大于 1mm，应重新调整间隙值。间隙检查如图 4-12 所示。

（5）闸垫厚度检查　制动器闸垫一般由钢板层和摩擦材料层两部分组成，其总厚度为 32mm。用标尺检查制动器闸垫的厚度，如果其磨损量超出 5mm（钢板层 + 摩擦材料层 = 27mm），应更换制动器闸垫。制动器闸垫如图 4-13 所示。

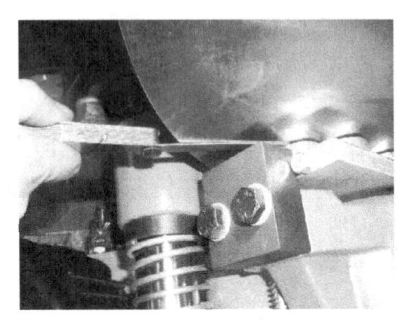

图 4-12　间隙检查

图 4-13　制动器闸垫

（6）液压油检查　通过制动器液压泵上的油位指示器，检查油位。如果需要，添加液压油，同时观察液压油的颜色及状态。

（7）弹簧包检查　如果制动器的制动力矩不足，或在工作过程中弹簧包内部有异常声音时，可能是碟形弹簧有损坏，需要进行检查。

检查步骤如下：逆时针旋转尾帽，将其旋出，取出内部的碟形弹簧，在取出碟形弹簧之前要注意碟形弹簧的安装方向；检查碟形弹簧，如碟形弹簧有损坏或刮伤，应更换；润滑碟形弹簧，按原有方向重新安装碟形弹簧，安装时一定要注意碟形弹簧的方向，应充分润滑，小心不能划伤；顺时针旋转安装尾帽，将尾帽拧紧。

（8）制动盘检查　对制动盘做磁粉探伤，检查制动盘是否有裂纹。如有，应立即更换。用标尺检查制动盘的厚度，如制动器磨损严重，制动盘的厚度小于规定，应更换。

（9）液压装置检查　检查液压连接软管和液压缸的泄漏与磨损情况；检查液压站各测点压力是否正常；检查液压油位是否正常；检查过滤器，检查滤网上的网孔是否堵塞，如有堵塞现象，清洗滤网或更换新的滤网。

液压泵单元装配有高压滤网，更换周期为一年。

项目四 机械制动装置的维护检修

（10）传感器检查 检查制动器后端尾帽上两个传感器的连接。如有松动，应重新安装。

（11）测量制动时间，并按规定进行调整。

（12）测试制动盘报警功能（当制动器打开时）。

任务3 制动器的拆卸及常见故障分析

任务描述

为了进一步熟悉制动器的结构，本任务指导学生对制动器的一些组成部件进行必要的拆卸与安装，并学习制动器可能的故障分析与处理。

任务实施

1. 制动器的部件拆卸与安装

（1）制动器过滤器滤网的拆换 泵单元中安装了一个高压滤网，此滤网必须每隔一年更换一个。拆换步骤如下：

1）确保电动机已经停止工作，电磁阀中没有通电，系统处于安全状态。

2）清洁液压单元表面上的灰尘与污垢。

3）拧出塞子，取下高压滤网。

4）安装新的高压滤网，重新安装上塞子。

5）检查油位，如果需要，添加润滑油。

6）察看塞子，如无漏油现象，起动油泵。

（2）制动器弹簧包的拆换

1）确保风机处于安全状态，风轮锁已锁定，系统已断电。

2）将制动器从风机上卸下。

3）逆时针旋转尾帽，将尾帽拆掉。

4）取出碟形弹簧，清洁尾帽内部及活塞。

5）润滑新的碟形弹簧，安装碟形弹簧。注意方向，不要刮伤。

6）安装尾帽，尽量拧紧尾帽。

（3）制动器闸垫的拆换 制动器闸垫总厚度为32mm，当闸垫磨损量达到5mm时，闸垫必须更换。

制动器闸垫的拆换步骤如下：

1）卸掉后端的传感器。

注意：如果安装了多个指示器，必须将相应的电缆线打上标记，以便以后能正确安装，如需要，卸掉中心孔的指示器。

2）利用液压油将制动器抬起，安装尾帽后面的螺栓。再将系统的压力泄掉。

3）卸掉两侧的闸垫返回弹簧和螺栓，卸下闸瓦保持装置，将闸垫取下。

4）利用压力将尾帽后部的螺栓卸掉，重新安装传感器。

5)使用扳手,逆时针旋转推杆使其完全进入尾帽内。

6)将闸垫安装到闸瓦内,重新安装保持装置,拧紧螺栓。

7)安装返回弹簧与闸垫内的螺栓。

(4)制动盘的拆换

1)将制动器拆下。

2)将联轴器拆下。

3)在制动盘上安装吊环螺钉,用吊车辅助制动盘准备拆卸。

4)用套筒扳手逆时针旋转螺栓。

注意:每个螺栓旋转三圈,顺次拆卸,中间不得跳跃拆卸。直到所有螺栓完全松开后再将其一次性拆掉。

5)重新安装制动盘时,首先用清洁剂分别清洗制动盘、胀紧套和齿轮箱输出轴。然后将胀紧套分别套入齿轮箱的输出轴,用一个吊环螺栓将制动盘吊起套入齿轮箱输出轴。用手将制动盘与胀紧套之间的螺栓拧上,但不要拧紧,以便调整制动盘在轴上的位置。用木锤调整制动盘相对于制动器的位置,使制动盘处于制动器的中间(两侧的间隙相等)。用扳手上紧螺栓,每个螺栓拧三圈,顺次拧紧。最后按照给定的力矩值固定螺栓。制动盘安装如图4-14所示。

图4-14 制动盘安装

6)安装制动器。

7)安装联轴器及罩体。

(5)制动器的拆换

1)拆掉制动器上面的液压油管路及后部的两个传感器。

2)用手动泵给制动器加压,将制动器抬起,安装尾帽中间的螺栓和垫圈。

3)卸掉系统的压力,拆除闸垫。

4)重新给制动器加压,拆掉尾帽上的螺栓。

5)用扳手逆时针旋转推杆使其完全进入尾帽内。

6)将吊具安装在制动器上,用扳手拆下极板上的一个螺栓。将另一个松开,此时制动器可以围绕剩下的一个螺栓旋转。将制动器轻轻吊起,拆下另一个螺栓。

7)安装制动器时,首先调整好制动器相对于制动盘和安装面的位置,然后安装最上面的一个螺栓,之后调整吊车位置。使制动器围绕上部的螺栓旋转,对准下面的一个螺栓孔,安装另一个螺栓。最后按照力矩值要求拧紧螺栓。

（6）制动钳的安装

1）用清洁剂清洗制动钳和齿轮箱上的安装面；用抹布将制动器表面清洁干净。

2）用 MoS_2 润滑两个安装螺栓。用吊带将制动器吊起，如图 4-15 所示。调整吊车位置，对准制动器最上面的螺栓孔。同时调整制动盘在轴上的位置，使制动盘处在制动器的中间。安装最上面的螺栓。调整吊车对准下面的螺栓孔位置，安装螺栓。用规定力矩紧固制动器安装螺栓。在已紧固力矩后的螺栓头部用记号笔做一标记。

图 4-15 制动钳安装

3）调整制动盘在轴上的位置，使制动盘与两侧闸瓦的间隙分别为 1mm。开始使用 100N·m 的力矩紧固螺栓三圈，然后每次增加 50N·m 的力矩再紧三圈。到终紧力矩为规定值时，一直紧到螺栓不再转动为止。

操作要求：在起始操作位置做一标记，每次都从该标记位置开始紧固。该操作需按照一定的顺序（顺时针或逆时针）进行，中间不能跳过任何螺栓。在已紧固力矩后的螺栓头部用记号笔做一标记。

（7）制动器液压站的安装

1）用清洁剂清洗液压站和齿轮箱上的安装面，用抹布将液压站表面清洁干净。

2）用螺栓将制动器的液压站安装到齿轮箱后部，如图 4-16a 所示。

3）连接液压油管和卸油管。按照电气图给电动机、电磁阀、压力继电器和各传感器接线，如图 4-16b、c 所示。

a) b) c)

图 4-16 制动器液压站安装

2. 制动机构常见故障及解决方案

制动机构的常见故障主要有：制动机构工作状况异常；液压站外部泄漏、有污物、损坏，特别是软管和管路损坏；液压泵、电动机及阀等有异常噪声；仪表工作异常等。

（1）液压站无法泄压　液压站无法泄压的原因是制动器和油箱之间的阀门打不开或油过冷。

1）制动器和油箱之间的阀门打不开。可能的故障是电磁铁故障，供电故障，阀门、喷嘴故障或被污物堵塞。

电磁铁故障或供电故障解决方案：尝试手动越控，如果能泄压就说明是线圈或供电故障；若不能泄压，则尝试从线圈上断开电气插头。

阀门、喷嘴故障或被污物堵塞解决方案：拧下阀门或其他元件之前必须确保该元件后面的压力已被释放。如果一个有泄压阀，可以通过一根测压软管泄压。

2）油过冷。油的黏度高时，主动型制动器不能将油经过系统压回油箱。

（2）液压站不能提供（足够的）压力　液压站不能提供（足够的）压力的原因：油箱液位过低或者制动器外的油污染；电动机运行异常；液压站有压力产生，但压力不够；液压站有压力产生，但未传递到制动器。

1）油箱液位过低。解决方案：检查液压站的漏油点并加注液压油；如果漏油点不明显，则必须将油箱重新注满油，并起动液压泵，观察漏油或气泡。

注意：油流喷射会有危险，有污染对环境有害。

2）电动机运行异常。

电动机不运行：供电故障或者电动机连线故障；油位过低或者油温过高导致油位/油温开关切断电源；压力开关故障。

电动机运转方向错误：电动机接线箱中的相位连接错误。

电动机运行但是在系统达到正确压力前电动机减速：供电电压过低；电动机故障。

电动机运行但不产生压力：电动机与液压泵之间的联轴器损坏；液压泵故障；安全泄压阀故障。

电动机运行但是停止后反转：单向阀故障。

3）液压站有压力产生，但压力不够。

故障可能原因：安全阀调整不当或故障；压力开关设定值过低；液压泵故障；阀门泄漏。

4）液压站有压力产生，但未传递到制动器。

液压站产生压力，压力没有按照要求传递到制动器，液压泵与制动器之间的阀门在应该打开时没有打开。解决方案：尝试手动越控，如果问题解决说明是线圈或者线圈供电故障，否则是阀门故障。

液压站产生压力，应该传递到制动器时压力被传递到油箱，制动器和油箱之间的阀门在应该闭合时没有闭合。解决方案：尝试手动越控，如果问题解决说明是线圈或者线圈供电故障，否则是阀门故障。

制动机构在运行中，除以上几方面异常外，还有表4-5所列常见故障。

表4-5　制动机构常见故障及解决措施

序号	故障表现	可能原因	解决措施
1	制动器起动、制动缓慢	液压系统中有空气；摩擦块(闸瓦)和制动盘之间间隙大；液压系统中有异常的堵塞；油孔太小且液压油黏度过大(油温低)；液压系统内有异常节流	排气系统设在最高点；调整间隙；清洗检查管路和阀；更换或加热液压油
2	制动时间长或制动力矩不够	载重过大或速度过高；气隙太大；制动器闸垫故障或没有磨合；制动盘或制动器闸垫被油、脂等污染；弹簧不配套或位置不正确或损坏；安全制动管路没有充分泄压；主制动钳压力过低；制动钳故障；油黏度过高；密封组件损坏等	检查制动距离和负载、速度值；检查气隙，进行校正；清洗摩擦块和制动盘；更换制动器闸垫，更换弹簧包；检查制动钳，更换或加热液压油；检查或更换密封组件
3	制动过快	油温过高造成黏度太低；蓄能器预冲压力不对	停机降温；检查调整蓄能器压力

项目四 机械制动装置的维护检修

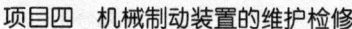

（续）

序号	故障表现	可能原因	解决措施
4	工作温度过高	环境温度过高；泵连续运行（由于阀门泄漏，外部泄漏或者元件调整错误）	停机降温，待温度降至合适温度再重新工作
5	油液渗漏	密封圈损坏	检查密封表面，更换密封圈
6	摩擦块上异常严重的磨损	制动器超载；气隙不足；制动器提起不适当	负载不得超过额定值；校正气隙；检查液压力，检查摩擦块、活塞及弹簧导槽位置，并进行校正
7	制动钳不能抬起	阀未处于工作位置，油压不足	从机械上和电气上检查电磁阀是否损坏，检查油量是否充足
8	制动钳抬起过慢	系统中有空气，压力过低	给系统排气，检测系统压力，调整安全阀预设压力
9	闸瓦磨损快	制动钳抬起位置不正确	检查油压及压力继电器的初设压力
10	闸垫异常磨损且不平均	制动器安装没有正确对中；自动定位系统没有正确调整；制动器摆动幅度过大或者轴变形	按照公差要求重新安装制动器
11	仪表故障，传感器损坏	传感器或开关信号出现异常	检查或测试油位/油温开关；检查泵管路、制动器管路、蓄能器监控用压力开关；检查传感器
12	制动器抱死	制动器开/关传感器线路及液压油位异常	检查制动器开/关传感器线路及液压油位或复位该故障
13	制动器超速	集电环或集电环编码器故障	检查集电环固定；集电环编码器故障，则更换集电环，消除故障

机组运行时，也会时常出现指示器的"未调节"信号切换而"制动器起/停"信号不切换现象，此时要检查活塞，活塞可能没有完全提起；或者检查工作压力并以 5bar（0.5MPa）为单位逐步升高工作压力。如果升高 20bar（2.0MPa）后仍没有动作，那么很可能是指示器故障。

此外，若制动器抬起时，闸垫磨损自动调整机构（制动器闸垫发生磨损时制动器会自行调节）"未调整"指示器没有信号，则可能是指示器出现故障。要检查指示器，如功能失效则更换指示器。

✓ 思考练习

一、填空题

1. 大型风力发电机组制动装置的作用是保证机组从_____到停机状态的转变。
2. _____俗称刹车或闸，是一个靠液压动作的盘式制动器，用于机械刹车制动，是使机械中的运动部件停止或减速的机械部件。
3. 制动器的原理就是将作用于_____上的夹紧力转换成制动力矩施加在制动盘上，使制动盘停止转动或在停机状态下防止松动（停机制动）。
4. 制动器主要由_____、_____、_____和_____等部分组成。
5. _____是一种通用元件，用于传动轴的连接和动力传递。在风力发电机组中主要是通过制动盘连接齿轮箱和发电机的。
6. 联轴器主要分为_____和_____两类。

· 103 ·

7. 如果_____有损坏，则制动器的制动力矩不足，或在工作过程中弹簧包内部有异常声音。

二、选择题

1. 制动装置有两类：_____和空气动力制动。
   A. 机械制动　　　　　　B. 紧急制动　　　　　　C. 运行制动
2. 联轴器作为一个柔性轴，补偿齿轮箱输出轴和发电机转子的_____。
   A. 角度误差　　　　　　B. 平行性偏差　　　　　C. 平行性偏差和角度误差
3. _____常用在对中性好的两个轴的连接，如发电机组的低速轴端（主轴与齿轮箱低速轴连接处）。
   A. 万象联轴器　　　　　B. 刚性胀套联轴器　　　C. 挠性联轴器
4. 为保证联轴器的使用寿命，一般用_____进行同轴度检测。
   A. X光　　　　　　　　B. 超声波　　　　　　　C. 激光对中仪
5. 制动盘和闸垫之间间隙的标准值应为_____，如果间隙大于该值，应重新调整间隙值。
   A. 0.1mm　　　　　　　B. 1mm　　　　　　　　C. 10mm
6. 用标尺检查制动器闸垫的厚度，如果其磨损量超出_____，应更换制动器闸垫。
   A. 0.5mm　　　　　　　B. 5mm　　　　　　　　C. 10mm
7. 液压泵单元装配有高压滤网，更换周期为_____。
   A. 三个月　　　　　　　B. 半年　　　　　　　　C. 一年
8. 风电机组的制动系统一般设置在齿轮箱的高速端，这样可以_____制动所需要的力矩。
   A. 降低　　　　　　　　B. 升高　　　　　　　　C. 去除

三、判断题

1. 制动有两种情况，一种是运行制动，是在正常情况下经常性使用的制动；另一种是紧急制动，在突发故障时使用，平时很少用。（　　）
2. 制动器是阻碍运动部件运动或运动趋势的部件，按工作状态制动器有常闭式和常开式两种。（　　）
3. 制动钳是制动装置中的动力部分，将制动能量传输到制动器。（　　）
4. 电动机或液压系统的作用是供给、调节制动所需能量及改善能量传递状态。（　　）
5. 大型风力发电机组必须是机械制动和空气动力制动同时采用。（　　）
6. 机械制动机构由安装在高速轴上的制动盘与布置在四周的液压夹钳构成。（　　）
7. 盘式制动器有钳盘式、全盘式及锥盘式三种，风电机组常用钳盘式制动器。（　　）
8. 制动器具有自动闸瓦调整功能，也就是说当闸瓦磨损时不需要手动调整制动器。（　　）

四、简答题

1. 简述联轴器的主要类型及使用。
2. 简述制动器的主要构成及维护项目。
3. 制动机构常见故障有哪些？

项目五

液压系统的维护与故障分析

项目目标

知识目标
1) 了解液压系统的结构组成及工作原理。
2) 掌握液压系统调试与维修的方法。
3) 掌握液压系统常见的故障及排除方法。

能力目标
1) 能够独立进行液压系统的日常维护。
2) 会分析处理液压系统的常见故障。

项目设计

本项目通过对风力发电机组液压系统的维护及故障分析，使学生理解液压系统的构成及工作原理；掌握液压系统的维护检修内容，能够分析与处理液压系统的常见故障。为此，本项目设计为两个任务，即液压系统维护检修及液压系统常见故障分析与处理。

知识链接

1. 风力发电机组液压系统概述

(1) 液压系统及作用 液压系统是风力发电机组的一种动力系统，是以有压液体为介质，为机组上使用液压作为动力的装置提供动力，实现动力传输和运动控制的机械单元。

风力发电机组液压系统的基本功能是以液体压力能的形式进行便于控制的能量传递，主要用于三个方面：一是定桨距风力发电机组的空气动力制动、机械制动以及偏航驱动与制动；二是变桨距风力发电机组的控制变桨机构、机械制动和偏航驱动与制动；三是齿轮箱润滑油液的冷却和过滤、发电机冷却、变流器的温度控制、开关机舱和驱动起重机等。

(2) 液压系统的构成 液压系统的组成部分称为液压元件，根据功能可分为动力元件、控制元件、执行元件和辅助元件四类。

1) 动力元件将机械能转换为液体压力能，如各种类型的液压泵。

2) 控制元件控制系统压力、流量、方向以及进行信号转换和放大，如各种类型的液压阀。液压阀根据其控制功能分为压力控制阀（溢流阀）、流量控制阀和方向控制阀三种。电磁换向阀如图 5-1 所示。

执行元件将液体压力能转换为机械能，驱动各类机构，如液压缸。

辅助元件是传递液体压力能和液体本身调整所必需的液压辅件，作用是储油、保压、过滤和检测等，并把液压系统的各元件按要求连接起来，构成一个完整的液压系统，如油箱、过滤器（如图5-2所示）、囊式蓄能器（如图5-3所示）、管件、密封圈、压力表、油位计及油温计等。

  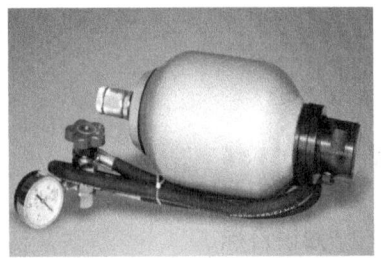

图5-1　电磁换向阀　　　　　图5-2　过滤器　　　　　图5-3　囊式蓄能器

（3）风力发电机组的液压站　风力发电机组的液压系统又称液压站或液压泵站，是独立的液压装置。液压站根据风电机组制动系统的要求供油，并控制油流的方向、压力和流量，从而使得制动系统的制动钳执行制动、松开的动作。

液压站由机泵组、集成块或阀组合、油箱和电气盒等元件组合而成。

1）机泵组：机泵组是液压系统的动力元件，由马达、联轴器和高压齿轮泵组成。它是液压站的动力源，将机械能转化为液压油的动力能。

2）集成块或阀组合：集成块或阀组合由液压阀及通道体组合而成，对液压油进行方向、压力、流量调节和控制，是液压站的控制元件。

3）油箱：油箱是由碳铜材质构成的半封闭式容器，其上部装有加热器、空气过滤器、液位计、液位开关和温度开关等元件，具有储油、油的加热及过滤、显示油位等职能。

4）电气盒：设置外接引线的端子板。

风力发电机组液压系统用液压管路连接液压站（油箱、液压泵、变浆距控制块、安全浆距控制块及控制阀等）、蓄能器、液压缸及控制箱等组成系统。其中控制块上集成了多个不同种类的液压阀和连通管路，油路连通是采用油路块实现的，各种液压阀安装在油路块上。目前专用机械设备的液压系统普遍采用控制模块集成的方式。这种集成方式具有体积小、占地面积小、可靠性高、对外连接管路少及现场安装工作量少的优点。变浆距风电机组制动液压系统如图5-4所示。

图5-4　变浆距风电机组制动液压系统

定桨距风力发电机组的液压系统实际上是制动系统的执行机构,主要用来执行机组的开关机指令,通常由三个压力回路组成,一路为叶尖扰流器控制回路,通过蓄能器供给叶尖扰流器动力,即空气动力制动压力保持回路;中间回路为主传动制动回路,通过蓄能器供给机械制动机构动力,其任务是使机组运行时制动机构始终保持一定压力;右侧回路为偏航制动回路。当需要停机时,回路中的常开电磁阀先后失电,叶尖扰流器控制回路的液压油被泄回油箱,叶尖动作;稍后,主传动制动回路的液压油进入制动液压缸,驱动制动钳,使叶轮停止转动。在回路中装有压力传感器,以指示系统压力,控制液压泵补充液压油和确定制动机构的工作状态。

2. 风力发电机组液压系统工作原理

风力发电机组液压站工作时,马达带动液压泵旋转,液压泵从油箱中吸油后打油,将机械能转化为液压油的压力能,液压油通过集成块(或阀组合)被液压阀实现了方向、压力和流量调节后经外接管路传输到偏航制动、转子制动的制动钳部分,从而实现制动动作。液压系统是确保机组安全运行必不可少的部分。

以定桨距风电机组液压系统为例,如图5-5所示,以下简要介绍各回路工作原理。

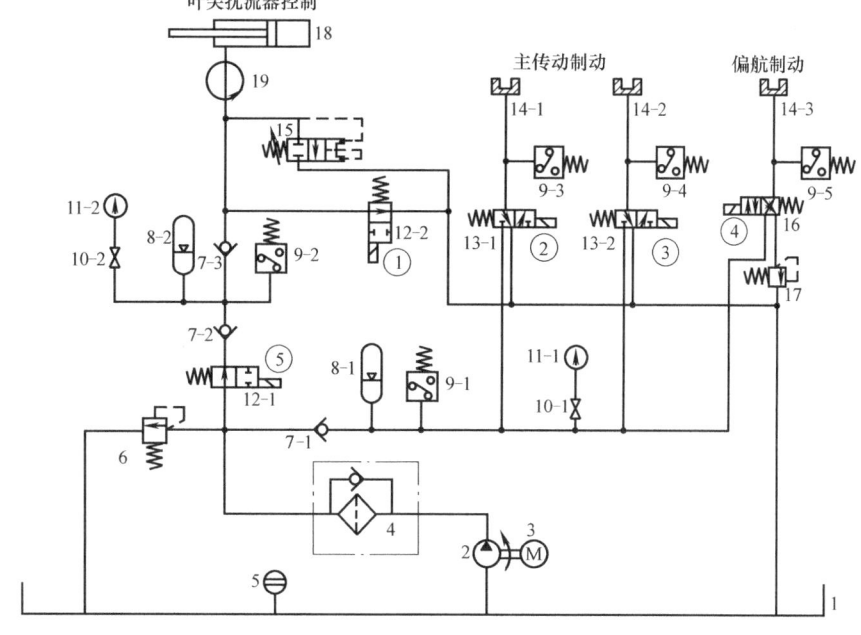

图5-5 定桨距风电机组液压系统工作原理图
1—油箱 2—液压泵 3—马达 4—过滤器 5—油位指示器 6—溢流阀 7—单向阀
8—蓄能器 9—压力继电器 10—节流阀 11—压力表 12、13、16—电磁换向阀 14—制动器
15—突开阀 17—溢流阀 18—液压缸 19—旋转接头

叶尖扰流器控制回路:液压系统开机后,液压油由液压泵2经过过滤器4进入系统。溢流阀6限制系统最高压力。电磁换向阀12-1接通,液压油经单向阀7-2进入蓄能器8-2,并通过单向阀7-3和旋转接头19进入气动制动液压缸18。回路压力由蓄能器的压力控制,当蓄能器压力达到设定值时,压力开关(压力继电器)动作,电磁换向阀12-1关闭。运动时,回路压力主要由蓄能器保持,通过液压缸上的钢索拉住叶尖

扰流器，使之与叶片主体紧密结合。电磁换向阀 12-2 为停机阀，用来释放气动制动液压缸的液压油，使叶尖扰流器在离心力作用下滑出。突开阀 15 用于超速保护，风轮超速时，离心力使液压缸中的压力迅速增高，达到设定值时，突开阀 15 开启，液压油流回油箱，叶尖扰流器迅速脱离叶片主体成为阻尼板而使机组安全停机。突开阀不受控制系统指令控制，是独立的安全保护装置。

主传动制动回路通过电磁换向阀 13-1、13-2 分别控制制动器中液压油的进出，从而控制制动器动作。工作压力由蓄能器 8-1 保持。压力继电器 9-1 根据蓄能器的压力控制液压马达的停止、起动。压力继电器 9-3、9-4 用来指示制动器的工作状态。

偏航制动回路有两个工作压力，分别提供偏航时的阻尼和偏航结束时的制动力。工作压力由蓄能器 8-1 保持。工作时电磁铁④得电，电磁换向阀 16 左侧接通，回路压力由溢流阀 17 保持，提供调向系统足够的阻尼；调向结束电磁铁④失电，电磁换向阀 16 右侧接通，制动压力由蓄能器提供。压力继电器 9-5 用来监视制动器 14-3 中的油液压力，防止电磁换向阀 16 误动作而中断制动。

变桨距风力发电机组的液压系统与定桨距风力发电机组的液压系统很相似，也是由三个压力回路组成，一路由蓄能器通过电液比例阀供给叶片变桨距液压缸动力；一路由蓄能器供给高速轴上机械制动机构动力；第三路是偏航制动回路。

图 5-6 所示为某风力发电机组的液压变桨系统原理图。从图中可以看出，通过改变液压比例阀的电压可以改变进桨或退桨速度，在机组出现故障或紧急停机时，可控制电磁阀 J-B 闭合、J-A 和 J-C 打开，使蓄能器 1 中的液压油迅速进入变桨缸，推动桨叶达到顺桨位置。

使用电液伺服阀可以将小功率的电信号转换为大功率的液压动力，实现重型机械设备的伺服控制。液压伺服系统使系统的输出量（如位移、速度或力等）能自动、快速而准确地跟随输入量的变化而变化，同时输出功率被大幅度地放大，具有响应速度快、负载刚度大及控制功率大等优点。

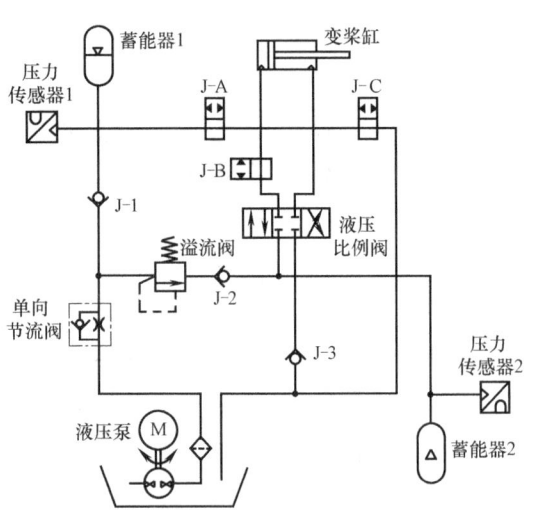

图 5-6 液压变桨系统原理图

任务1 液压系统维护检修

任务描述

风力发电机组的液压系统是机组很多其他组成系统驱动装置的动力来源。该系统响应快，功率传输大，但结构比较繁杂，运行中维护检修任务较重。统计表明，90%的液压系统故障是由于使用管理不善所致。可见，日常的维护工作是非常重要的。本任务是在学习了机

项目五 液压系统的维护与故障分析

组液压系统的相关知识后,对液压系统各组成部件进行维护检修。

任务实施

(一)注意事项
1)在无风或小风天气时,进行检修工作。
2)两人配合完成,其中一人为监护人。
3)检修时,在塔基底部控制柜上实施手动控制,停运风力发电机组。

(二)准备工器具
液压系统维护检修的工具及材料见表 5-1。

表 5-1 液压系统维护检修工具、材料

序号	工具、材料	数量	序号	工具、材料	数量
1	现场实际设备	1 套	8	液压测试单元	1 套
2	扁铲	1	9	毛刷(钢刷)	2
3	对讲机	1 对	10	扳手	1
4	螺钉旋具	1	11	清洁剂	1 瓶
5	棉纱	若干	12	验电器	1
6	油管	1	13	过滤器	1
7	密封件	2	14	安全用具	1 套

(三)维护检修任务
在开始检查维护液压系统之前,一定要泄掉蓄能器油压。通过打开手动阀使蓄能器的压力释放完。

1. 起动前检查项目
1)油位是否正常。
2)行程开关和限位块紧固程度。
3)手动和自动循环是否正常。
4)电磁阀是否处于原始状态。

2. 设备运行中监视工况项目
1)系统压力是否稳定;有无异常振动和噪声;液压油位是否正常。
2)油温是否在允许范围内(35~55℃);电压是否在额定值的+5%~15%范围内。
3)液压系统有无油渗漏、液压管磨损及电气接线端子松动等现象。
4)紧固连接管接头及压盖和法兰盘上的螺钉。
5)检查液压马达运行是否正常,相关阀件工作是否正常。
6)检查连接管和液压缸的泄漏与磨损情况。
7)观察蓄能器工作性能,发现气压不足或油气混合时,及时检修。
风力发电机组液压系统压力释放出口如图 5-7 所示。

3. 液压站的日常维护检查
1)检查液压站是否存在泄漏缝隙、积土,尤其是管路是否有破损。如果有泄漏缝隙,需进行处理。
2)检查液压站有无移动和碰擦痕迹,如有,应查明原因,及时处理。

3）检查液压泵、马达及阀门是否有异常噪声，如果有异常噪声，应查明原因并消除。

4）检查压力表是否正常。

5）检查所有的阀门、压力开关和油温液位开关是否正常。

6）检查冷却器、加热器工作性能是否正常。

7）测试手动泵是否能够打压。

8）检查所有紧固件和功能元件的连接，检查螺钉和管接头是否紧固。

9）检查过滤器，如杂质过多，需进行清洁。

10）检查压力值是否正确，油位是否在正常油位。

图 5-7 液压系统压力释放出口

4. 定期检查维护项目

（1）液压软管 检查软管是否损坏。维护周期为两年。

（2）检查液压油 通过油位计检查油位；检查油的颜色（黑、黄或白），并确定是否存在泡沫；检查油温；检查温度和液位开关；油里的含水量不能超过 200ppm（ppm 是英文"part per million"的缩写，是百万分率的意思）；运行 2000h 或 4000h 后要更换液压油；应及时对渗漏的油和油脂进行清理。维护周期为半年。

液压油质检：进行油液污染度检验，对新换油，热油取样 300～500mL/次，记录存档。

（3）清洗、更换油过滤器 定期清洗油过滤器，每次换油时，应更换油过滤器；当油过滤器脆化变坏时也需要更换。维护周期为 1 年。

（4）清洗、更换换气装置 定期清洗换气装置，如有需要要更换。最迟两年更换一次换气装置。维护周期为 1 年。

（5）蓄能器的检查 检查外观有无破损；如蓄能器无压力，需要重新对蓄能器进行注压。维护周期为 1 年。

（6）元件性能检查 在规定工况下检测泵、阀及马达等元件的性能，及时更换受损元件。维护周期为 1 年。

（7）电气接线检查 检查电气接线是否正常，有无松动。每天都要进行检查维护。

（8）密封件检查 每两年更换所有系统的密封件。维护周期为两年。

实践训练

画出变桨距风电机组叶片变桨距液压系统工作回路图。

任务 2　液压系统常见故障分析与处理

任务描述

本任务是指导学生对液压系统的常见故障进行分析与处理。液压系统的结构组成使得引起系统故障的原因多种多样，所以，正常分析故障产生的原因是排除故障的前提。

任务实施

液压系统结构复杂,所以在运行中,常有异常情况发生。液压系统最常见的问题是泄漏,接口处的泄漏可以通过拧紧来解决,元器件发生泄漏则必须更换密封件。排除故障后,最主要的是查明故障发生的诱因。例如,液压元件因油液污染而失效,则必须更换液压油。

下面列出液压系统常见的异常或故障及可能的诱因。

（1）液压站出现异常振动和噪声 原因可能是：旋转轴连接不同心、液压泵超载或吸油受阻、管路松动、液压阀出现自激振荡、液面低、油液黏度高、过滤器堵塞或油液中混有空气等。

（2）液压控制系统油压过低,输出压力不足 原因可能是：液压泵失效、吸油口漏气、油路有较大的泄漏、液压阀调节不当或液压缸内泄。

（3）油温过高 原因可能是：系统内泄过大、系统冷却能力不足、保压期间液压泵未卸荷、系统油液不足、冷却水阀不起作用、温控器设置过高、没有冷却水或制冷风扇失效、冷却水的温度过高、周围环境温度过高或系统散热条件不好。

（4）液压泵短时间内起动过于频繁 原因可能是：溢流阀出现问题、系统内泄漏过大、蓄能器和液压泵的参数不匹配、蓄能器充气压力过低、气囊或薄膜失效或压力继电器设置错误等。若是溢流阀出现问题,应更换溢流阀。

（5）液压系统泄漏,导管接口处泄漏 可能的原因及处理建议：管接头松动或漏油,此时要拧紧管道接头或接合面,有必要则更换密封圈；降低壳体内压力或更换油封；液压元件的自然磨损、老化等造成的液压泄漏,泄漏元件要更换；元件失效也会导致泄漏,可能是油液污染所致,此时要更换液压油。

（6）液压油从高压腔泄漏到低压腔 应调试液压元件,减少元件磨损,或改进设计。

（7）液压装置油位偏低 应检查液压系统有无泄漏,及时加油恢复正常油面。

（8）风轮制动蓄能器气压高于极限值 一是蓄能器出现问题,此时应检修或更换蓄能器；二是压力传感器或者溢流阀出现问题,此时应更换压力传感器或溢流阀。

（9）建压超时 原因可能是：元器件有泄漏；液压阀失效；压力传感器出差错；电气元器件失效。

（10）液压阀失灵 可能的原因及处理建议：若怀疑有故障的阀是电控（电磁、电液、比例、伺服）阀,应检查电源、熔断器、与故障有关的继电器、接触器和各触头以及放大器的输入输出信号,彻底排除电气控制系统故障；检查电液、液压件的控制油压力以及比例阀和伺服阀的供油压力,排除电气控制、液压控制系统的故障。

液压系统常见故障还包括以下三个方面：一是零部件损坏,弹簧折断,管路爆裂；二是阀芯卡滞、阻尼孔阻塞及液压元件工作失常或失效；三是电磁阀导线松脱或电磁线圈烧坏、液压元件工作失灵等。出现以上故障情况,要及时检修并更换相关元件。

知识拓展

风力发电机组液压式动力传输机构

图5-8为7MW海上风力发电机组示意图,7MW级是全球较大级别的风力发电设备,风

电机组的风轮直径实际达到165m。

与陆地设置风电设备相比,海上设置成本较高。通过装置大型化提高输出效率后,可以抵消成本的涨幅。但是,实现装置大型化存在一个较大的技术课题,即动力传输机构的耐久性。在普通的风力发电设备中,以10~15r/min转速转动的风轮,一般经由三级齿轮动力传输机构来提高转速,从而转动发电机。这种齿轮机构的质量在2MW级设备中达到约40t。提高输出功率就必须增大齿轮,而且齿轮负荷也会增加。目前风力发电机组故障的原因多来自动力传输机构,因此装置大型化后成本将会更高。

为此,相关风电企业研究部门研制出液压式动力传输机构,主要用于海上大型风力发电设备。液压式动力传输机构的工作原理是通过液压泵驱动液压马达,并转动发电机进行发电。如图5-9所示,该类型风力发电机组只有一台液压泵,而液压马达和发电机却各自组合使用了两台。

图5-8　7MW海上风力发电机组

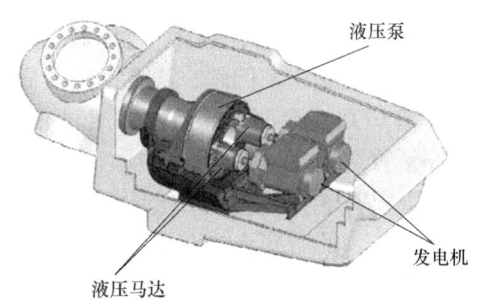

图5-9　液压式动力传输机构的示意图

风力发电机组液压式动力传输机构由液压泵和液压马达构成,如图5-10所示。通过液压泵将随风而变的风轮旋转能转换成油压,然后利用其转动液压马达,最后再次回到旋转运动。在这个过程中,原本经常变化的转动速度保持在固定水平上。

该种传输机构的核心技术在于精密控制活塞。液压泵的构造如图5-11所示,环形中嵌

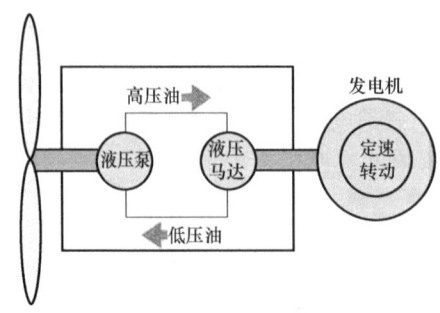

图5-10　液压式动力传输机构的构成

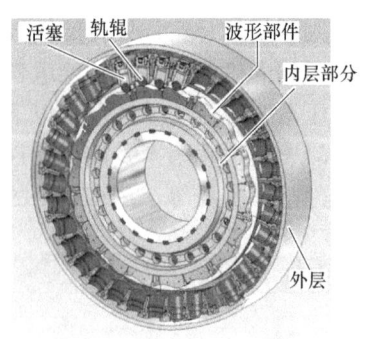

图5-11　液压泵的构造示意图

入了几十个活塞，按照环形沿着液压泵外周配置，位于活塞底部的轨辊与波形部件连接在一起。由于内层部分与风轮的转动轴相连，因此随着风轮的转动，波形部件也会转动。活塞在与波形部件的凹陷部接触时向下转动，与波形部件的突起部接触时向上转动。当活塞下降时，会打开低压阀（电磁阀）让油进入，在下死点附近关闭后，油压会随着活塞的上升而增大。在上死点附近会打开高压阀（电磁阀）获得高压。通过配管将各个活塞产生的油压聚集起来，由此可产生35MPa的压力。可通过该压力驱动液压马达。液压马达中嵌入了六个活塞，每隔一小段时间，六个活塞就会按下凸轮轴，由此可产生旋转运动。这里也通过控制高压阀和低压阀的开关使活塞上下活动。通过控制六个活塞的上下移动时间，可将凸轮轴的转动保持在一定水平，因此可产生电力的交流电频率也能够保持在一定水平。

这种由液压泵和液压马达构成的风力发电机组动力传输机构，由于可以精密控制用于调整活塞油压的电磁阀，基本达到了与齿轮式同等的水平。而动力传输机构没有齿轮，因此耐久性更高。

思考练习

一、填空题

1. 液压系统是以_____为介质，为机组上使用液压作为动力的装置提供动力，实现_____和运动控制的机械单元。

2. 液压系统的组成部分称为液压元件，根据功能可分为_____、_____、执行元件和辅助元件四类。

3. 液压阀根据控制功能分为_____、_____和方向控制阀三种。

4. 执行元件将液体压力能转换为机械能，驱动各类机构，如_____。

5. 机组液压系统又称_____，是独立的液压装置，由_____、_____、油箱及电气盒等元件组合而成。

6. 变桨距机组的液压系统由三个压力回路组成，一路由蓄能器通过电液比例阀供给叶片变桨距液压缸动力；一路由蓄能器供给高速轴上_____动力；第三路是_____。

二、选择题

1. 在变桨距风电机组中，液压系统主要作用之一是_____实现其转速控制、功率控制。
   A. 控制变桨距机构　　　B. 控制发电机转速　　　C. 控制风轮转速

2. 检查维护风电机组液压系统液压回路前，必须开启泄压手阀，保证回路内_____。
   A. 无空气　　　　　　B. 无油　　　　　　　　C. 无压力

3. 液压系统的所有密封件使用_____必须更换。
   A. 一年　　　　　　　B. 两年　　　　　　　　C. 三年

4. 在规定工况下检测泵、阀及马达等元件的性能，及时更换受损元件。维护周期为_____。
   A. 一年　　　　　　　B. 两年　　　　　　　　C. 三年

5. 液压系统液压压力类故障的主要原因一般是_____故障。
   A. 油位偏低　　　　　B. 流量控制阀　　　　　C. 压力传感器和蓄能器

三、判断题

1. 液压系统是风力发电机组的一种动力系统。（ ）
2. 液压泵（机泵组）是液压系统中将液体压力能转换为机械能的动力元件。（ ）
3. 控制元件在液压系统中控制系统压力、流量、方向并进行信号转换和放大。（ ）
4. 电液伺服阀将小功率电信号转换为大功率液压动力，实现对设备的伺服控制。

（ ）
5. 规定液压系统油温在允许范围内（35~55℃），电压在额定值的10%左右。（ ）

四、简答题

1. 简述风力发电机组液压系统的功能。
2. 风电机组液压系统的维护项目有哪些？
3. 机组液压系统有哪些常见故障？说明产生的可能原因及处理方法。

项目六

发电系统维护与故障分析

项目目标

知识目标

1) 了解风力发电用发电机的基本参数及技术要求,掌握风力发电用发电机的维护项目及检修方法。
2) 熟悉变流器的结构及工作原理,掌握变流器的维修内容。
3) 掌握风力发电机组发电系统的常见故障及处理方法。

能力目标

1) 能够独立进行发电系统的日常维护,熟悉系统相关部件的拆卸与安装技能。
2) 会分析处理发电机及变流器的常见故障。

项目设计

本项目主要是通过对风力发电机组发电系统相关知识的学习,熟悉发电系统的构成及发电原理,在完成任务的过程中掌握该系统的维护检修内容及常见故障的处理方法。使学生在学习知识的同时,提升实操能力。为此,本项目设计为三个任务,分别是发电系统的维护检修、发电系统相关部件的拆卸与安装和发电系统常见故障分析与处理。

知识链接

1. 风力发电机

在并网运行的发电机组中,发电系统的职能是把风轮旋转的机械能转变成电能,并输送给电网。发电系统的主要构件是发电机和变流器,发电机把传动系统的机械能转变为电能,再由变流器转换成电网规定电压与频率的交流电,输送给电网。

风力发电用发电机有同步发电机和异步发电机两种类型。发电机结构同普通发电机一样,主要由定子和转子构成。

(1) 发电机类型　目前大型风电场主要有双馈式发电机和直驱式发电机两种类型。

1) 双馈式发电机。交流励磁发电机也被称为双馈式发电机,实际上是异步感应发电机的改进,由绕线转子发电机和转子电路上所带的交流励磁组成。同步转速之下,转子励磁输入功率,定子侧输出功率;同步转速之上,转子和定子均输出功率,所以称之为双馈运行。

FL1500 系列风力发电机组采用双馈式发电机,设置在齿轮箱高速端,即发电机驱动端通过联轴器与齿轮箱高速端相连接。其外形与内部结构如图 6-1a、b 所示。

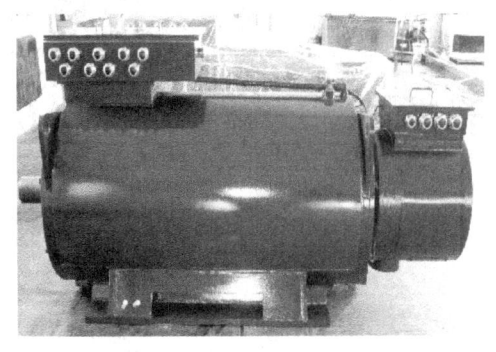
a) 发电机外形

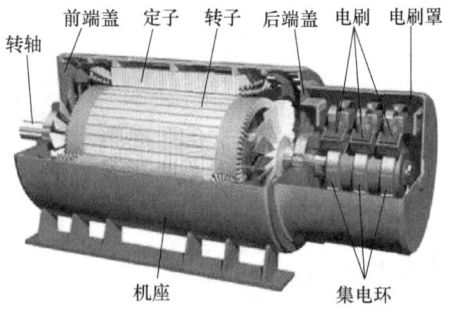
b) 发电机内部结构

图 6-1 双馈式发电机

双馈式发电机的运行方式为变速恒频，需通过变流装置与电网保持同步才能并网。双馈式发电机通常为 4 极或 6 极，转速为 1500r/min 或 1000r/min。定子通过断路器与电网连接，绕线转子通过变流器与电网相连，变流器对转子交流励磁进行调节，保证定子侧同电网恒频恒压输出。双馈式发电机的输出功率包括直接从定子输出的功率及通过逆变器从转子输出的功率两部分。因转子功率双向输出，采用双向变流器，即四象限双 PWM 背靠背变流器结构，由两套 IGBT 变流器构成。双馈式风电机组工作原理如图 6-2 所示。

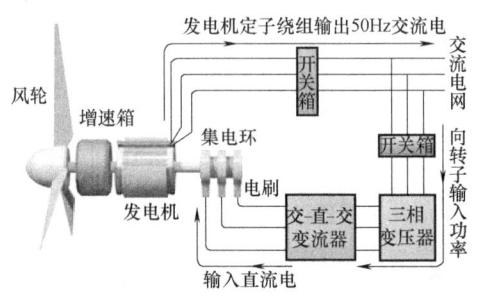

图 6-2 双馈式风电机组工作原理

优点：定子直接连接在电网上，发电系统有很强的抗干扰性和稳定性；通过改变发电机转差率调整转速，提高机组发电效率；对无功及有功功率的调整可以稳定电网的电压及频率，提高发电质量；变流器容量小、重量轻，成本和控制难度低。

缺点：集电环和增速箱故障率较高，运行可靠性差，需经常维护。

2) 直驱式发电机。永磁同步发电机的定子由定子铁心和定子绕组组成，定子铁心槽内安放三相绕组；转子没有励磁绕组，采用永磁材料励磁，常用的有铁氧体和钕铁硼两种材料。由于其转子极对数很多，因此同步转速较低，也叫低速永磁发电机。永磁同步发电机的定子与转子结构如图 6-3 所示。永磁同步发电机有内转子和外转子两种类型。由于风电机组运行中必须保持转子温度在磁体最大温度之下，因此发电机常被做成外转子型，磁体安放在转子内侧，定子固定在机心，外转子暴露在空气中，利于磁体散热。

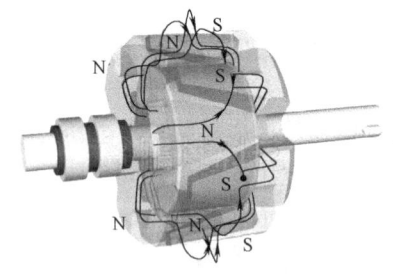

图 6-3 发电机定子与转子结构图

直驱式风力发电机组是应用永磁同步发电机构成的，发电机外形及在风电机组机舱中的位置如图 6-4a 所示。

项目六 发电系统维护与故障分析

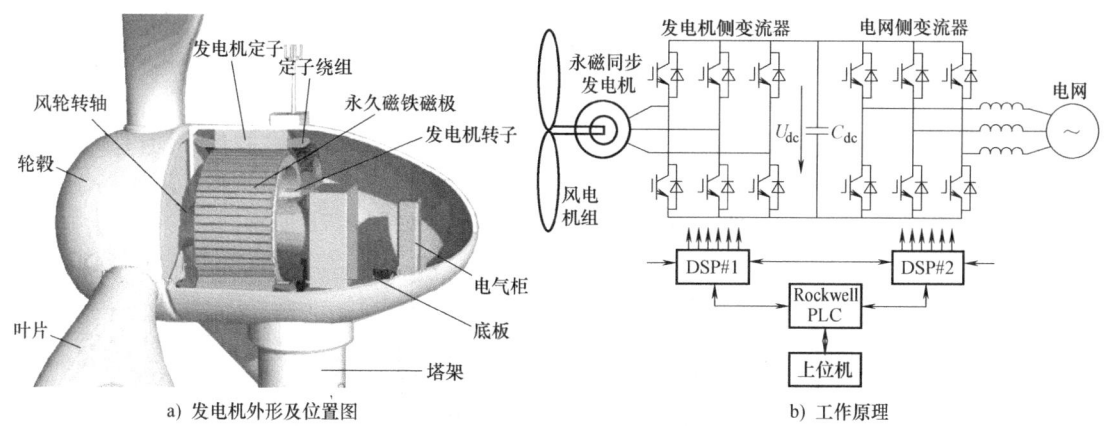

图 6-4 直驱式风力发电机组

直驱式永磁风力发电机组的多极永磁同步发电机轴直接连接到风力机的风轮上，直接驱动风力发电机组，发电机转子的转速随风速而变，其交流的频率也随之变化，经过大（全）功率电子电流变流器，将频率不定的交流电整流成直流电，再逆变成与电网同频率的交流电输出。变速恒频是在定子电路实现的。工作原理如图 6-4b 所示。

优点：永磁同步发电机转子上没有励磁绕组，不存在铜损耗，发电机效率高；转子上无集电环，运行可靠；采用钕铁硼做励磁材料，发电机体积小，重量轻；转子极对数较多，同步转速较低，省去齿轮箱与风机直接相连，减少机械噪声和机组体积，提高了系统整体效率和运行可靠性；变流系统控制电路少，控制简单；稳定性高；效率高。

缺点：IGBT 变频器容量大，体积大，重量大；永磁材料性能要求高；成本较高。

（2）双馈式发电机附件

1）加热器。为了使风力发电机组在低温环境下正常运行，发电机内置了 600W 的加热器。低温起动风机时，首先起动加热器，通过排水孔排出冷凝水。加热器的起、停由 PLC 控制。

2）定、转子接线盒。定、转子接线盒位于发电机靠近变流器一侧。定子为三角形联结，每相通过大约 5m 长的电缆连接到变流器。转子为星形联结，转子电缆为屏蔽电缆，防止转子与变流器之间的信号干扰、便于变流器控制。转子接线盒如图 6-5 所示。

3）集电环。集电环可以用在任何要求连续旋转的同时，又需要从固定位置到旋转位置传输电能和信号的机电系统中。集电环能够提高系统性能，简化系统结构，避免导线在旋转过程中造成扭伤。集电环结构组成如图 6-6 所示。

图 6-5 转子接线盒

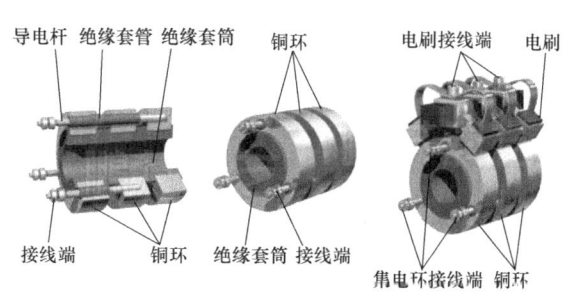

图 6-6 集电环结构组成

集电环室装在发电机外部的非传动端,防护等级为 IP23;集电环装在轴上,刷架系统装配于室内,然后固定在非传动端端盖上,用传感器监控主电刷和轴接地电刷的磨损,外接信号电缆固定于辅助接线盒内。

4)编码器。变流系统需要实时监测发电机的转速进行控制。编码器是一种精确的测量设备,记录与其相连的设备的角度位置和转速。编码器外形如图 6-7a 所示。编码器轴与发电机主轴必须绝缘,编码器壳体与发电机壳体必须绝缘,如图 6-7b 所示。

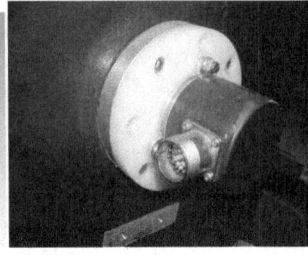
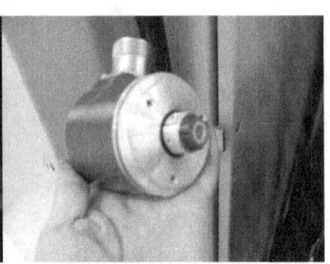

a) 编码器外形图　　　　　　　　　　b) 编码器与发电机绝缘连接

图 6-7　编码器及与发电机的连接

5)Pt100 温度传感器。每个定子绕组、轴承都用两个 Pt100 温度传感器来检测和监控温度,防止发电机过热。如果绕组、轴承温度高,监控系统就发出警报,并降低功率,如果温度过高,变流器系统关断。

(3)发电机参数　发电机性能及特色可以通过技术参数体现,表 6-1 是双馈式发电机的主要技术参数。

表 6-1　发电机的技术参数(以双馈式发电机为例)

参　数	数　据	参　数	数　据
额定输出/kW	1520(1810r/min 时)	极数	4 极
速度范围/(r/min)	1000~2000	功率因数	容性 0.9、感性 0.9
定子电压(AC)/V	690×(1±10%)	最高定子电流/A	1300
定子联结	△	转子联结	Y
开路电压(AC)/V	大约 2000	最高转子电流/A	470
频率/Hz	50×(1±10%)	效率	≥97%(额定状态下)
安装位置	内陆和海岸地区	周围条件/℃	(-30)-15~+45
场所	在最低限度通风的机舱内	机舱内的温度/℃	(-30)-15~+55
户外的气候	腐蚀、含盐的气候、流沙	相对湿度(%)	5~95(+40℃)
冷却	水冷:冷却水的凝结点-30℃	水压/bar	≤5
入口水温/℃	≤+50	水流通过速度/(L/min)	大约 60
最大发电机损耗/kW	≤45	保护等级	≥IP54
绝缘等级	F 级绝缘/H 级绝缘	工作寿命/a	20

2. 变流器

变流器是使电力系统的电压、频率、相位及其他电量或特性发生变化的电气控制设备,包括整流器(交流变直流)、逆变器(直流变交流)和变频器。变流器是风力发电机组控制系统中的主要组成部分,除主电路(分为整流电路、逆变电路和斩波电路)外,还有控制功率开关元器件通断的触发电路和实现对电能的调节、控制的控制电路。风电场风力发电机组采用的是变速恒频控制，变流器将机组发出的电能变换成与电网的电压和频率相同的电能。

(1) 双馈式风力发电机组励磁变流器

1) 双馈式风电机组励磁变流器的控制技术。双馈式风电机组变流器在双馈式发电机的转子侧施加三相交流电进行励磁，通过变流控制器对逆变电路小功率元器件的控制，调节励磁电流的幅值、频率和相位，可以改变双馈式发电机转子励磁电流的幅值、频率和相位，实现定子侧恒频恒压输出。通过控制励磁电流的幅值和相位可以调节发电机的无功功率；通过控制励磁电流的频率可以调节发电机的有功功率；通过变桨距控制与发电机励磁电流控制相结合，可按最佳运行方式调节发电机的转速。既提高机组效率，又对电网起到稳频稳压的作用，而且提高了发电质量。使用功率为发电机额定功率30%左右的电力电子变流器，即可控制整个机组的输出功率。

由于风能的波动，发电机转速不断变化，经常在同步转速附近上下波动，就要求转子励磁变流器不仅具有良好的输入输出特性，还要有能量双向流动的能力。在发电机亚同步转速运行时，变流器向转子绕组馈入交流励磁电流，同步转速运行时变流器向转子绕组馈入直流励磁电流，而在超同步转速运行时转子绕组输出交流电通过变流器馈入电网。

2) 双馈式风电机组励磁变流器的电路分析。变流器是由两个背靠背连接的电压型 PWM 变换器构成的交-直-交变换器。由于发电机的输出电压是根据风速变化的，PWM 整流器可以为电网侧变换器提供恒定的直流母线电压，并使得交流输入电流跟随输入电压变化，其波形近似正弦波；电网侧变换器实际上是一个三相电压型逆变器，直流母线电压经逆变、滤波后并入电网。

机组并网时要求输出电流为三相正弦波，并且和电网的电压、频率和相位相同。当电网电压跌落时，变流器电流要增加以便向电网注入不变的功率。电网侧滤波器采用 LCL 型滤波器，该滤波器可以在较小总电感的条件下实现同样的滤波效果，且体积小，造价低，动态性能也有改善。

控制系统采用双闭环级联式控制结构：电压外环、电流内环。电压外环主要是控制直流母线电压；电流内环根据外环给出的电流指令对交流侧输入电流进行控制。

(2) 直驱式风力发电机组全功率变流器　直驱式风力发电机组风轮与永磁同步发电机直接耦合，其输出电压的幅值、频率和功率都随风能的变化而变化。为实现机组低风速时低电压运行功能并显著改善电能质量，需要采用全功率变流器传输并网，所以变流器的功率为1.2倍的机组额定功率。

1) 直驱式风电机组全功率变流器的控制技术。控制上采用电压电流双闭环矢量控制，呈现电流源特性，电流环是直驱式风力发电并网变流器的控制核心。变流器对电网呈现电流源特性，容易实现多单元并联及大功率化组装，各个单元之间采用多重化载波移相，极大地减小了电网侧电流总谐波。电网侧逆变器采用三电平电路结构，适用电网侧电压范围广，也有益于减小电网侧谐波。兆瓦级变流器需要多个单元并联组合，系统控制会自动分组工作，很容易线性化并网回馈功率。并网变流器具有温度、过电流、短路、旁路及电网侧电压异常等保护功能，具有多种模拟量和数字量接口，具有 CAN 总线或 RS-485 串行总线等接口，连接方便，控制灵活。

2) 直驱式风电机组全功率变流器的电路分析。直驱式风力发电机组全功率变流器采用"二极管整流+升压斩波+PWM逆变"的结构，将电压和频率不稳定的交流电转化为符合电网要求的交流电。试验得出斩波器+逆变器的效率通常在97%，电网侧功率因数大于0.99。

直驱式机组变流器功率主电路组成：发电机侧滤波器、三相整流器、整流输出电容器组、三重升压BOOST变换器、制动单元、逆变侧滤波器、双重并网逆变器、逆变输出平衡电抗器、滤波器和升压变压器等。

变流器中的功率半导体器件IGBT，一般采用水冷散热技术，机器外部设有循环系统。

3. 水冷系统

（1）水冷系统简介　发电机散热冷却方式主要有强制风冷和水冷两种。风冷发电机体积大、气流噪声大且把一部分热量散发在机舱中，不利于机组安全工作。水冷结构比较复杂，防漏密封要求高，需要冷却液，成本增加。但水冷交流发电机具有低速发电特性和低噪声特点，相较于风冷发电机具有优势。

双馈式异步发电机冷却方式采用水冷的形式，如图6-8所示。发电机主要发热部位是定子、转子绕组，重点冷却部位是定子绕组的线圈，所以冷却水管道布置在定子绕组周围。发电机运转时，冷却水在水泵的带动下循环流动，从集电环的后端入水口进入，经蛇形的水管从集电环后端的出水口流出至机壳上端的入水口（冷却水出水口与入水口位于同一轴向位置），通过发电机壳体，与外部散热器进行循环热交换，有效地冷却定子线圈绕组、定子铁心、转子、内藏式调节器和轴承等其他发热零部件。冷却系统不仅直接带走发电机内部的热量，同时通过热交换器带走齿轮润滑油的热量。

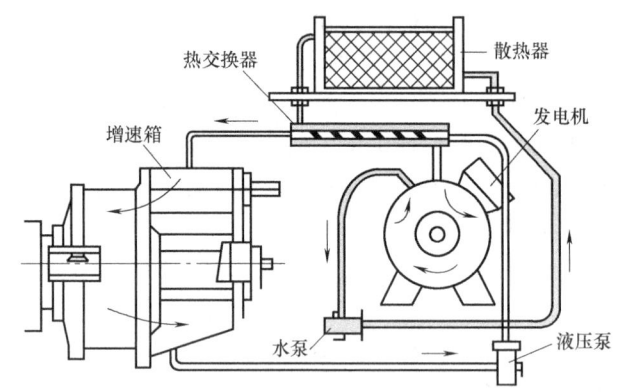

图6-8　采用水冷的发电机

发电机水冷系统连接管路如图6-9所示。

图6-9　发电机水冷系统连接管路

发电机水冷系统的主要参数见表6-2。

表 6-2　发电机水冷系统基本参数

参　数	数　据	参　数	数　据
注水压力/bar	2.2	最大散热量/kW	45
45 kW 散热条件	30 L/min；40 ℃	流量/(L/min)	30 ~ 60
最高供水温度/℃	50	最大压力/bar	5
30L/min 流量时的压力损失/bar	0.3	40 L/min 流量时的压力损失/bar	0.5
50L/min 流量时的压力损失/bar	0.8	60 L/min 流量时的压力损失/bar	1.2

(2) 水冷系统工作回路　水冷系统工作回路如图 6-10 所示。对于从发电机和变流器中流出的水，在流经加压容器旁的温度传感器时，如温度过高（超过 55℃），则流向散热器降温；如温度较低则直接流向需要冷却的装置（变流器、发电机）。对于流向水泵的水，在流经压力传感器时，如压力过低，加压容器就会工作补充压力；如压力足够则直接流向水泵。三通阀控制冷却介质的温度。只要冷却介质的温度低于 10℃，通往热交换器的管路就会被关闭。高于 10℃时，为了增加冷却速度，容积流量就被分流，直到散热器为满流量状态为止。变流器和发电机之间的流量通过平衡和关闭阀来控制。通过关闭发电机管路上的流量控制阀，变流器里的流量就会增加，反之亦然。关闭阀仅用于维护的目的。

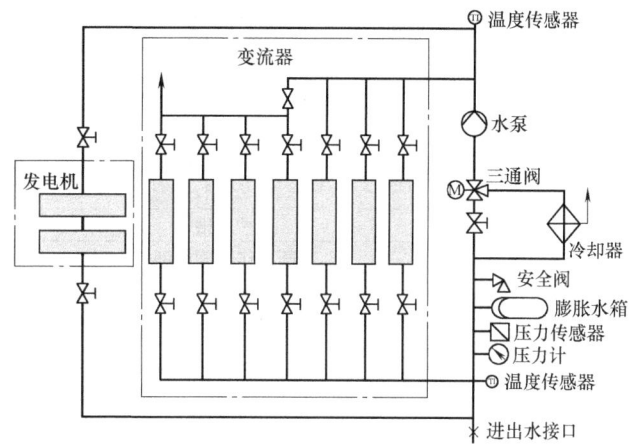

图 6-10　水冷系统回路图

冷却器之后的主管路中装有一个温度传感器，作为冷却回路的控制传感器。在水泵之前的主管路中装有一个温度传感器，用于控制热交换器的功能。压力计刻度盘用来在注水和运行过程中可视检查冷却水压力。如果管路压力低于设定值，就会出现一个故障信息。压力膨胀容器即膨胀水箱保持管路中的压力为常量，同时补偿热膨胀。水冷系统工作环境状态描述见表 6-3。

表 6-3　水冷系统工作环境状态描述

项目	具体内容	数据	
技术要求	户外温度范围/℃	-35 ~ +40	
	运行时温度范围/℃	-15 ~ +40，+35℃以上负荷减低	
水泵组/热交换器	停机时环境温度范围/℃	-35 ~ +55/-35 ~ +40	
	运行时环境温度范围/℃	-15 ~ +55/-15 ~ +40	
	相对湿度(%)	95/100	
冷却能力		发电机组	变流器
	散热量/kW	45	19
	最高进水温度/℃	+50	+45
	流量/(L/min)	≥ 50	60
	最大允许压力/bar	5	<6
	压力损失/bar	50L/min 流量时 <0.8 60L/min 流量时 <1.15 80L/min 流量时 <2.05 100L/min 流量时 <3.2	60L/min 流量时 <0.1

(续)

项目	具体内容	数据
水-空气热交换器	风速 12m/s 时和流量为 115L/min 时要求的冷却能力/(kW/K)	≥3.2
	100L/min 流量时的压力损失/bar	<0.1
泵	流量/(L/min)	115
	压力水头/m	>10
	最低介质温度/℃	−15
	最高介质温度/℃	约 70
泵用电动机	电动机形式	潜水式转子电动机
	电压(AC)/V	3×400
	频率(取决于电网)/Hz	50 或 60
	运行时间	大约 90%
	防护等级(IEC 34-5)	≥IP 44
	温度监测器	恒温器
三通阀	体积流量/(L/min)	最小 120
	kvs 值/(m³/h)	≥25
	尺寸规格	≥DN 32mm
	最高工作时间/min	3
平衡和关闭阀	kvs 值/(m³/h)	≥20
	尺寸规格	≥DN 32mm
压力计	压力范围/bar	0~2.5/4
	机械联接	外螺纹
压力传感器	机械联接	外螺纹
	电气连接	4 极插头(DIN 43650 / ISO 4400)
	允许压力/bar	>6
	切换压力/bar	1.5
	精度	±4%
	电源电压(DC)/V	24
膨胀水箱	气体预加压/bar	1.5
	工作压力/bar	6
	总容量/L	25
	最高工作温度/℃	70
连接管路	破裂压力/bar	>30
	压力损失/(MPa/m)	<0.0005

注：kvs 即流量系数（亦称流通能力），指的是阀门两端压差为 0.1MPa、水的密度为 1g/cm³、阀门全开时的流量。

此外，在 −30℃ 环境温度下，为了使发电机能正常运行，普遍使用由 60% 水和 40% 乙二醇组成的冷却液。机器在投入使用之前注满冷却液，并通过发电机前上方排气孔排气。发电机冷却液的主要参数见表 6-4。

表 6-4 发电机冷却液的主要参数

参　数	推荐质量	接受质量
pH 值	7.5~8.5	6.5~9.0
水硬度/°dH	4~6	<10
悬浮物/10⁻⁶	<10	<30
氯化物/(mg/L)	<30	<50
硫酸盐/(mg/L)	<30	<50
硝酸盐/(mg/L)	<30	<50

注：德国度（°dH）：1L 水中含有相当于 10mg 的 CaO，其硬度即为 1 个德国度（1°dH）。这也是我国目前普遍使用的一种水硬度的表示方法。

项目六 发电系统维护与故障分析

任务1　发电系统的维护检修

任务描述

风力发电机组的发电系统主要包括发电机和变流器，为保持适宜温度，特殊配置有冷却系统。本项目任务就是指导学生在学习了机组发电系统的相关知识后，对发电机、变流器及水冷系统进行检查维护。

任务实施

（一）注意事项

1）对发电机进行维修前，要确保发电机主回路及辅助系统断电，尤其是加热器、辅助风机电源等已处于断电状态。

2）水冷系统中冷却剂主要成分为乙二醇，属有毒物质。检修前必须穿好防护服，戴好橡胶手套，如有必要还须戴上安全眼镜。检修完毕初次重新起动风机时，除必须有人观察水冷系统工作状态外，还必须确保有人守在紧急开关旁，可随时按下开关，使系统制动。

（二）准备工器具

发电机及水冷系统检修维护工具见表6-5。

表6-5　发电机及水冷系统检修维护工具

发电机检修工具			发电机水冷系统维修工具		
序号	工具名称	数量	序号	工具名称	数量
1	管钳设备	1	1	力矩扳手20～200N·m	1
2	转矩扳手160～800N·m	1	2	力矩扳手2～60N·m	1
3	手动打铆机	1	3	液压扳手	1
4	条播机	1	4	无纤维抹布	2
5	呆扳手sz24、sz46、SW13	各1	5	油污清洁剂	1
6	套筒扳手	1	6	清洁剂	1
7	液压扳手XLT3	1	7	防护服	1
8	通用扳手设备	1	8	橡胶手套	1
9	标准尺	1	9	安全眼镜	1
10	千斤顶	1			
11	螺钉旋具	1			

（三）维护检修任务

1. 发电机的维护检修

发电机日常巡检项目主要包括：发电机外部和过滤器的清洁；各部位连接螺栓的紧固情况，主要有发电机地脚螺栓、发电机与联轴器之间的连接螺栓、接线盒内接线柱与电缆的连接螺栓；绝缘电阻是否满足要求；轴承维护与润滑；集电环与电刷的维护等。

（1）紧固件维护检修　检查发电机安装固定是否良好，运行中是否有异常声响，振动是否超过设定值；检查可见紧固件和连接螺栓的螺母是否紧固，引出线绝缘是否良好，外部

电气连接是否可靠等。

(2) 外表检查维护　检查发电机支架表面的防腐涂层是否有脱落现象，如果有应及时补上；检查发电机支架表面清洁度。发电机长时间运行后，支架表面会附着油污、灰尘、导电颗粒或其他污染物质，应使用无纤维抹布和规定清洁剂清理干净；检查发电机电缆有无损坏、破裂和绝缘老化；检查空气入口、通风装置和外壳冷却散热系统；直观检查发电机消音装置。

(3) 主轴承维护及润滑　发电机滚动轴承是有一定寿命的可以更换的标准件，应根据制造厂规定，进行轴承的更换、维护及润滑。

当轴承发生故障需拆下分析故障原因时，要注意小心拆卸，不得造成损伤，以免混淆原有故障而造成误判。为分析和判断故障原因，拆下的轴承不得进行清洗和其他处理。

特别要注意环境温度对润滑脂润滑性能的影响，对于冬季严寒地区，冬季使用的润滑脂与夏季应不同。润滑维护时应定时定量地向发电机轴承加入指定牌号的润滑脂，加注润滑脂需要在发电机运转时进行。加注润滑脂后应把集油器中的废油排除，如发电机设有自动润滑系统，应定期检查系统润滑情况，定期检查油质。

1) 检查液压泵工作是否正常，各润滑点是否出油。

2) 检查油箱油位。油位少于总容量 1/3 时，用注油装置或通过油缸顶部的注油口给油箱注油，直至达到"最大"标志处。

3) 检查接头有无泄漏，泄漏时应拧紧或更换接头。

4) 检查油管有无泄漏和表面裂纹、脆化。若有裂纹、脆化情况，应更换油管。

如液压润滑系统不工作，应及时修理或更换泵单元。

(4) 电气连接及空载运转　在电源线与发电机连接之前，应测量发电机绕组的绝缘电阻，以确认发电机机械连接起来；然后把发电机当成电动机，让其空运转 1~2h，此时要调整好发电机的转向与相序的关系（双速发电机的两个转速的转向、相序应正确）。注意发电机有无异声，运转是否自如，是否有什么东西碰擦，是否有意外短路或接地；检查发电机轴承发热是否正常，发电机振动是否良好；注意三相空载电流是否平衡，与制造厂提供的数值是否吻合。确认发电机空载运转无异常后才能把发电机与齿轮箱机械连接起来，然后投入发电机工况运行。在发电机工况运行时，要特别注意发电机不能长时间过载以免绕组过热而损坏。

(5) 检测绝缘电阻　发电机运行每半年至一年检测一次定子绕组绝缘电阻。第一次起动发电机之前或长时间（停止运行超过 15 天）放置起动前，也要测量绕组绝缘电阻值。如果绝缘电阻不符合规定标准，不要起动发电机，应对绕组进行干燥处理。

定子绕组干燥处理一般有两种方式：一是电流干燥法，二是使用加热装置干燥法。

电流干燥法操作程序是：对定子绕组通以约 20% 额定电流加热，使定子绕组各部位温度不要超过 90℃，维持这一温度直到绝缘电阻值稳定不变。

使用加热装置干燥法一般采用干燥炉、热吹风机等。干燥处理过程应注意初始加热一定要慢慢地进行，这样可使潮气自然地通过绝缘层逸出，若加热过快则会使局部的潮气压力过大而强行穿过绝缘层逸出，使绝缘层遭到永久性损伤。

(6) 传感器检测　检查液压锁紧销是否漏油，若漏油则应拧紧尾端传感器或更换液压锁紧销；检查温度传感器，主要测量传感器电阻来检查其测量精度。

(7) 电刷和集电环维护　电刷应每隔六个月进行定期检查。发电机停机后，逐个取下电刷观察电刷表面是否光滑清洁，电刷高度磨耗的剩余高度应不少于新电刷高度的1/3。如有必要应更换电刷，应用同一型号电刷代替。应定期检查接地（防雷）系统电刷。每半年打开盖板和底板，吹净碳粉并把电刷取出来检查其摩擦面。

检查电刷的同时要检查集电环状态，检查发电机集电环单元接口上的接触点以及联轴器座，尤其是集电环、刷握、连线、绝缘和刷架，应进行必要的清洁。检查集电环时，如果表面出现小刷痕，这不会影响集电环的安全功能，如果表面有烧结点或大面积烧痕，应重磨集电环；检查弹簧压力、支架和接线是否正常；检查轴承，是否发生油脂外流；检查引线与刷架连接紧固螺栓是否松动。如出现不可维护的故障，则必须更换集电环单元。

每六个月清洗集电环室一次。用毛刷仔细清洁集电环槽和中间部位，用软布清洁所有部件，并检查集电环室绝缘值是否满足要求。

每年清洗集尘器一次。集电环室下面的通风处有一个集尘器，用来收集电刷碳粉。松开集尘器螺栓，卸掉盖子，拆掉过滤板，清扫或更换过滤棉，保证集尘器通风顺畅。

2. 变流系统的维护检修项目

（1）变流系统的功能测试　通过变流器控制柜上的控制面板进行以下控制操作：

1）预充电测试。

2）电网侧断路器测试。

3）风扇强制动作。

4）发电机侧断路器吸合测试。

（2）变流系统检查　检查时要确保电源已经断开，检查项目如下：

1）检查安装及内部接线是否牢靠。

2）检查主动力电缆及防护隔离网是否完好，屏蔽层与接地之间的连接是否牢固可靠。

3）目测及用手触摸整个柜体是否有松动现象，内部元器件的固定是否牢靠，接线是否有松动；目测检查柜内是否干净或有遗留碎片，如有遗留碎片，应清理干净。

4）在断电的情况下，用力矩扳手紧固主动力电缆连接端子，使之达到规定力矩；确认防护隔离网的牢靠性。

5）检查变流系统保护设定值。应根据参数表和电路图的相应数值进行检查，包括软、硬件上的保护值，如电压保护值、电流保护值和过热保护值等。

3. 水冷系统检修要点

（1）清洁检查　系统表面的沉积物应及时清除，特别是排风和冷凝水排放口的螺栓处；使用无纤维抹布和清洁剂清洁冷却器及冷却风扇，保证通风良好。

（2）冷却液清洁度检查　检查冷却液的清洁度，要定期更换冷却液。

（3）压力检查　查看压力计核验系统入口压力，一般情况下，入口压力运行状态应为 2～3bar（0.2～0.3MPa），入口压力静止状态应为 0.4～0.8bar（0.04～0.08MPa）。从水冷装置压力计上观察其压力值是否符合，压力显示应比较稳定，否则系统应排气或者添加液体。

（4）电缆检查　目测观察电缆及辅件有无破坏和损伤现象，并用手轻微拉扯电缆检查是否有松动现象。

（5）冷却水检测　特别注意保持 pH 值、水硬度和悬浮物比例。只要冷却水连续通过，即使水中悬浮物含量较高也不会导致冷却管道中存有杂质。若冷却水的pH值≥9或水硬度≤10°dH，应及时更换冷却水。

（6）防冻剂检测　核验防冻剂所要求的防冻性。防冻剂主要成分是乙二醇和防腐剂混合物，水与防冻剂比例为3:2。因防腐剂会消耗，每五年要检查或更换冷却介质。必须使用相同的冷却介质，这是因为不同的防腐剂作用会被抵消。

（7）密封性检查　所有圆形密封环应定期检验，如需要则及时予以更新；核验所有管道和软管的密封性。如果发现管路漏水，应立即关闭所有管路阀门，修补间隙，通过加压容器旁的异径管接头补充冷却水，清理漏出的水。

（8）紧固件检查　用力矩扳手以规定力矩紧固将水冷装置固定到主机架上的螺栓及散热器螺栓；用力矩扳手核验泵单元的固定螺栓；紧固所有软管和螺栓连接。

（9）散热器、过滤器及水冷系统管路的清洗

1）散热器的清洗：散热器常年曝露在机组外部，运行过程中会有灰尘及其他污染物附着在散热器表面或散热片之间，使热交换效率降低。每年用高压水枪对散热器进行一次冲洗、清理，时间最好在5～6月份。

2）过滤器的清洗：每年对冷却水过滤器进行一次检查、清洗。

3）水冷系统管路的清洗：定期清理水冷系统的冷却管道，以保证冷却水的理想冷却效果。一般在机组运行两年后需要清理水冷系统管路（包括变流器内的管路）中的杂质。水硬度（石灰含量）越高，清理周期越短。

实践训练

拆卸并组装实训室实验用发电机，并对其进行常规维护。

任务2　发电系统相关部件的拆卸与安装

任务描述

安装是否正确、准确，很大程度上决定了机组发电系统的运行性能以及避免意外故障和损坏的能力。因此，在拆卸与安装工作前，要特别强调安装工作的重要性；指导学生认真复习发电系统相关部件（如转子、定子、变频器和水冷系统等）的结构及工作特性；仔细阅读这些部件的使用说明书，按要求完成实训任务。

任务实施

1. 定子接触器的拆卸与安装

拆卸并安装定子接触器的步骤为：

1）将风电机组打到服务模式，风电机组由"远程允许"切换至"远程禁止"。

2）拉开箱变690V和风电机组NCC300、310柜400V开关。

3）拆下定子接触器接线，用19mm的扳手棘轮打开电网侧和定子侧电缆螺栓，用8mm

内六角扳手拆下定子接触器的固定螺栓。

4）用千斤顶顶住定子接触器并取下定子接触器。

5）同样，用千斤顶装上新的定子接触器。

6）连接好电网侧和定子侧电缆。

7）恢复定子接触器接线，合上各处电源。

2. 定子接触器控制板的拆卸与安装

拆卸并安装定子接触器控制板的步骤为：

1）将风电机组打到服务模式，风电机组由"远程允许"切换至"远程禁止"。

2）拉开箱变 690V 和风电机组 NCC300、310 柜 400V 开关。

3）用花六角小棘轮加长杆打开定子接触器端盖，用小一字螺钉旋具拆下电气控制线。

4）将控制板接线做好标记并拆下。

5）装上新的控制板并接线，装好端盖。

6）合上箱变 690V 和 NCC300、310 柜 400V 开关。

3. 定子接触器分、合实验

1）将风电机组打到服务模式，风电机组由"远程允许"切换至"远程禁止"。

2）拉开箱变 690V 和风电机组 NCC300、310 柜 400V 开关。

3）给定子接触器另接 230V 和 24V 电源线。

4）合上风电机组 NCC300、310 柜 400V 开关，观察定子接触器吸合情况。

5）拉开风电机组 NCC300、310 柜 400V 开关，拆线。

6）拆下外接线，合上箱变 690V 和风电机组 NCC300、310 柜 400V 开关。

4. 转子接触器的拆卸与安装

拆卸并安装转子接触器的步骤为：

1）将风电机组打到服务模式，风电机组由"远程允许"切换至"远程禁止"。

2）拉开箱变 690V 和风电机组 NCC300、310 柜 400V 开关。

3）用 6mm 内六角扳手拆下转子接触器上下电缆，用十字螺钉旋具拆下接线，用 10mm 呆扳手拆下接触器架子并取下接触器；转子接触器如图 6-11 所示。

4）安装新的接触器时要先接电缆，再固定架子，最后连接控制线。

5）合上风电机组 NCC300、310 柜 400V 开关和箱变 690V 开关。

5. 发电机的拆卸与安装

风力发电机组的发电机很大，其组成构件比较多，因此，拆卸并安装发电机要分步进行。表 6-6 列出所需工具清单。

图 6-11 转子接触器

发电机更换前的准备工作：拆机舱罩上盖紧固螺栓。发电机的拆卸与安装流程如下：

1）拆卸防雷线的连接。

2）拆卸发电机定子接线。

3）拆卸发电机转子接线。

表 6-6 拆卸与安装发电机工具清单

项目	序号	工具及耗材	数量	用途
发电机接线的拆卸	1	棘轮	1	
	2	套筒 13、14、16	1	或呆扳手,拆发电机定子、转子接线盒盒盖
	3	加长套筒 19	1	或呆扳手 19,拆发电机定子接线、转子接地线
	4	呆扳手 24	2	拆发电机转子接线
	5	十字螺钉旋具	1	拆发电机控制线盒盒盖
	6	一字螺钉旋具	1	拆发电机控制线
防冻液释放回收及水冷管路拆卸	1	皮管	1	导引防冻液回流到空桶内
	2	25L 桶	4	盛放防冻液,要求洁净
	3	管钳	2	拆卸水管以及水管对螺纹
	4	密封胶		
	5	防冻液		
	6	自吸泵		
联轴器罩和联轴器拆卸	1	呆扳手 13、14	2	拆制动罩
	2	呆扳手 17	2	拆新式制动罩
	3	800 力矩扳手	1	拆联轴器
	4	转换头	1	拆联轴器
	5	套筒 30	1	拆联轴器
螺栓松动	1	800N·m 力矩扳手	1	底角螺栓预松动
	2	套筒 36	1	或套筒 46,视发电机底角螺栓型号有所不同
拆卸上机舱罩	1	呆扳手 13、14	1	或套筒 13、14,拆机舱地线和帆布罩
	2	呆扳手 16、17	2	
	3	棘轮	1	
	4	套筒 16、17	1	
	5	加长套筒 17		
	6	套筒 24		拆卸油冷支架与机舱盖顶部的弹性支撑
	7	加长杆		拆卸油冷支架与机舱盖顶部的弹性支撑
	8	密封胶		
	9	割胶刀		
	10	Z 形撬棍		
吊换发电机	1	小吊环(M12)	3	吊机舱盖 M12
	2	小卸扣(3T)	3	吊机舱盖
	3	大卸扣(8T)	3 或 4	吊发电机
	4	吊带		
	5	风绳	2	
	6	呆扳手 13、14、16 及 17	2	
	7	呆扳手 36		或呆扳手 46,视发电机底角螺栓型号有所不同
	8	棘轮		
	9	套筒 16、17		
	10	套筒		
	11	加长套筒 17		安装机舱背板紧固螺栓
	12	套筒 24		安装油冷支架与机舱盖顶部的弹性支撑
	13	加长杆		安装油冷支架与机舱盖顶部的弹性支撑
发电机对中	1	激光对中仪		
	2	插线排		
	3	千斤顶	1	
	4	微调滑块		
	5	400 力矩扳手	2	
	6	800 力矩扳手		
	7	棘轮		

(续)

项目	序号	工具及耗材	数量	用途
发电机对中	8	转换头		
	9	套筒24、30		或呆扳手46,视发电机底角螺栓型号有所不同
	10	套筒36		或套筒46,视发电机底角螺栓型号有所不同
	11	呆扳手24、30		
	12	呆扳手36		或呆扳手46,视发电机底角螺栓型号有所不同
	13	喷灯		
	14	方木		
	15	橡胶锤		
发电机同步测试	1	万用表	1	
	2	示波仪	1	
	3	绝缘测试仪		
	4	电气图样	1	
	5	一字螺钉旋具	1	

4) 拆卸发电机编码器连线。

5) 拆卸联轴器罩及联轴器。

6) 安装机舱罩挂环。

7) 释放防冻液。

8) 拆掉防冻液水管和机舱的连接。

9) 拆卸及安装机舱罩、发电机。

10) 扣盖前,机舱罩合缝隙处涂胶。

11) 机舱罩扣入风机,机舱罩螺栓紧固。

12) 相关连接部件恢复,发电机最终对中。

13) 风机同步测试和投运、试运行跟踪观察。

14) 风机并网测试及试运行跟踪观察。

6. 变频器的拆卸与安装

以 FL1500 系列风力发电机组为例,下面列出更换变频器的步骤。

1) 将风电机组打到服务模式,风电机组由"远程允许"切换至"远程禁止",风电机组安全停机。

2) 手动偏航使风电机组小吊车位置对准吊装孔,吊装新变频器至机舱。

3) 拉开 NCC300 柜的 F104.2 和 F102.3 两个 690V、8A 熔断器。

4) 拉开 NCC310 柜的 F352.4 和 F225.2 两个 24V 熔断器。

5) 用放电器对变频器的直流母线进行放电。

6) 用螺钉旋具拆除变频器上的各种端子排和光纤,用棘轮扳手拆除连接在变频器上的各个主电缆。

7) 用活扳手拆除 NCC320 柜顶部盖板,用棘轮扳手和呆扳手拆除 NCC320 左侧柜子上部的滤波电阻装置,以方便变频器的移出和进入。

8) 关闭水冷系统的阀门,如图 6-12 所示。用呆扳手将变频器的水冷连接水管拆除,连接水管顺序要摆好。变频器连接水管如图 6-13 所示。

9) 用小钳子或小活扳手拆除变频器上的绿色散热器模块,防止在移出变频器时捅坏该元件。

图 6-12 水冷系统阀门

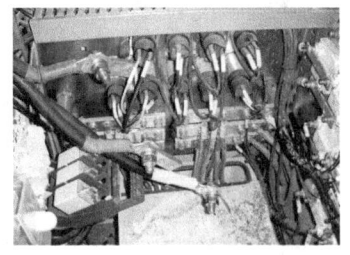

图 6-13 变频器连接水管

10）用内六角扳手和加长杆拆除变频器的固定螺栓，将变频器抬起，用呆扳手和棘轮扳手拆除变频器底板上的接地线。

11）拆除接地线后，将变频器从 NCC320 柜顶部上方移出；将新的变频器移入 NCC320 柜，并按拆除方式依次安装。

12）全部安装完毕后进行最后的检查，查看是否有螺栓未被拧紧。

13）合上各熔断器，准备测试变频器。

14）进入登录模式，进入状态检测，查看是否通过测试。

15）进入变频器菜单，连按 5 次 " + " 号，测试变频器，合格后起动风电机组。

7. 水冷系统的装配与拆卸

（1）水冷系统的装配

1）装配预先安装好的水泵装置，水泵装置固定在机舱罩左侧较低处的位置。水泵装置的装配需有夹紧装置的辅助作用。不要直接接触主机架，留出 10mm 左右的空间。

2）用起重机将水泵装置吊起，使用指定螺栓组安装水泵装置，固定位于水泵装置右侧面对机舱罩的两个支撑。

3）按照图样铺设所有管线。

4）用指定螺栓将散热器固定于悬挂支架上。冷却器的通风口要面对轮毂方向。

5）竖直安装悬挂支架，并将扰流器置于其上；去掉机舱罩扰流器。

6）冷却器必须稳固地安装在机舱盖上的悬挂支架上，冷却系统要使用指定的螺栓组固定在指定位置上。

7）扰流器应与机舱盖配合装配并连接。扰流器内部的排气孔上方，为了维护方便必须开一个 ϕ50mm 的孔，用顶部后盖密封此孔以保证防水。

8）冷却系统与水循环系统连接。

（2）水冷系统的拆卸

1）确认风机处于停机状态，关闭所有冷却供水阀门。

2）通过加压容器旁的排水管排出管路中的冷却水。

3）拆下损坏的零部件，进行修理或更换。

4）重新装配并加水、密封。

5）试运行风机，注意观察各管路连接处，保证密封良好无渗漏。

项目六 发电系统维护与故障分析

任务3　发电系统常见故障分析与处理

任务描述

本任务主要是针对机组发电系统中发电机、变频器和水冷系统在运行中所发生的常见异常与故障进行分析，并给出正确的处理建议。

任务实施

1. 发电机常见故障原因与处理

发电机常见异常与故障的原因与处理建议参见表6-7。

表6-7　发电机常见异常与故障的原因与处理建议

故障	序号	原　因	处　理
发电机不发电	1	励磁回路断线或接触不良	检查励磁回路，接好断线
	2	电刷或集电环接触不良或电刷烧坏	调整弹簧，更换电刷，清洗、磨圆集电环
	3	励磁绕组断线	找出励磁绕组断线并接好
	4	控制器、整流管（晶闸管）损坏	检修触发电路，更换烧穿或断路的晶闸管
	5	励磁绕组断路或短路	拆下绕组，重新下线修好，并安装上
	6	励磁晶闸管短路、断路或烧毁	更换晶闸管
	7	发电机剩磁消失	直流电励磁，发电机正常后切除直流电
	8	无刷励磁整流管损坏	更换整流管
	9	发电机转子或定子短路或断路	拆下转子或定子，重新下线修理
	10	发电机输出线接头接触不良或断路；熔断器烧坏	检修输出线接头或输出电路，更换熔断器
输出电压偏低	1	永磁转子退磁或励磁电流不足	调整励磁电流，使发电机达到额定输出电压
	2	无刷励磁整流器处在半击穿状态	拆下励磁机，检修或更换整流器
	3	定子绕组有短路	查明短路部位，剥离，浸漆绝缘
	4	集电环和输出线路中连接点导电不良	检查集电环和输出电路中连接点接触情况
	5	发电机转速低	检查发电机转速低的原因，并做相应处理
电压振荡	1	电网电压振荡	联系电网管理，电压平稳后合闸送电
	2	发电机励磁电流小	增加励磁电流，或全面检查励磁系统
	3	电刷跳动	调整刷握弹簧，消除跳动
	4	发电机输出线松动	拧紧螺栓
	5	集电环和电刷跳动	调整刷握弹簧；若电刷表面跳火出坑，应更换电刷
	6	谐波引起的电压振荡	更换整流管、滤波电容，消除振荡
发电机过热	1	负载太重	减轻负载
	2	散热不良	由冷却风道堵塞、冷却水流不畅导致，应清理堵塞
	3	轴承损坏或磨损严重	更换轴承，重新安装发电机
发电机超速	1	发电机损坏	检查发电机损坏而导致超速的原因
	2	电网故障	联系电网管理部门
	3	传感器故障	检查传感器
三相电失衡、绕组短路接地	1	主接线盒内的个别连接螺栓没有紧固，导线接触面不干净	用绝缘电阻表检测绝缘，如发生绕组匝间短路或相间短路或接地（短接），需将发电机拆卸，更换绕组。如绕组三相不平衡度超过2%，需更换发电机

· 131 ·

(续)

故障	序号	原因	处理
集电环有点蚀、烧灼痕迹	1	刷架或部分刷握倾斜,导致电刷倾斜,跳刷放电	调整刷架或刷握安装位置,或更换刷架,打磨集电环
	2	轴承损坏,导致集电环振动较大	更换发电机轴承,打磨或更换集电环
温度传感器异常	1	传感器引出线的接线螺栓松动	紧固连接螺栓
	2	接线错误	正确接线
轴承故障	1	电蚀:电流流经轴承,就会产生电火花,从而熔融轨道表面	通过调整接地电刷的压力或采用绝缘轴承避免电流流动
	2	剥离:辗压疲劳。不正确操作而过载引发剥离;又或轴和轴承座精度低、安装误差、异物侵入或生锈引起	避免过载;改善润滑系统;清洁环境;减小安装误差
	3	变色:过热导致变色,变质的润滑油在表面沉积	涂一层有机溶剂以除去润滑油中的沉积
	4	刮痕:滚动体在滚动中产生滑动	选择最佳润滑油和润滑系统;使用附带加压装置的润滑剂;采取较小径向游隙和预压的方式以避免滑动

此外,发电机常见的故障还有绝缘电阻低、振动噪声大、轴承过热失效和绕组断路、短路接地等。表6-8详细列出了发电机常见故障及原因。

表6-8 发电机常见故障及原因

故障	原因
绝缘电阻低或绝缘击穿	发电机温度过高,机械性损伤、潮湿、灰尘、导电微粒或其他污染物污染侵蚀发电机绕组,绝缘老化等;发电机发生异常情况,短时电压过高
振动、噪声大	转子系统转动不平衡;转子笼条有断裂、开焊、假焊或缩孔情况;轴径不圆、轴变形、弯曲、与齿轮箱啮合不好,齿轮箱与发电机系统轴线未校准,安装不牢固,基础不好或有共振;定子绕组绝缘损坏或硅压片松动,转子与定子相摩擦、旋转部分松动等
轴承过热、失效	润滑油不合适,润滑油过多、过少、变质或不纯;轴电流电蚀滚道、轴承磨损、轴弯曲、变形、轴承套不圆或变形;齿轮箱与发电系统轴有偏差;轴承与端盖配合过松或过紧,轴承径向游隙太小,热膨胀不能释放,轴承的内、外圈出现滑动等
绕组断路、短路接地	绕组机械性拉断、损伤、连接线焊接不良,电缆绝缘破损、接线头脱落,匝间短路,长时间过载导致发电机过热,绝缘老化开裂,其他电气元件短路、过电压过电流引起的绕组局部绝缘损坏、短路,雷击损坏等

2. 变流器常见故障及处理

若出现变流器参数设置类故障,则修改参数或恢复到出厂值即可。此外,变流器常见故障还有以下几个方面。

（1）输入交流电源过电压　过电压一般发生在负载较轻时,导致电压升高或电路出现故障。此时应切断电源,找出原因并适当处理。

（2）变流器直流母线支流电压过高　若出现该现象,应断开电源,检查处理。

（3）变流器过电流　变流器过电流故障一般是由于变流器负载发生突变、负载分配不均及输出短路等原因引起。检查线路,如断开负载,变流器仍存在该故障,则其逆变电路已损坏,需更换变流器。

（4）变流器过载　变流器过载也会使发电机过载,检查电网电压、负载,可能是电网电压太低、负载过重等原因引起。应重新调整设定值或更换大容量变流器。

项目六 发电系统维护与故障分析

(5) 变流器欠电压　检查变流器电源输入部分，这部分故障一般会造成变流器欠电压。

(6) 变流器温度过高　若出现变流器温度过高现象，应检查通风散热或水冷系统。

3. 水冷系统故障原因和解决办法

(1) 水泵电动机起动后不运行　水泵电动机起动后不运行故障的检修步骤：电动机可能未接电源；更换熔断器；闭合电动机保护开关；检查维修控制电路；更换电动机。

(2) 水泵电动机起动后，电动机保护开关立即断开　水泵电动机起动后，电动机保护开关立即断开的可能原因是：

1) 熔丝或微型断路器烧坏。

2) 电动机保护开关触点损坏。

3) 电缆接线虚接或损坏。

4) 电动机绕组损坏。

5) 机械堵塞。

6) 电动机保护开关设置错误。

(3) 水泵功率不稳定　出现水泵功率不稳定现象应检查吸水侧的压力，清理吸水管路或水泵。

(4) 水泵运行，但不循环排水　水泵运行但不循环排水的可能原因与处理建议：

1) 若吸水管路或水泵被污染物堵塞，应清理吸水管路和水泵。

2) 若吸水管路不密封，应维修吸水管路。

3) 若吸水管路或水泵里气体太多，应检查吸水侧的压力。

4) 若电动机转向错误，应改变电动机接线相序。

(5) 水泵运行时噪声大　水泵运行时噪声大可能的原因及处理建议：若水泵内有气蚀，应检查吸水侧的压力；若水泵轴连接错误，应检查水泵电动机和水泵轴的机械连接。

(6) 变频器、发电机和滤波板温度高　变频器、发电机和滤波板温度高故障可能的原因及处理建议：

1) 若散热进水管和出水管连接在分配器同一管路上，应正确调整管路连接。

2) 若水冷系统内缺少冷却介质或系统内空气较多，应补充冷却介质，排出系统内的空气。

3) 若水冷系统温控阀损坏，应更换相关温度阀阀芯。

4) 若水管被污染物堵塞、水流量不足，应清理水管内的污染物。

(7) 滤波板温度高，发电机、变频器温度正常

1) 若滤波板内堵塞、进水管或出水管堵塞或弯折，应清理水管内的污染物并调整水管弯曲半径大于4倍管径。

2) 若Pt100损坏，应用红外测温仪测试实际温度是否与Pt100测量的温度相近，如温差较大则应更换Pt100。

若滤波板温度大于100℃，则应检查水循环，包括水阀是否畅通、排气是否彻底；水循环没有问题的情况下，应更换滤波板。

思考练习

一、填空题

1. 发电系统的主要构件是发电机和变流器，发电机把传动系统的机械能转变为

· 133 ·

_____，再由变流器转换成电网规定电压与频率的交流电，输送给_____。

2. 大型风电场风力发电机主要有_____发电机和_____发电机两种类型。

3. 同步转速之下，转子励磁输入功率，定子侧输出功率；同步转速之上，转子和定子均输出功率，所以称之为_____。

4. _____是使电力系统的电压、频率、相位及其他电量或特性发生变化的电气控制设备，包括整流器、逆变器和变频器。

5. 发电机散热冷却方式主要有_____和_____两种。

6. 绕组干燥处理一般有两种方式：一是_____，二是_____。

二、选择题

1. 双馈式发电系统由一台带集电环的_____和变流器组成。
   A. 同步发电机　　　　B. 笼型异步发电机　　　　C. 绕线转子异步发电机

2. 直驱式风力发电系统变流器的功率为_____倍的机组额定功率。
   A. 1.2　　　　　　　B. 1.5　　　　　　　　　C. 2

3. 油箱油位少于总容量的_____时，需给油箱注油，直至达到"最大"标志处。
   A. 1/2　　　　　　　B. 1/3　　　　　　　　　C. 1/4

4. 直驱式风电机组是应用永磁同步发电机构成的，变速恒频是在_____电路实现的。
   A. 转子　　　　　　　B. 定子　　　　　　　　　C. 二者都有

5. 电刷高度磨耗的剩余高度不少于新电刷高度的_____。
   A. 1/5　　　　　　　B. 1/4　　　　　　　　　C. 1/3

6. 大型风力发电机组发电机、变频器一般均采用_____的方式。
   A. 水冷却　　　　　　B. 油冷却　　　　　　　　C. 自然风冷

三、判断题

1. 风力发电系统的职能是把风轮旋转的机械能转变成电能后输送给电网。（　　）
2. 风力发电机有同步发电机和异步发电机两种类型，结构同普通发电机一样。（　　）
3. 水冷系统清理周期：开式冷却循环机器为1年，封闭冷却循环机器为5年。（　　）
4. 发电机运行每半年至一年检测一次定子绕组的绝缘电阻。（　　）
5. 永磁同步发电机转子上没有励磁绕组，不存在铜损耗，发电机效率高。（　　）
6. 直驱式风电机组控制电路少，控制简单；变流系统稳定性高；效率高。（　　）
7. 双馈式机组使用功率为发电机额定功率10%左右的变频器控制机组的输出功率。
（　　）
8. 电刷应每隔两个月进行定期检查。（　　）

四、简答题

1. 简述风电机组发电系统的构成与维护内容。
2. 简述发电机的常见故障及可能的原因。
3. 变流器的常见故障有哪些？如何处理？
4. 水冷系统有哪些常见故障？如何解决？

项目七

偏航系统维护检修

项目目标

知识目标

1) 理解偏航系统的工作原理。
2) 熟悉偏航系统的维护检修内容,掌握偏航系统主要部件的拆卸与安装方法。
3) 掌握偏航系统常见故障的排除方法。

能力目标

1) 能够独立进行偏航系统的日常维护和部件装卸。
2) 能够熟练进行手动偏航,会分析处理偏航系统的常见故障。

项目设计

本项目通过对风力发电机组偏航系统的维护检修、部件装卸及故障分析,使学生理解偏航系统的结构,掌握偏航系统的维护检修内容,熟悉部件拆卸流程,能够分析与处理偏航系统的常见故障。为此,本项目设计为三个任务,分别是偏航系统的维护检查、偏航系统部件的拆卸与安装和偏航系统的常见故障分析与处理。

知识链接

1. 偏航系统结构

风的方向是随时间不断变化的,而风力发电机组必须迎着风向才能最大效率地利用风能,因此风电机组的风轮和机舱也必须跟随着风向的变化不断改变方向,以保证其始终处于迎风状态。偏航系统就是这样一个系统,即能够测得风向并根据测得的风向控制机组风轮和机舱旋转对风。因此,偏航也称为对风装置。

风力发电机组的偏航系统一般分为主动偏航系统和被动偏航系统,被动偏航指的是依靠风力通过相关机构完成机组风轮对风动作的偏航方式,常见的有尾舵、舵轮和下风向三种;主动偏航指的是采用电力或液压拖动来完成对风动作的偏航方式,常见的有齿轮驱动和滑动两种形式。对于并网型风力发电机组来说,通常采用主动偏航的齿轮驱动形式。这种形式是由四台偏航驱动电动机和与偏航齿圈啮合的小齿轮达到偏航目的的,如图7-1所示。

主动偏航系统位于塔架与主机架之间,一般由四组偏航驱动装置、偏航轴承(包括侧面轴承和偏航齿圈)、偏航制动器、偏航液压装置(机组公共液压泵站)、滑垫保持装置、圆弹簧及调整螺栓、限位开关、接近开关和风向仪等零部件组成,如图7-2所示。偏航齿圈

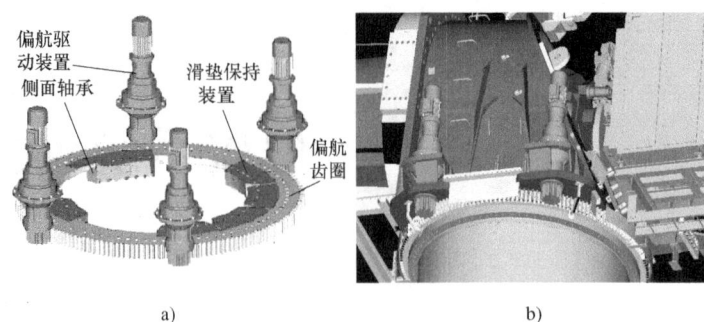

图 7-1　风电机组主动偏航系统组成简图

与塔架紧固在一起，偏航驱动装置和侧面轴承均与主机架连接在一起，外部有玻璃钢罩体的保护，偏航齿圈的上下及侧面布置滑垫保持装置，在偏航时机舱能在其滑动衬垫上滑动旋转。

图 7-2　偏航系统结构

偏航系统侧面视图如图 7-3 所示。

（1）偏航轴承　偏航轴承的内外圈分别与机组的塔体和机舱用螺栓连接。四个偏航小齿轮分别与偏航齿轮箱（减速箱）连接在一起，与同一个偏航齿圈啮合。偏航齿圈结构参考图 7-1 及图 7-2。偏航齿圈通过高强度螺栓与塔架紧固在一起，齿圈内圈有一侧面轴承，上下面都是和滑动衬垫配合。四个偏航小齿轮就是和这个大齿圈啮合并围绕着它旋转的，从而带动整个机舱旋转，如图 7-4 所示。

（2）侧面轴承及其组件　侧面轴承是一个弧状的阶梯块，共有 6 块，每块都有 5 个沉孔分布于圆弧，用于放置定位销、圆形弹簧和压板，每个孔的底部有螺纹孔，用于安装调整螺栓，如图 7-1 所示。因为下滑动衬垫是用粘合剂粘合在压板上的，所以调整调整螺栓的旋入深度可以调整滑动衬垫与偏航齿圈之间的紧密程度，从而得到最佳阻尼。

图 7-5 所示为侧面轴承及其组件工程图。侧面轴承还有 6 个孔分布于圆弧内圈，螺栓通过这些孔将侧面轴承与主机架紧固在一起。当机舱需要偏航时，侧面轴承带动滑动衬垫随机架共同旋转。侧面滑动衬垫是一个弧形板，厚度仅有 10mm，共有 6 块，每一块都用多个埋头螺钉对应着，把合并用粘合剂胶合到侧面轴承上，通过螺栓连接传递滑动力。为更好地固定侧面滑动衬垫，每个侧面轴承的两端（与侧面滑动衬垫配合处）都固定一块扁钢，并留

项目七 偏航系统维护检修

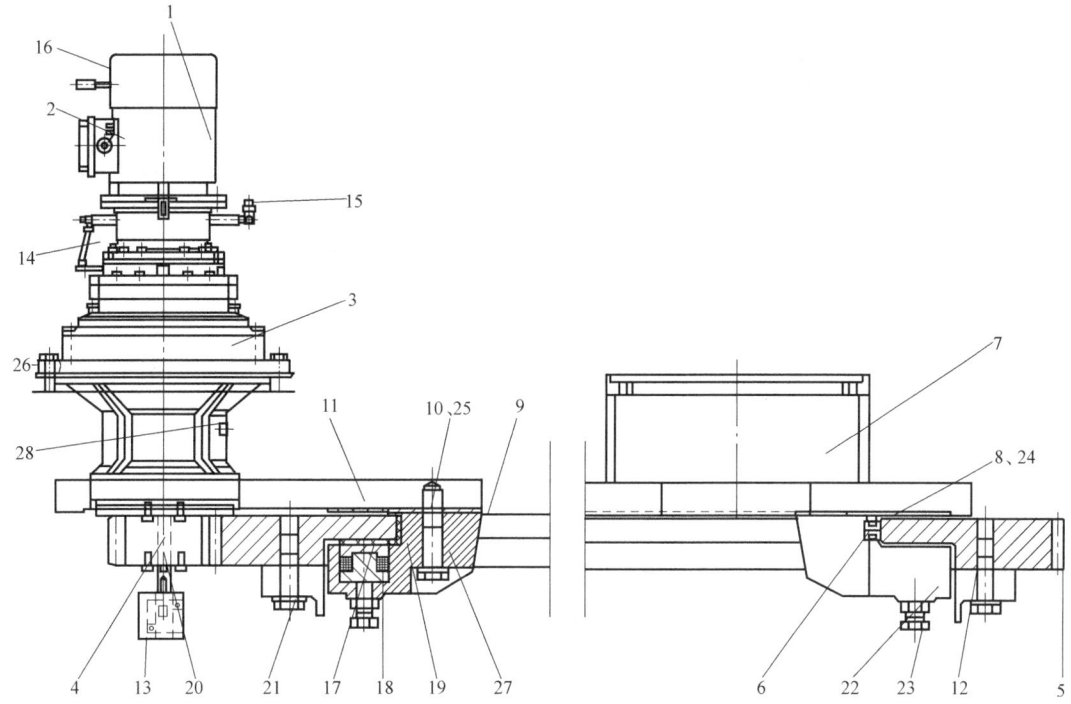

图 7-3 偏航系统侧面视图

1—偏航驱动装置 2—驱动装置接线盒 3—偏航齿轮箱 4—驱动小齿轮 5—偏航齿圈 6—侧面轴承
7—主机架 8—扁钢压板 9—滑垫保持装置 10—侧面滑动衬垫 11—滑动衬垫 12—塔架
13—限位开关 14—透明油位计 15—透气孔及旋油螺塞 16—电动机制动手动开关 17—圆弹簧 18—定位销
19—压板 20、21、24、26、27—螺栓 22—锁紧螺母 23—调整螺栓 25—螺钉 28—放油螺塞

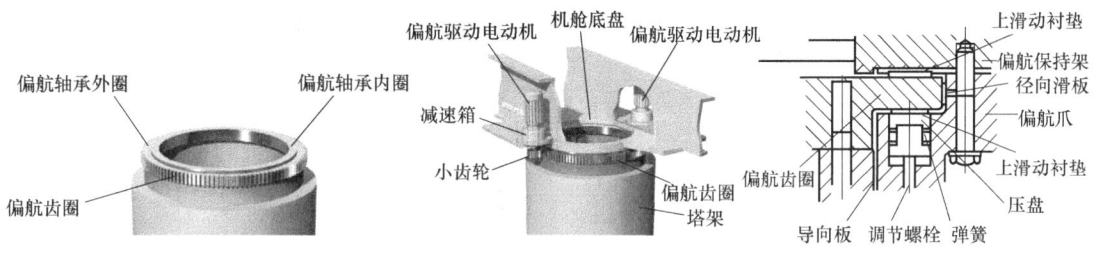

图 7-4 偏航轴承及剖面示意图

出一部分用以在齿圈方向上挡住滑动衬垫。圆弹簧是放在定位销上的，每个定位销共有 8 个圆弹簧，分两组背靠背放置。

（3）滑垫保持装置及其组件 如图 7-6 所示，下滑动衬垫是放入压板凹槽内的，上滑动衬垫是放入滑垫保持装置并用粘合剂粘合的圆形垫块，下表面直接接触偏航齿圈；滑动衬垫与偏航齿圈之间的间隙可以通过调节螺栓、定位销和圆形弹簧调整。

上下滑动衬垫并不是平均分布在偏航齿圈上的，而是分为 6 片，靠近风轮一侧有两片，每片上有 7 个凹槽用于粘结滑动衬垫，如图 7-7（右）所示。六个小孔用于侧面轴承与主机架连接螺栓穿过使得滑垫保持装置与主机架连接为一体。靠近发电机一侧有 4 个滑垫保持装置,其形状如图7-7(左)所示,它的5个凹槽用于粘结滑动衬垫。

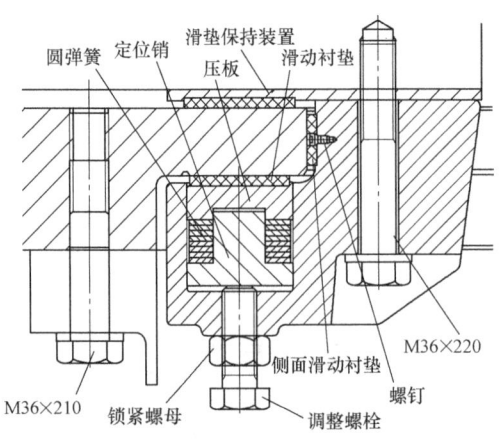

图7-5 侧面轴承及其组件工程图

图7-6 滑垫保持装置

(4) 偏航驱动装置 偏航驱动装置由偏航驱动电动机(简称偏航电动机)、偏航齿轮箱和偏航小齿轮组成,它们通过螺栓及内部的花键连接成一体,再由螺栓件和主机架连接。偏航驱动装置中偏航齿轮箱和驱动电动机制作成一体,共同和主机架用紧固件连接,一般有4组。每一个偏航驱动装置与主机架连接处的圆柱表面都是偏心的,以达到通过旋转整个驱动装置调整小齿轮与齿圈啮合侧隙的目的。为使机舱在偏航过程中平稳精确,小齿轮与偏航齿圈之间的侧隙应为0.7~1.3mm。偏航驱动装置如图7-8所示。

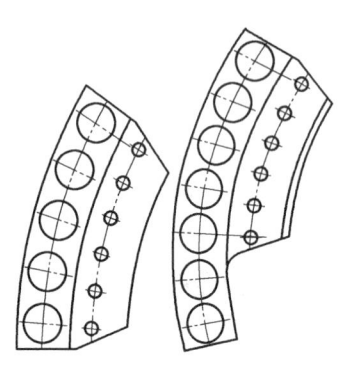

图7-7 滑垫保持装置工程图

图7-8 偏航驱动装置

每个齿轮箱还有一个外置的透明油位计,用于检查油位。油位计是通过管路和呼吸帽及加油螺塞连着的,当油位低于正常油位时,旋开加油螺塞补充规定型号的润滑油。

偏航电动机内部含有温度传感器,控制绕组温度在155℃之内。偏航齿轮箱是行星式减速机,制动器位于发电机尾部,如果偏航电动机发生故障,则控制系统会设置一个电气制动,防止电动机横向旋转。

(5) 接近开关 接近开关是一个光传感器,利用偏航齿圈齿的高低不同而使得光信号不同来工作,采集光信号并计数。通过一左一右两个接近开关采集的信号,控制系统控制机组偏航不超过设定角度,防止线缆缠绕。

项目七 偏航系统维护检修

接近开关是安装到支架上的，如图7-9所示，调整背紧螺母可以调整接近开关和偏航齿圈齿顶之间的距离，为了采集到信号，这个距离应保持在2.0~4.0mm。

图7-9 接近开关

图7-10 限位开关

（6）限位开关 限位开关也是防止电缆缠绕而设置的凸轮开关，也称作扭缆传感器。限位开关如图7-10所示。限位开关是作为极限位置开关使用的，当机舱向同一个方向偏航旋转圈数达到预定值时，限位开关发出信号传到控制装置后，控制机组快速停机，并反转解缆。

齿轮箱限位开关与偏航齿圈相啮合，限位开关上的齿轮将转动传递到凸轮开关轴上，在凸轮开关轴上有三个凸轮环，其正常位置（三个凸轮盘之间的角度错位）可以单独调整。三个开关均为快动开关（切换时间短），并且每个都有一个断路触头和闭合触头。

（7）风向仪 风向仪也称为风向标，其功能是采集实时风向。风向仪的接线包括六根线，分别是两根电源线、两根信号线和两根加热线。目前每台机组上有两个风向仪，风向仪的N指向机尾，偏航时取1min平均风向。

（8）偏航制动片 偏航制动片数量一般为10个，由液压系统偏航制动控制。偏航系统未工作时制动片全部抱闸，机舱不转动；机舱对风偏航时，所有制动片半松开，设置足够的阻尼，保持机舱平稳偏航；自动解缆时，偏航制动片全松开。

2. 偏航系统的功能

大型风力发电机组多采用主动偏航齿轮驱动，以捕捉风向控制机舱平稳、精确、可靠地对风，其功能主要有三个方面：

1）对风：跟踪风向变化，驱动机舱围绕塔架中心线旋转，使风轮扫掠面与风向保持垂直。

2）解缆：具有解缆功能，机舱在调整方向过程中会沿同一方向累计旋转多圈，造成机舱与塔底之间电缆扭绞。偏航轴承有滑动型和滚动型（齿轮驱动）两种，设置运动阻尼，使机舱平稳转动。

3）功率调节：当风速小于、大于机组额定风速或切出风速时进行功率调节。

3. 偏航系统控制原理

当风向改变时，风向仪将信号传到控制装置，控制驱动装置工作，小齿轮在偏航齿圈上旋转，从而带动机舱旋转使得风轮对准风向。

偏航系统工作过程：四个偏航电动机与偏航内齿轮咬合，偏航内齿轮与塔架固定在一起，四个偏航电动机通过减速齿轮箱带动小齿轮旋转。小齿轮是与偏航齿圈相啮合的，与偏航电动机、偏航齿轮箱统一称为偏航驱动装置。偏航驱动装置通过螺栓紧固在主机架上。偏

· 139 ·

航齿圈通过多个螺栓紧固在塔架法兰上面不能旋转，小齿轮围绕着偏航齿圈旋转并带动主机架转动，直到机舱位置与风向仪测得的风向相一致。

偏航电动机由偏航软起动器控制，如图7-11所示。软起动器使偏航电动机平稳起动；晶闸管控制偏航电动机起动电压缓慢上升，起动过程结束时，晶闸管截止；限制电动机起动电流。

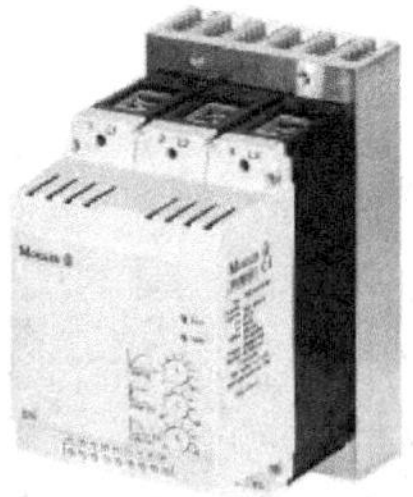

(1) 偏航自动对风　一般大型风电机组的起动风速是2.5m/s；偏航额定速度0.8°/s。

低风速下（风速小于9m/s），对风误差大于8°，延时210s，偏航自动对风。

高风速下（风速大于9m/s），对风误差大于15°，延时20s，偏航自动对风。

图7-11　偏航软起动器

在风机加速或发电运行状态下，如果风向突变，对风误差超过70°，风机先正常停机，对风偏航后，再重新起动。

(2) 自动解缆　机舱是可以沿顺时针和逆时针两个方向旋转的。在偏航过程中，因为机舱底部大齿圈内部布置着多根电缆，机舱旋转电缆也就跟着扭转，所以为了防止电缆扭转破坏，设定控制机舱同一方向旋转圈数不得超过两圈（从0°开始，0°为安装风电机组时确定的位置），这种控制是靠偏航接近开关和限位开关来实现的。

机组在待机模式下，如果偏航圈数大于两周，开始自动解缆；若偏航角度大于720°（可以设定），左偏航解缆，若小于-720°（可以设定），右偏航解缆；当偏航角度小至±40°以内时，自动解缆停止；或者解缆至偏航角度小于一圈（360°以内），机舱对风误差在±30°以内时，自动解缆停止。

如果偏航角度大于扭角定值如±720°没有自动解缆，则当角度达到±760°时，触动扭缆限位开关，风机报偏航位置故障正常停机，复位后进入待机状态时，应能够自动起动。

如果偏航角度大于±790°，触动扭缆安全链限位开关，风机报安全链故障紧急停机，需手动偏航解缆。

当风速超过25m/s时，自动解缆停止。

偏航时10个液压制动钳处于半释放状态，偏航系统压力约为45bar（4.5MPa）；自动解缆时制动钳处于全释放状态。

(3) 偏航系统手动控制　偏航系统手动控制可以通过两个方式，一是使用机舱里的手动操作箱，二是利用计算机操作界面。手动操作箱位于机舱内部，其形状如图7-12所示。

通过这个手动操作箱可以控制偏航系统的断开/接通、顺/逆时针旋转。首先通过选择开关1旋到所要进行的操作位置；然后按功能开关2，接通所选功能；再按确认键3，确认所选功能，就可以控制偏航的旋转起停。

图7-12　手动操作箱
1—选择开关（通过0—9和A—F位置预选所需功能）　2—功能开关（断开和接通所选功能）　3—确认键（确认预选的功能）

为了进行手动控制，必须将手动操作箱接到机舱控制柜上。在变频器的操作面板上，橙黄色信号指示灯是亮的，表示处于服务模式，也就是手动状态。

利用微处理计算机不仅可以进行偏航系统各参数的观测，还可以进行偏航系统的手动控制，按功能键 F3 将界面切换到服务模式，界面如图 7-13 所示，首先通过 Manual 菜单单击 Service，然后通过右下角的小窗口控制偏航系统旋转起停。

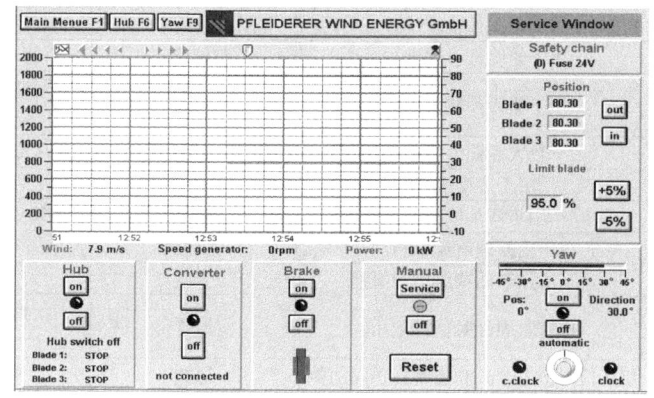

图 7-13　微处理计算机服务模式界面

任务1　偏航系统维护检查

任务描述

风力发电机组偏航系统在机组利用风能运行发电过程中起着很关键的作用。规定偏航系统部件检修维护周期为一年，润滑一般三个月进行一次，但日常检查维护工作也非常重要。本任务就是指导学生在学习了偏航系统的相关知识后，对偏航系统进行维护检查。

任务实施

（一）注意事项

1）如果环境温度低于 -20℃，不得进行维护和检修工作。对于低温型风力发电机组，如果环境温度低于 -30℃，不得进行维护和检修工作。如果风速超过限值，不得上塔进行维护和检修工作。

2）对偏航部分进行任何维护和检修，必须首先使风力发电机组停止工作，各制动器处于制动状态并将风轮锁锁定。

3）如遇特殊情况需在风力发电机组处于运动状态下进行维护和检修时（如检查偏航齿圈啮合、异常噪声、能否精确迎风等状态时），必须确保有人守在紧急开关旁，可随时按下开关，使系统刹车。

4）当处理偏航齿轮箱润滑油时，必须佩戴安全器具。

（二）准备工器具

偏航系统检查维护与拆装工具见表 7-1。

表 7-1 偏航系统检查维护工具

检修工具	功能	检修工具	功能
力矩扳手(2~20N·m、8~60N·m、40~200N·m、200~800N·m)	用于紧固件检查维护	套筒(10mm、17mm、30mm、55mm、60mm)	用于紧固件检查维护
呆扳手 24mm	用于紧固件检查维护	两用扳手 50mm	用于紧固件检查维护
内六角扳手 5mm	用于紧固件检查维护	SHC320	驱动齿轮箱内部润滑油
棘轮扳手 1/2、3/4	用于紧固件检查维护	SHC460	小齿圈与偏航齿圈啮合处偏航齿轮箱内部润滑脂
液压扳手	用于较大紧固件检查维护	Loctite 243	M20 以下螺栓涂抹用胶粘合剂
油漆刷子	用于表面刷漆	Araldide 2015	粘合剂
腻脂笔或加注器	用于添加润滑脂	MoS_2	M20 以上螺栓涂抹用润滑剂
油泵	用于更换偏航齿轮箱油	清洗剂	更换润滑剂时使用
无纤维抹布	用于清除杂质或渗出润滑剂	卡兰	清洁零部件表面
防水记号笔	检查紧固件时作标记用	吊带	拆装侧面轴承时卡紧偏航齿圈与主机架
塞尺	用于检查接近开关和齿圈齿顶间间隙	卸扣	拆装维修时使用

(三)维护检查任务

(1) 表面检查与维护

1) 风机偏航时检查是否有异常噪声,是否能精确对准风向。

2) 停机检查侧面轴承和齿圈外表是否有污物,如有应及时用无纤维抹布和清洗剂清理干净。

3) 检查涂漆外表面是否油漆脱落,如有应及时补上。

4) 检查驱动装置齿轮箱的润滑油是否渗漏。

5) 检查电缆缠绕及绝缘皮磨损情况。

(2) 紧固件检查与维护 用液压扳手以规定力矩检查偏航系统各部件连接用螺栓、螺钉,包括偏航齿圈装配到塔架上用的螺栓、将主机架装配到侧面轴承上用的螺栓、安装扁钢用螺栓、安装连轴板用螺栓、安装偏航驱动器用螺栓、安装限位开关用螺栓、安装吊挂装置用螺栓、安装接近开关支架用螺栓、调节弹簧力用六角螺钉及安装侧面滑动衬垫用螺钉等。如果螺母不能被旋转或旋转的角度小于 20°,说明预紧力仍在限度以内;如果螺母能被旋转,且旋转角超过 20°,那么,就必须把螺母彻底松开,并用液压扳手以规定的力矩重新把紧。

用叉形力矩扳手调整调节弹簧力用螺栓,首先旋松锁紧螺母两圈左右,再旋松螺栓,手动拧紧至不能旋动为止,然后使用呆扳手将螺栓反向转动 7/6 圈(420°)使定位销前面的圆形弹簧预拉紧,然后使用力矩扳手以规定力矩将锁紧螺母锁紧。

(3) 偏航驱动电动机维护检修

1) 检查电动机外部表面是否有油漆脱落或腐蚀现象,检查电动机有无异常噪声。

2) 检查裸露表面有无腐蚀,电缆接线有无表皮腐化脱落等,若有应及时修补或更换。

3) 打开接线盒检查电动机接线是否可靠。

4) 检查制动盘和摩擦片,要保证清洁无机油和润滑油,以防制动失效。检查摩擦片的磨损和裂缝,当摩擦片的最低点的厚度不足时,应更换。偏航驱动装置结构如图 7-14 所示。

项目七 偏航系统维护检修

5)将偏航开关分别打到左边和右边,检查是否有异常现象,如果需要,应修理或更换。

若偏航驱动电动机损坏,可将电动机拆下维修。

(4)偏航齿轮箱维护检修

1)检查偏航齿轮箱是否有异常机械噪声。

2)检查偏航齿轮箱是否有漏油现象,若有渗漏现象,则说明密封出现问题,需要修理。

图 7-14 偏航驱动装置结构

3)运行两年以后,旋开排油螺塞,将机油从螺塞孔放出,用清洗剂清洗齿轮箱后,从加油孔注入规定型号的润滑油到规定位置。偏航齿轮箱加油与放油如图 7-15 所示。

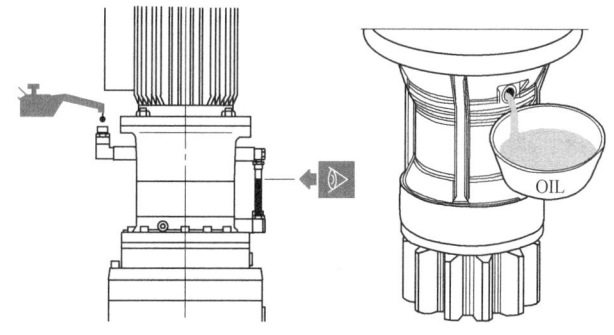

图 7-15 加油与放油

4)检查齿轮箱运行是否噪声过大。若偏航齿轮箱损坏,去掉偏航驱动电动机接线,旋松螺栓,将整个驱动装置用吊葫芦垂直吊起,放在地板上或地面维修。维修结束,安装时要在止口喷涂润滑剂。

5)检查小齿轮啮合侧隙,应为 0.7~1.3mm,否则,将接线盒与倒顺开关接上,根据标记的间隙调整方向旋转偏航驱动装置,重新检查侧隙,直到符合要求。然后以规定螺栓力矩把紧螺栓,在结合面处涂抹密封胶。重新将接线盒线接上。

(5)齿轮、齿圈与轴承维护检修

1)啮合间隙检查:为了使偏航位置精确且无噪声,定期用塞尺检查啮合齿轮副的侧隙,要保证侧隙为 0.7~1.3mm,若不符合要求,则将主机架与驱动装置连接螺栓拆除,缓慢转动偏航驱动电动机,直到间隙合适为止。将螺栓涂抹润滑脂润滑后,以规定的力矩拧紧螺栓。

2)齿轮检查:检查轮齿齿面的腐蚀、破坏情况,检查是否有杂质渗入齿轮间隙,如有则立即清除;检查偏航齿圈与小齿轮的啮合齿轮副是否需要加注润滑脂,如需要,加注规定型号的润滑脂。

3)偏航齿圈检查:偏航齿圈如遇到点蚀、折断等问题时维修是很困难的,需要更换。偏航齿圈更换步骤:将整个机舱接线、轮毂及上部机舱罩等拆除后将机舱吊到地面上,放回运输支架并用螺栓把紧,拆掉侧面轴承和主机架,更换偏航齿圈,按照装配工序重新安装。

4)偏航轴承润滑:检查高压塑料管路;检查润滑脂油位;检查泵单元是否工作正常、各润滑点是否出油。润滑油应保持洁净,如怀疑润滑油变质,应提取样品分析。三年更换一次齿轮油。

(6)上、下及侧面滑动衬垫维护 上、下滑动衬垫属于易损件,由于其自身材料自润滑性无需加注润滑脂。要定期检查滑动衬垫的磨损情况，当磨损量超过 4mm 时应予以更换。跟上、下滑动衬垫一样，侧面滑动衬垫也无需加注润滑脂。

（7）偏航制动器维护　偏航制动器的维护检修周期为 6 个月。检查摩擦块剩余厚度，若少于 5mm 则更换摩擦块；液压管路不应破损、泄漏。定期检查维护内容包括：

1）检查偏航制动器制动过程的噪声、壳体和摩擦片的磨损情况，检查是否有漏油。
2）检查偏航制动器连接螺栓的紧固力矩是否正确。
3）检查偏航制动器的额定压力、阻尼压力是否正常，最大工作压力是否为设定值。
4）检查制动盘和摩擦片的清洁度，定期清洁。
5）摩擦片的摩擦材料厚度达到下限时要及时更换。
6）根据需要，正确更换密封件。

（8）扭缆传感器维护　扭缆传感器限位开关应完好，扭缆传感器应可按设定程序控制，齿轮间隙不应超过 6mm。

（9）接近开关维修　接近开关与齿顶有一定间隙，间隙过大会检测不到信号。调整间隙时，首先旋松锁紧螺母，调整螺母使接近开关和偏航齿圈齿顶之间有一个 2.0~4.0mm 的间隙，锁紧两边的锁紧螺母。用塞尺检查接近开关和偏航齿圈齿顶间的间隙。

任务2　偏航系统部件的拆卸与安装

任务描述

本任务是对风力发电机组偏航系统相关部件，如偏航油泵电动机、偏航衬垫，进行拆换，同时指导学生准确进行手动偏航。

任务实施

1. 拆换偏航油泵电动机

以 FL1500 系列风力发电机组为例，列出更换偏航油泵电动机的步骤。

1）将风电机组打到服务模式。
2）风电机组由"远程允许"切换至"远程禁止"。
3）拉开风电机组 NCC300、NCC310 柜 400V 开关。
4）测量轮毂高度风速，需保证 5min 平均风速低于 12m/s。
5）用 8mm 两用扳手打开油泵电动机接线盒，并将电源线拆除，拆除时注意记录接线顺序，如图 7-16 所示。
6）用 18mm 两用扳手卸下油泵电动机固定螺栓。
7）将油泵电动机向正上方提起，待联轴器上下两部分完全分离后将油泵电动机反转并放置在机舱踏

图 7-16　拆除油泵电动机接线

板上。

8）用 3mm 内六角扳手将联轴器上下两部分的锁紧螺栓松开，使用三爪拉马将联轴器从电动机输出轴和油泵输入轴分别取下。

9）清理油泵电动机安装底座内的灰尘铁屑及其他杂物。

10）将新联轴器的两部分装在新油泵电动机输出轴和油泵的输入轴上，安装时一定要将键对准键槽。

11）塑性锤子轻轻敲击联轴器，保证联轴器平行进入（轴端面与联轴器凹槽平齐），联轴器位置调整好后用 3mm 内六角扳手紧固联轴器锁紧螺栓。

12）将联轴器红色花键安装在油泵侧联轴器上。

13）将新油泵电动机输出轴垂直向下置于安装点正上方缓缓放下，在放下过程中需将联轴器上下部分对接好。对接时可以将油泵电动机扇叶保护罩拆下，通过转动电动机扇叶，来校对联轴器的连接。

14）用 18mm 两用扳手将新油泵电动机固定牢固。

15）恢复油泵电动机电源线。恢复线路时需注意接线顺序，重点注意地线连接。

16）合上机舱控制柜电源，手动运行油泵电动机，观察电动机运转是否正常。

2. 拆换偏航衬垫

（1）拆换偏航衬垫的准备工作

1）所有工具物料预吊到机舱上，并摆放整齐。

2）手动操作偏航，直到主框架下的爬梯与塔架爬梯对齐为止。

3）风轮锁锁上，制动器制动开启。

4）所有叶片处于顺桨位，密切关注风速的变化，保证所有操作都在安全风速以下。

5）检查偏航齿圈上表面和侧面的氧化情况，对于氧化程度严重的齿圈，要先用抛光机对上表面进行除锈处理。

防锈处理具体操作如下：用呆扳手拧开偏航齿圈的 4 个窥视孔端盖，通过窥视孔用抛光机对齿圈上表面进行除锈处理，注意操作时不要破坏齿圈的渗碳层。抛光要均匀，并实时检查抛光后的齿圈粗糙度，直到符合要求为止。对齿圈侧面的处理可以用水磨砂纸配合除锈剂进行；依次手动偏航 30°左右，清理其他部位，清理结束后，手动偏航至更换时位置。

（2）拆换偏航衬垫的作业步骤

1）用呆扳手和棘轮扳手把偏航齿圈的所有横向吊杆的碟形弹簧的螺母和顶压螺栓松动，共 30 个；直到能用手拧动螺栓，证明碟形弹簧已经松掉载荷。

2）确定首先更换的横向吊杆。一般选取塔架爬梯上面第一个横向吊杆作为首先更换的目标即图 7-17 中的 1 号位置。

3）用液压扳手卸掉横向吊杆的固定螺栓，注意留下边缘的一颗螺栓，保证横向吊杆能够暂时固定住，防止跌落。同时横向吊杆中间位置下方必须用千斤顶支撑住。

4）取下首选位置横向吊杆的所有顶压螺栓和螺母，并用液压扳手卸掉横向吊杆中间位置对应的塔筒螺栓，卸完之后按照图 7-18 所示安装上工装组件。注意千斤顶下方要有枕木和支撑工装，螺杆旋入深度必须足够，至少 60mm，同时涂上 785 润滑脂。

5）通过千斤顶顶压横向吊杆，基本保证横向吊杆水平，用液压扳手松掉预留的边缘螺栓。注意保证所有支撑部件的稳定。

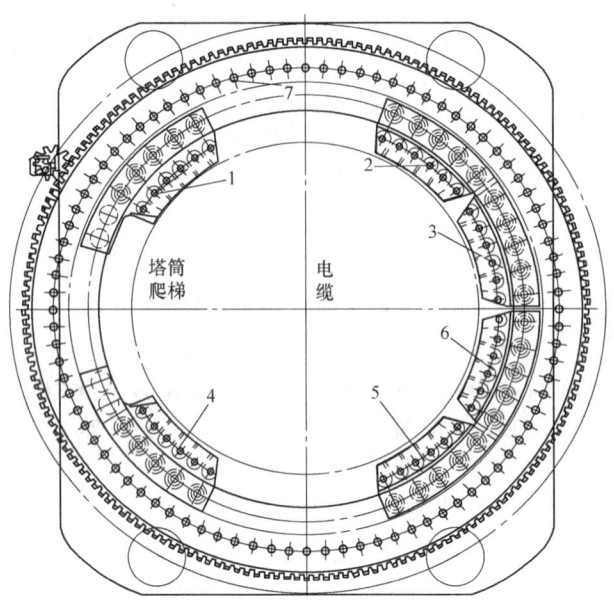

图 7-17 偏航结构平面示意图

6) 为了使主框架顶起高度能够达到 18mm（主框架底部与偏航齿圈之间的距离），用液压扳手卸掉图 7-17 中 2 号位置横向吊杆所有固定螺栓，注意只松两圈左右，保证能够用手能够拧动即可。横向吊杆螺栓松卸如图 7-19 所示。

7) 用液压扳手松掉 1 号位置横向吊杆（靠近 2 号位置）边缘的一颗塔筒螺栓，即图 7-17 的 7 号位置。换上用于顶主框架的特制螺栓，注意涂上 785 润滑脂，如图 7-20 所示。

图 7-18 安装工装组件

先用棘轮扳手拧到不能拧动为止，再通过液压扳手，第一次的扭力值为 1100N·m，直到顶压螺栓不能旋转为止，用尺测量顶起高度，如果达不到 18mm，调整扭力值，每次递增 500N·m，递增到 3400N·m 时，顶起高度应达到要求，注意实时跟踪风速变化。

图 7-19 横向吊杆螺栓松卸　　　　　　　图 7-20 塔筒螺栓替换

项目七 偏航系统维护检修

8)缓慢降下千斤顶,直至能够方便拿出下摩擦片为止。降落过程要缓慢,保持各支撑部件的稳定。手动抽出上摩擦片,用毛刷和抹布清理抽出后可见的碎屑,直至完全清理干净。再用毛刷清理下摩擦片周围的碎屑,保证齿圈表面和横向吊杆表面干净。清理摩擦片表面如图 7-21 所示。

9)更换新的上摩擦片和下摩擦片,更换过程中,应注意碟形弹簧部位不要掉进碎屑。换下的摩擦片应保管好,做好返厂检修的准备。

10)图 7-17 所示 1 号位置的横向吊杆摩擦片全部更换完之后,开始用千斤顶缓慢抬升横向吊杆,如图 7-22 所示。千斤顶要对准横向吊杆的中间位置,当横向吊杆与保持架距离至少 15mm 时,插入定位销,使横向吊杆与保持架能够顺利定位,再依次旋进 5 个横向吊杆固定螺栓,同时涂上 785 润滑脂。

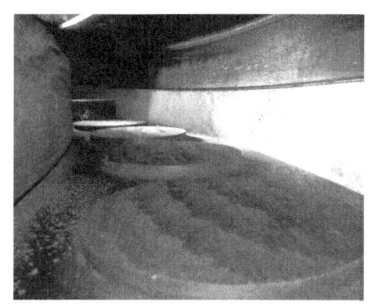
图 7-21 清理摩擦片表面

图 7-22 千斤顶抬升横向吊杆

11)按以上步骤依次更换好图 7-17 所示 2、3 号位置的横向吊杆摩擦片,由于前面风轮的重量,2、3 号位置的横向吊杆会翘起,更换保持架时会方便很多。全部更换完之后,按规定力矩预紧螺栓。

12)用液压扳手卸掉图 7-17 所示 7 号位置的顶压螺栓,换上塔架螺栓(注意涂上 785 润滑脂),包括各横向吊杆中间位置,也要换上拆下的塔架螺栓。然后预紧各横向吊杆的固定螺栓,碟形弹簧螺栓和螺母也要旋进,旋进 20mm 即可。

13)按照以上步骤,依次更换图 7-17 所示 4、5、6 号位置的横向吊杆。注意实时风速变化,超过安全风速,应停止一切工作,所有螺栓复原。

14)当全部横向吊杆更换完毕之后,用液压扳手依次预紧 30 个横向吊杆固定螺栓。再按照对称的原则,依次预紧碟形弹簧螺栓。

15)测试偏航。用服务盒手动测试偏航,检查偏航驱动和偏航齿圈的间隙,调整间隙到规定值,测试度数一圈左右,注意观察各部位的运行状况、偏航功率和声音,做好记录,并做好日后跟踪检查工作。

3. 手动偏航

手动偏航控制包括顶部机舱手动控制、面板控制和远程控制 3 种方式。下面介绍顶部机舱手动控制方式。

手动偏航的步骤:

1)将风电机组打到服务模式,风电机组由"远程允许"切换至"远程禁止"。

2)测量轮毂高度风速,需保证 5min 平均风速低于 12m/s。

3）检查控制开关线有无损坏。

4）打开手动偏航电源开关插座帽，如图7-23所示；将控制开关插入插座，如图7-24所示。

5）手动偏航控制开关如图7-25所示。按下手动偏航控制开关，如图7-26所示。控制手动偏航。

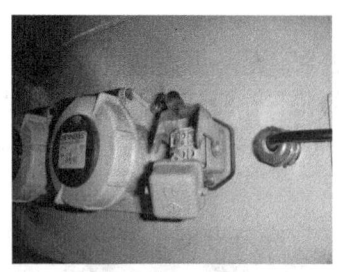

图7-23　手动偏航电源开关插座

图7-24　控制开关插入插座

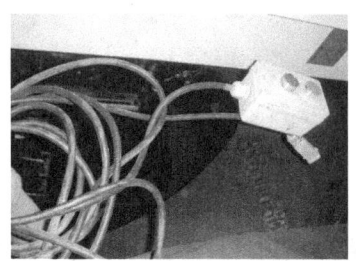

图7-25　手动偏航控制开关

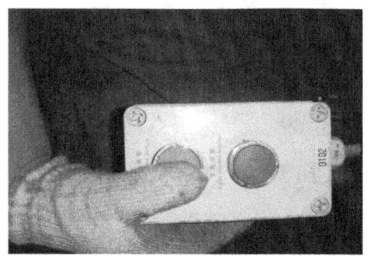

图7-26　按下手动偏航控制开关

6）拔下控制电源，把插座帽盖好。

任务3　偏航系统常见故障分析与处理

任务描述

风力发电机组偏航系统在长期运行中会出现一些异常或故障，结合风电场实际运行记录，本任务归纳总结了一些机组偏航系统比较常见的故障，对这些可能的故障进行细致的分析，并提出相应的解决建议。

任务实施

偏航系统常见故障包括偏航位置故障；偏航编码器故障；偏航速度故障；偏航驱动电动机保护跳闸，偏航驱动电动机故障；偏航润滑油泵保护跳闸；偏航润滑油位低故障；偏航驱动齿轮磨损；偏航制动器故障；偏航软起动故障；不能自动重启，需要手动复位等。偏航系统常见故障可能的原因及处理建议见表7-2。

项目七 偏航系统维护检修

表7-2 偏航系统常见故障可能的原因及处理建议

故障表现	序号	故障原因	故障排除
偏航压力不稳	1	液压管路出现渗漏	清除液压管路渗漏
	2	液压蓄能器的保压机构出现故障	排除液压蓄能器故障
	3	液压系统元件损坏	更换损坏的元器件
偏航定位不准	1	风向标信号不准确	校正调准风向标
	2	偏航阻尼力矩过大或过小	调整偏航阻尼力矩到额定值
	3	偏航制动力矩不够,达不到机组设定值	调整偏航制动力矩到额定值
	4	偏航齿圈与驱动齿轮齿侧间隙过大	调整齿轮副的齿侧间隙
偏航超时	1	偏航传感器线路故障	更换偏航传感器
偏航功率高	1	偏航力矩过大	调整偏航力矩
	2	减速机内油脂过稠	加热偏航减速机内油脂
偏航计数器(限位开关)故障	1	连接螺栓松动	紧固连接螺栓
	2	异物侵入	清除异物
	3	电缆损坏、磨损	更换连接电缆
偏航减速器故障	1	星架内花键齿根产生疲劳裂纹或花键齿断裂	换掉断齿的齿轮并加强维护与润滑
	2	偏航电动机输出轴键槽变形	修整轴键槽,消除其变形隐患
齿圈齿面磨损	1	齿轮副的长期啮合运转	加强运行维护,减少磨损
	2	相互啮合的齿轮副齿侧间隙中渗入杂质	定期清洁,消除杂质
	3	润滑油或润滑脂严重缺失使得齿轮副处于干摩擦状态	加注润滑脂,保证润滑
偏航时控制面板上角度无变化	1	偏航时机舱角度不变化,可能是偏航传感器内部的编码器损坏	检查编码器
变频器未达到正常频率或未连接	1	变频器程序问题	变频器断电重启
	2	变频器本身问题	更换偏航变频器通信板
液压管路渗漏	1	齿轮箱油位计管路连接接头松动或损坏	检查修复
	2	密封件损坏	更换密封件
偏航噪声及振动较大	1	润滑油或润滑脂严重缺失	定期维护,保证润滑
	2	偏航阻尼力矩过大	检查、调整,减小阻尼力矩
	3	齿轮副轮齿或偏航衬垫损坏	修复或更换
	4	偏航驱动装置中油位过低	加油到规定量
机舱旋转超速	1	变桨电动机全部打开	检查电动机手动打开制动螺杆
	2	偏航时压力不足	调节机组偏航压力控制
	3	蓄能器损坏	更换蓄能器
机舱位置改变小	1	偏航传感器线路异常	检查偏航传感器线路
	2	偏航传感器故障	更换偏航传感器
机舱振动大	1	速度信号非常规波动,会引起功率波动,引起风机摆动,可能是发电机编码器及线路故障	检查发电机编码器的两个紧定螺钉是否松动
风速仪显示错误或显示时有时无	1	柜内熔断器损坏	检查熔断器下端接地,更换熔断器
	2	柜内模块损坏、防雷模块损坏、风速仪线路或风速仪损坏、线路虚接	更换损坏备件,检查线路虚接
	3	风速风向仪供电及反馈信号回路问题	检查信号回路,正常则断电重启;若重启后仍无风速,更换

在运行中也会因为偏航系统某些异常而导致机组停机。

1)机舱旋转达到极限位置,触发限位开关使得系统快速停机。如果发生这种情况,应进入手动维护模式,使用手动操作箱或者微机调整机舱反向旋转,然后按 Reset 按钮。

2)机舱旋转时限位开关没有信号,此时应及时检查故障所在并修理,有可能是限位开关与偏航齿圈啮合位置不对或者是限位开关损坏,修复完毕后复位。

3）非偏航系统导致机舱位置变化引发快速停机，这种情况有可能是偏航阻尼过小或者阵风等所致。

思考练习

一、填空题

1. 风力发电机组的偏航系统一般分为主动偏航系统和_____偏航系统。
2. _____偏航系统位于塔架与主机架之间，一般由四组_____、偏航轴承（包括侧面轴承和偏航齿圈）、偏航制动器、偏航液压装置（机组公共液压泵站）、滑垫保持装置、圆弹簧及调整螺栓、_____、接近开关和风向仪等零部件组成。
3. _____、偏航齿轮箱和偏航小齿轮组成了偏航驱动装置。
4. 偏航电动机内部含有_____，控制绕组温度在155℃之内。
5. _____是防止电缆缠绕而设置的传感器，当机舱偏航旋转圈数达到设定度数时，限位开关发出信号，整个机组_____。
6. 偏航系统手动控制可以通过两个方式，一是使用机舱里的_____，二是利用计算机_____。
7. _____是一个光传感器，利用偏航齿圈齿的高低不同而使得_____不同来工作，采集光信号并计数。

二、选择题

1. 偏航系统中的限位开关是_____。
   A．偏航驱动器　　　　　　B．偏航变频器　　　　　　C．偏航解缆器
2. 风速仪传感器属于_____。
   A．振动传感器　　　　　　B．压力传感器　　　　　　C．转速传感器

三、判断题

1. 主动偏航指的是采用电力或液压拖动来完成对风动作的偏航方式。（　　）
2. 对于并网型风力发电机组来说，通常都采用主动偏航的齿轮驱动形式。（　　）
3. 每个偏航齿轮箱还有一个外置的透明油位计，用于检查油位。（　　）
4. 偏航齿轮箱是行星式增速机。（　　）
5. 偏航系统的功能主要是对风、解缆和功率调节。（　　）

四、简答题

1. 偏航系统的维护检修项目有哪些？
2. 偏航系统常见故障有哪些？

项目八

电气控制系统维护检修

项目目标

知识目标
1) 熟悉电气控制系统结构组成与功能。
2) 掌握电气控制系统的维护与检修内容，熟悉系统相关部件的更换流程。

能力目标
1) 能够独立进行电气控制系统的日常维护及部件更换。
2) 会分析处理电气控制系统的常见故障。

项目设计

风力发电机组的电气控制系统是完全自动化的综合性系统，是机组运行的核心。本项目就是要通过对风力发电机组电气控制系统相关知识的介绍，使学生了解并熟悉电气控制系统的结构组成与实际作用，加深对机组控制系统工作原理的理解。为此设计为三个任务，分别是风电机组电气控制系统的维护与测试、风电机组电气控制系统部件拆换和风电机组电气控制系统故障与防护。

知识链接

风力发电机组的控制系统是一个综合性系统，贯穿到机组的每个组成部分，相当于风电系统的神经。控制系统的设计原则是确保高安全性和可靠性，保证最大电能的输出（即叶片的最大风能捕获），降低动载荷，易于扩展（各工作需要之间的灵活选择），便于维护（包括远程诊断和故障追忆）。

风力发电机组电气控制系统涉及的范围包括主控系统软硬件、变桨系统软硬件、变流系统、通信链路（本机和风场）、防雷及布线、安全系统（安全链及故障处理）及外围传感等项目，可以划分为变桨系统、变流系统、主控系统和监控系统四大部分，包括各种传感器、变桨控制、运行主控制器、功率输出单元、无功补偿单元、并网控制单元、安全保护单元、通信接口电路及监控单元等。

系统具体控制内容有：信号的数据采集及处理，变桨控制，转速控制，自动最大功率点跟踪控制，功率因数控制，偏航控制，自动解缆，并网和解列控制，停机制动控制，安全保护系统，就地监控，远程监控等。当然，不同类型的风力发电机组控制单元会有所不同。1.5MW 直驱式风电机组电气控制系统组成如图8-1 所示。

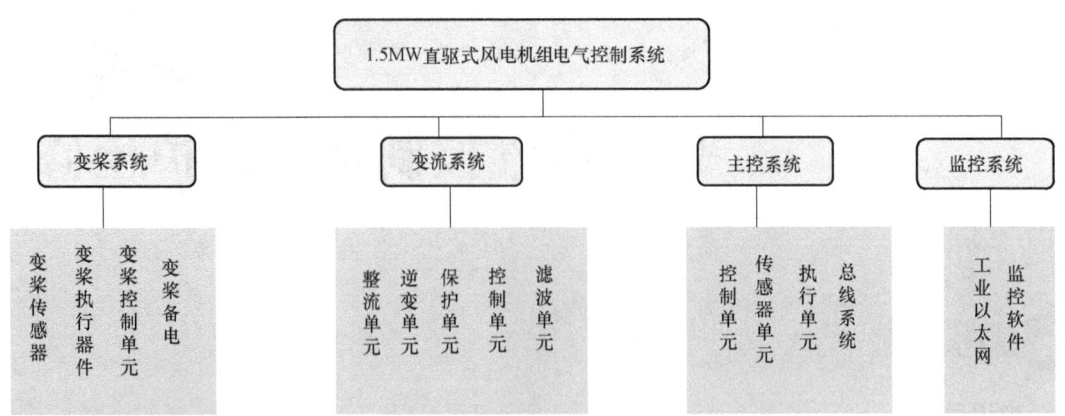

图 8-1　1.5MW 直驱式风电机组电气控制系统组成

风力发电系统的常规控制主要是在机组运行的风速范围内确保系统的稳定。低风速时跟踪最佳叶尖速比,获取最大风能;高风速时限制风能的捕获,保持风力发电机组的输出功率为额定值。同时减小阵风引起的转矩波动峰值,减小风轮的机械应力和输出功率的波动,避免共振;减小功率传动链的暂态响应,对一些输入信号进行限幅,确保机组输出电压和频率的稳定。

系统电气控制主要有塔底电气控制、机舱电气控制和变桨电气控制三部分。控制系统的控制任务主要由塔底控制柜、机舱控制柜、变桨控制柜、变流器、多路集电环和各种传感器完成。机组电气控制柜分布如图 8-2 所示。

1. 塔底电气控制

塔底电气控制部分主要包括主控制和变流控制（变流柜、水冷控制柜）。

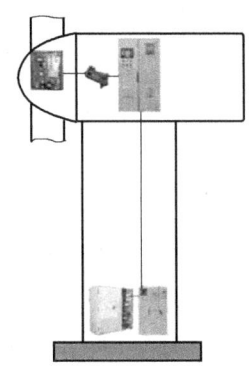

图 8-2　机组电气控制柜分布简图

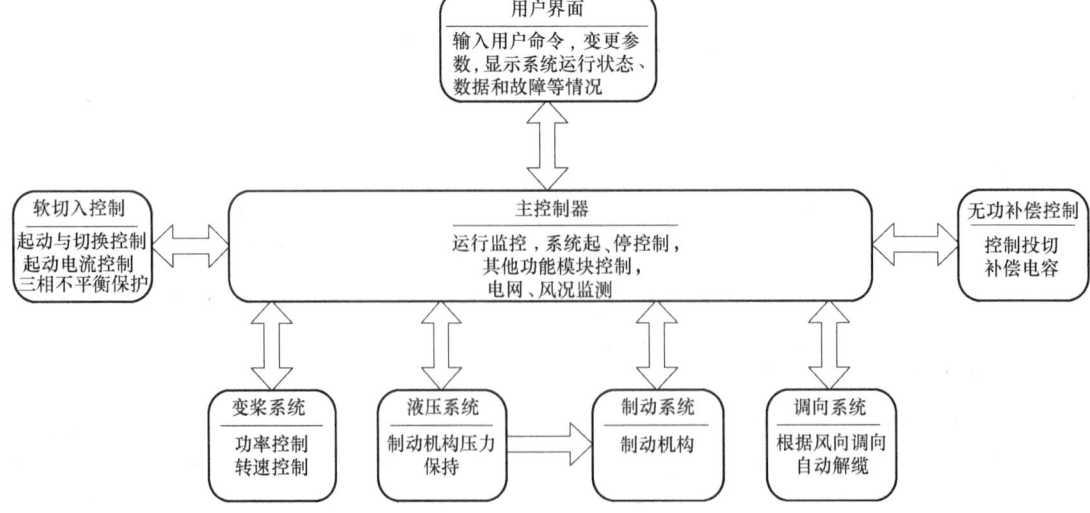

图 8-3　机组主控制系统控制切换

项目八　电气控制系统维护检修

（1）主控制　主控制是机组可靠运行的核心。控制内容包括690V主电源接入与分配、电网测量、变压器、人机界面、主控制器、UPS（Uninterruptible Power Supply，不间断电源）、风场通信和塔底数据采集等。机组主控制系统控制切换如图8-3所示。

机组工作状态包括运行、暂停、停机和紧急停机（急停）等四种形式。每种状态是一个活动层次，运行状态层级最高，紧急停机状态最低。

主控柜上的操作钮包括复位、起动、停机、紧急停机按钮和维护开关，还有各种状态指示灯。如图8-4所示。

紧急停机按钮（emergency stop）：出现特殊情况时，按下紧急停机按钮；此按钮按下后安全链断开，机组在运行状态下将执行紧急停机。

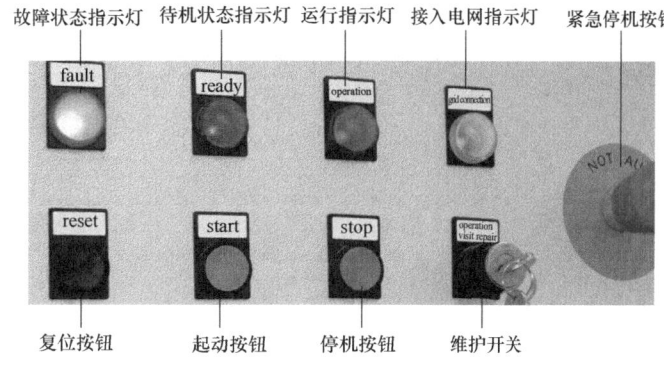

图8-4　机组塔底主控柜上操作按钮

复位按钮（reset）：按下该按钮后，系统的安全链恢复，清除故障反馈信号。与机舱控制柜的复位按钮功能相同。

停机按钮（stop）：手动停机。按下后系统执行正常停机过程。与机舱控制柜的停机按钮功能相同。

起动按钮（start）：手动起动风力发电机组。按下后系统执行风机起动过程。

主控柜上的维护开关功能：风力发电机组停机后，将主控柜上的维护开关的位置扳到visit或repair侧，风机都将进入维护模式。维护模式下，禁止中央监控计算机控制风力发电机组。主控柜上的维护开关如图8-5所示，塔基控制电路接线如图8-6所示。

    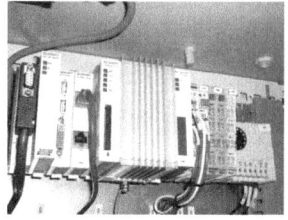

图8-5　机组塔底主控柜维护开关　　　　图8-6　塔基控制电路接线

主控柜人机交互界面——触摸屏主要信息界面，如图8-7所示。

软件界面组成：风机主要信息选项卡；风轮/变桨系统数据选项卡；风轮/变桨系统信号选项卡；变流器/冷却系统选项卡；电机/电网系统选项卡；偏航/液压系统选项卡；环境/机器设备/控制柜选项卡；调试及参数设置选项卡；最近32条故障记录选项卡；均值及故障现场文件查询选项卡。

例如，风机主要信息选项卡，此选项卡包括：常规数据、累计量、风机控制、风机基本

图 8-7 触摸屏主要信息界面

信息、自起动及扭缆状态。通过就地调试与控制按钮可以在风机控制中对机组进行复位、起动和停机等简单的控制。

（2）变流控制　机组变流控制通过变流系统实现。变流器接口接通辅助电源、安全链及其他硬件连接、通信接口。

辅助电源：控制电源，UPS，风扇和加热器电源。

安全链及其他硬件连接：急停输入（干节点）、并网柜与变流器、电网测量（电网侧电压、定子侧电压和定子侧电流）及并网接触器控制（合、断及就绪等）。

通信接口：主控制器和变流器采用现场总线进行通信。

电压和频率固定不变的交流电变换为电压或频率可变的交流电的装置称作变频器，主要由整流（交流变直流）、滤波、逆变（直流变交流）、制动单元、驱动单元、检测单元和微处理单元等组成。变流柜中采用的功率模块一般都是通用变频器，每一个变频器都各自配有一个控制器。这些控制器和功率模块一一对应，相互之间通过光纤和 CAN 总线互连。变流柜上的操作面板如图 8-8 所示，电气开关如图 8-9 所示。

图 8-8　变流柜操作面板

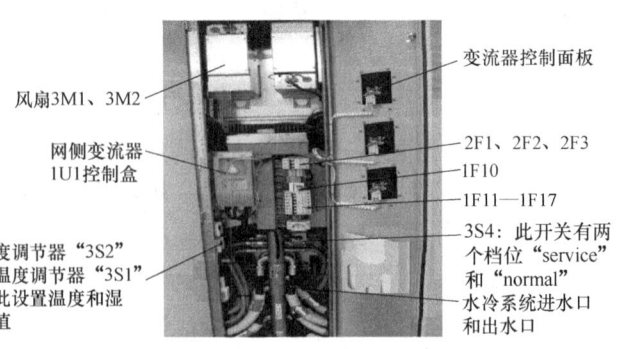

图 8-9　变流柜中的电气开关

从硬件上看，这些控制器的基本配置一致，从控制角度看，电网侧逆变功率模块的控制器是变流器主要的控制核心，通过它变流器完成和风机主控制器之间的信息和命令交互，同时完成对其他控制器的操作。电网侧逆变功率模块、发电机侧整流功率模块之间通过光纤和 CAN 总线连接，而制动功率模块与其他控制器的连接通过 CAN 总线实现。这是因为电网侧逆变功率模块、发电机侧整流功率模块之间需要高速通信以满足系统正常运行所需，而制动功率模块的相应时间可以慢一些。电网侧逆变功率模块的作用是将发电机发出的能量转换为电网能够接受的形式并传送到电网上，发电机侧整流功率模块是将发电机发出的电能转换为直流电能传送到直流母线上，制动功率模块则是在当某种原因使得直流母线上的能量无法正常向电网传递时将多余能量在电阻上通过发热消耗掉，以避免直流母线电压过高造成器件的损坏。

电气控制柜内部构成如图 8-10 所示。变频控制柜如图 8-11 所示。

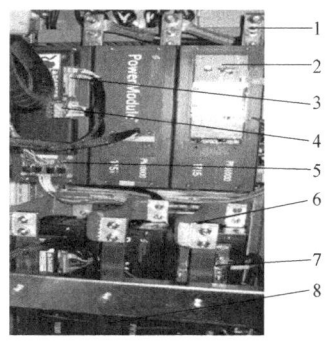

图 8-10 电气控制柜
1—电网侧交流电转换汇流排 2—电源板 3—过速信号 4—电压测量 5—功率测量板 6—交流汇流排 7—发电机侧电源板 8—光纤过速传输光纤

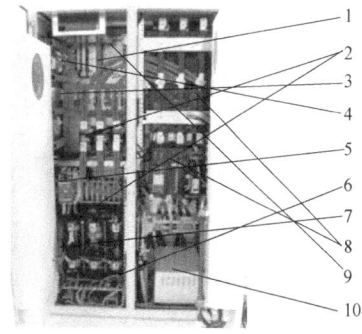

图 8-11 变频控制柜 NCC320
1—晶闸管控制单元 2—滤波电感 3—直流汇流排放电电阻 4—直流汇流排充电接触器 5—转子励磁接触器 6—接地单元 7—冷却水管 8—发电机侧和电网侧变频器 9—管状放电电阻 10—电容

电源控制柜 NCC300 如图 8-12 所示。

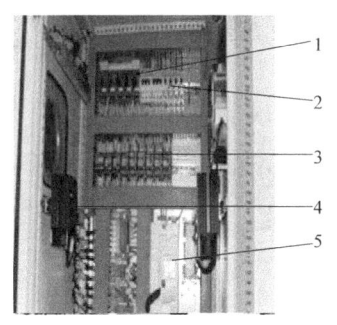 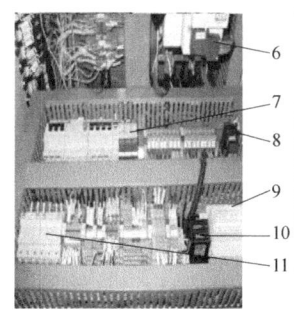 

图 8-12 电源控制柜
1,2—断路器 3—接触器 4—加热器 5—偏航变频器 6—通信线 7—过电压保护 8—电流测量 9—功率测量跑码表 10—控制柜损耗测量模块 11—电网侧电压熔断器 12—发电机侧汇流排 13—定子接触器 14—电网侧汇流排 15—转子励磁汇流排 16—过电流保护

信号控制柜 NCC310 如图 8-13 所示。

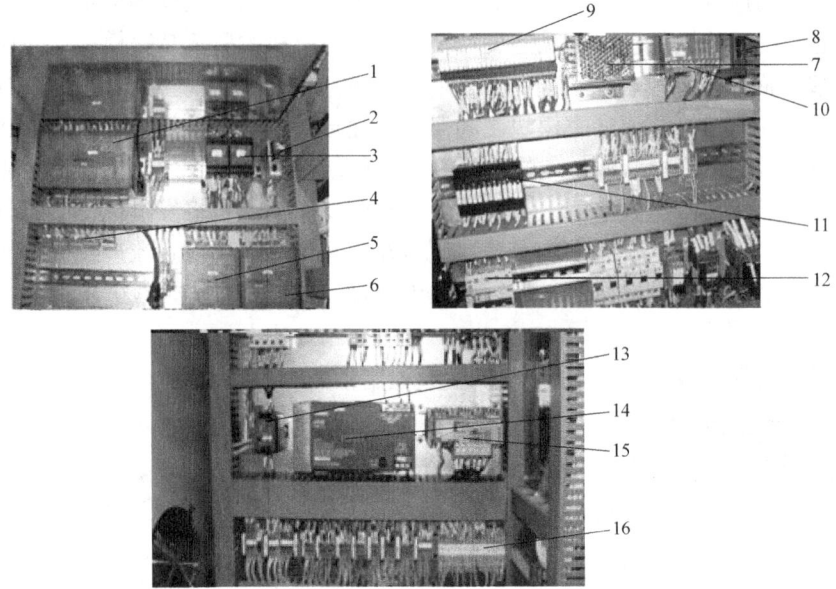

图 8-13　信号控制柜

1—PLC 主站　2—PLC 从站　3—过速继电器　4—风速风向仪转换模块　5—扩张模块
（模拟量）　6—扩张模块（数字量）　7—变压器 DC 24V/DC 5V　8—以太网模块（上下通信）　9—继电器
10—存储继电器　11—熔断器　12—控制柜主电源断路器　13—PULS 电源
（AC 230V/DC 24V）　14—变压器（DC 560V/DC 24V）　15—电感　16—浪涌保护器

变流器元件散热通常是通过一套强制水冷系统实现的。水冷的优点是水的比热容大，同样体积的水和空气，在同样温升下，水吸收的热量大。同时，柜体采用散热管道铺设方式散热，有利于集中把热量排出塔架，也解决了塔架内部噪声大的问题。缺点是柜体结构较复杂，制造成本大。图 8-14 所示是变流器水冷控制柜，水冷系统如图 8-15 所示，图 8-16 所示为变流器水冷系统的散热风扇。

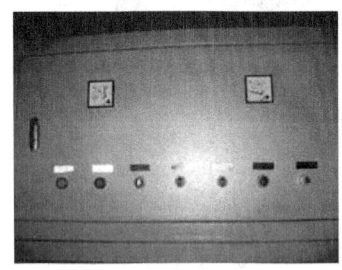  

图 8-14　水冷控制柜　　图 8-15　变流器水冷系统结构简图　　图 8-16　水冷系统的散热风扇

风力发电机组变流装置除水冷系统以外，变流柜内部通常还有一套风冷却系统。变流器风冷系统结构如图 8-17 所示。风冷方式的优点是结构简单，缺点是散热效率低。

2. 机舱电气控制

风力发电机组机舱控制柜位于机舱内后侧，主要是实现机舱内就地控制，控制内容包括

图 8-17 变流器风冷系统结构简图

传感器接入、执行部件控制、数字电源、数字量与模拟量 I/O、安全链系统、变桨系统通信、变压器及人机界面等。当机舱控制柜与塔底控制柜执行相同功能时，机舱控制柜优先级高于塔底控制柜。机舱控制柜外形如图 8-18 所示。

机舱控制柜上按钮的功能：

紧急停机按钮（emergency stop）：出现特殊情况时，按下紧急停机按钮；此按钮按下后安全链断开，机组在运行状态下将执行紧急停机。

复位按钮（reset）：按下该按钮后，系统的安全链恢复，清除故障反馈信号。与塔底控制柜的复位按钮功能相同。

停机按钮（stop）：手动停机。按下后系统执行正常停机过程。与塔底控制柜的停机按钮功能相同。

风力发电机组机舱维护控制手柄如图 8-19 所示，其功能如下：在风机处于维护状态时，通过维护控制手柄上的 Yaw 旋钮控制风机向左或向右偏航；通过维护控制手柄上的 Pitch 旋钮控制风机的三个叶片同时向 0°或 90°变桨；通过维护控制手柄上的 Service brake 按钮控制发电机锁定液压闸的动作，进行发电机的锁定工作。维护控制手柄上的红色停机按钮、绿色起动按钮控制风机的正常停机和起动。

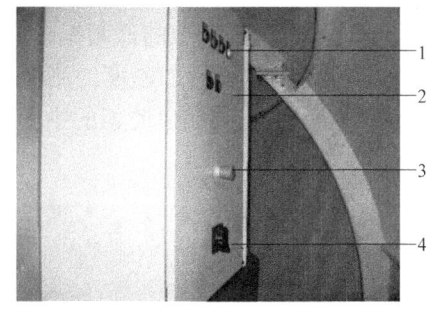

图 8-18 机舱控制柜
1—状态指示灯 2—停机和复位按钮
3—紧急停机按钮 4—机舱电源开关

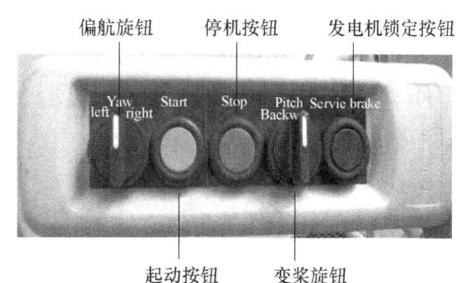

图 8-19 机舱维护控制手柄

3. 变桨电气控制

机组变桨控制柜主要是对机组风轮的运行进行控制。在触摸屏主要信息界面上显示实时的风轮变桨温度数据、变桨角度数据和变桨电源数据。这些数据中包括变桨电动机的温度、变桨电容的温度、变桨柜的温度、变桨逆变器的温度、变桨电源 NG5 的温度、叶片角度、叶片的变桨速度、变桨高电压信号、变桨低电压信号和变桨充电电流。风电机组变桨控制柜如图 8-20 所示。

图 8-20　机组变桨控制柜
1—手动/自动切换开关　2—0°/90°变桨方向选择旋钮　3—电源开关

4. 传感器元件及检测模块

（1）机舱位置检测传感器　机舱位置检测传感器如图 8-21 所示，用于控制工业机械设备运动部分，旋转比率范围从 1∶1 到 1∶969，由输入轴和输出轴之间的不同的齿轮组合决定。传送和齿轮驱动轴是用不锈钢制造的，可以防止氧化和磨损。齿轮和传动轴衬套用自动润滑的热塑材料制成。

机舱位置检测传感器固定在机舱的底座上，靠近偏航轴承的外齿圈，如图 8-22 所示。在机舱位置传感器的内部有一个电位器，电位器内的滑线触头随凸轮的位置变化进行相应的移动，电阻值也随之发生变化。电阻值的变化引起电压的变化。电压信号被输送到模拟量采集模块中进行变换就得到了机舱位置。

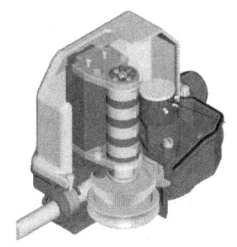

图 8-21　机舱位置检测传感器

图 8-22　机舱位置检测传感器安装位置

（2）机舱加速度传感器　机舱加速度传感器主要用于检测机舱和塔架的低频振动情况，频率范围为（0.1~10Hz），可以同时测量垂直方向两个方位的加速度，加速度的测量范围为（$-0.5g$ ~ $+0.5g$，g 为重力加速度）。其外形如图 8-23 所示，安装在机舱柜的中间，如图 8-24 所示。

图 8-23　机舱加速度传感器

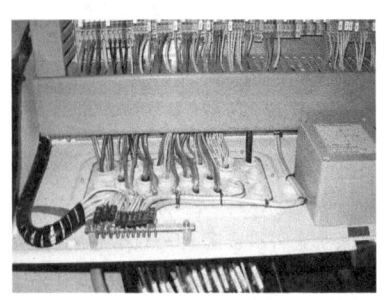

图 8-24　机舱加速度传感器安装位置

（3）接近开关　接近开关外形如图 8-25 所示。其工作原理：接近开关可以无损不接触地检测金属物体。通过一个高频的交流电磁场和目标体相互作用实现检测。接近开关的磁场是通过一个 LC 振荡电路产生的，其中的线圈为铁氧体磁心线圈。采用特殊的铁氧体磁心使接近开关能够抗交流磁场和直流磁场的干扰。安装位置如图 8-26 所示。

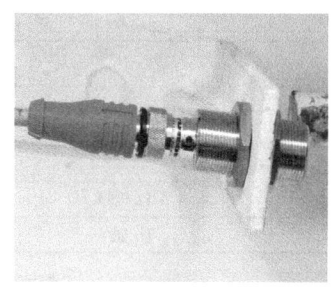
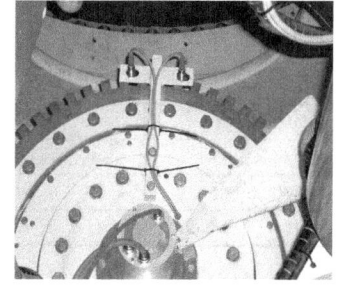

图 8-25　接近开关　　　　　　　　图 8-26　接近开关安装位置

（4）风向标和风速仪　风向标和风速仪外形如图 8-27 所示，它们均安装在机舱上方。测风装置如图 8-28 所示。

风向标安装在机舱顶部两侧，主要测量风向与机舱中心线的偏差角。一般采用两个风向标，以便互相校验，排除可能产生的错误信号。控制器根据风向信号，起动偏航系统。当两个风向标不一致时，偏航会自动中断。当风速低于 3m/s 时，偏航系统不会起动。

风力发电机组应有两个可加热式风速仪。在正常运行或风速大于最小极限风速时，风速仪程序连续检查和监视所有风速仪的同步运行。计算机每秒采集一次来自于风速仪的风速数据；每 10min 计算一次平均值，用于判别起动风速和停机风速。测量数据的差值应在差值极限 1.5m/s 以内。如果所有风速仪发送的都是合理信号，控制系统将取一个平均值。

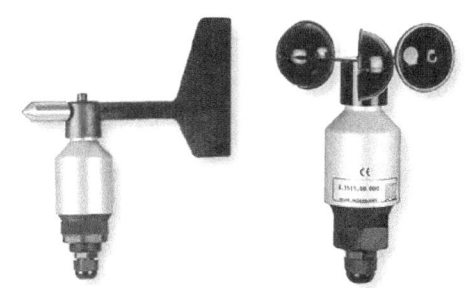
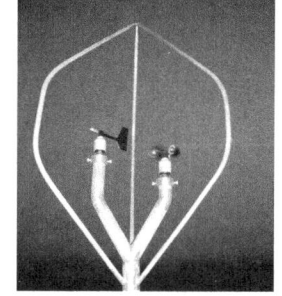

图 8-27　风向标和风速仪　　　　　　图 8-28　测风装置

风向标和风速仪的技术数据见表 8-1。

表 8-1　风向标和风速仪的技术数据

仪器	风向标	风速仪
测量范围	0 ~ 360°	0.7 ~ 50m/s
准确度	±2%	±2%
分辨率	5.6°	<0.02m/s
起始值	<0.7°	<0.7m/s
输出	0(4) ~ 20mA = 0 ~ 360° 最大负载:600Ω	0(4) ~ 20mA = 0 ~ 50m/s 最大负载:600Ω
应用范围	温度：-30 ~ +70℃；风速 0 ~ 60m/s	

(5) 行程限位开关　行程限位开关的相关参数见表 8-2，技术数据见表 8-3。

表 8-2　行程限位开关的相关参数

触头类型	开关功能	触头开关	类型	最大电压/V	最大恒流/A
接通 & 断开	常闭	3 个常闭	A3Z	400	6

表 8-3　行程限位开关的技术数据

最大电压(AC)/V	400	工作温度/℃	−30 ~ +80
持续电流/A	5	标准执行机构形态	C
最大开关频率/(1/min)	100	认证	UL,CSA
机械寿命-开关动作次数	106	质量/kg	0.16

行程限位开关的外形如图 8-29 所示，安装位置如图 8-30 所示。

图 8-29　行程限位开关

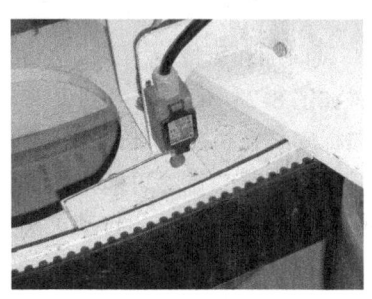

图 8-30　行程限位开关安装位置

(6) 振动开关　振动开关如图 8-31 所示。

振动开关也叫振动传感器，是感应振动力大小并产生触发动作而将感应结果传递到电路装置，并使电路起动工作的电子开关。其主要零件有导电振动弹簧、开关本体、触发接脚和封装剂等。

振动开关的主要原理是：导电振动弹簧同触发接脚被精确安放在开关本体内、并通过胶粘剂粘接固化定位，不受振动时导电振动弹簧和触发接脚间是不导通的，受到振动后，导电振动弹簧抖动接触到触发接脚从而通电产生触发信号。

(7) 温度传感器（Pt100）　温度传感器（Pt100）如图 8-32 所示。这种温度传感器是利用导体铂（Pt）的电阻值随温度的变化而变化的特性来测量温度的。通常这样的温度传感器可以测量 −200 ~ 500℃ 的范围，而且在这个温度范围下，铂的电阻值和温度具有良好的线性关系。

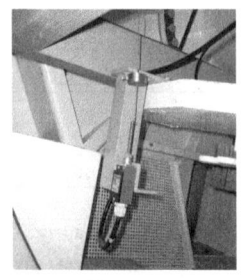

图 8-31　振动开关

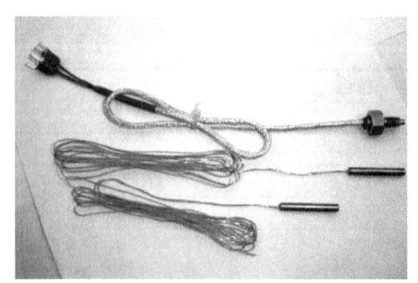

图 8-32　温度传感器

项目八　电气控制系统维护检修

(8) 扭缆开关　扭缆开关如图 8-33 所示,安装位置如图 8-34 所示。

扭缆开关是通过齿轮咬合机械装置将信号传递给 PLC 进行处理和发出指令进行工作的。除了在控制软件上编入调向计数程序外,一般在电缆处安装行程开关,当其触头与电缆束连接,并且电缆束随机舱转动到一定程度时即起动开关。

图 8-33　扭缆开关

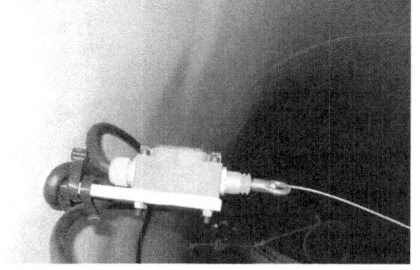
图 8-34　扭缆开关安装位置

(9) 旋转编码器　旋转编码器外形如图 8-35a 所示,内部结构如图 8-35b 所示。

偏航旋转编码器是一个绝对值编码器,可以准确记录偏航位置。因为绝对值编码器是由机械位置决定的每个位置的唯一性,它无需记忆,无需找参考点,而且不用一直计数,什么时候需要知道位置就去读取。因此,其抗干扰特性和数据的可靠性很高。

a) 旋转编码器外形

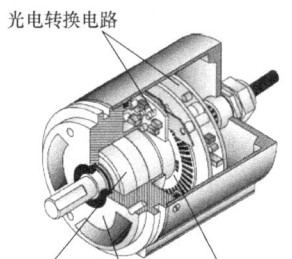
b) 旋转编码器内部结构

图 8-35　旋转编码器外形及内部结构图

(10) 发电机过电流保护模块　发电机过电流保护模块如图 8-36 所示。发电机过电流保护模块具备如下功能:

1) 判断是否出现某相过电流的情况,若出现,则继电器动作,从而间接保护变流器。

2) 判断是否出现三相电流不平衡,若出现,则继电器动作,从而间接保护变流器。

每个发电机过电流保护模块还需要和三个电流传感器配合使用。与发电机过电流保护模块相配套的霍尔电流互感器如图 8-37 所示。发电机过电流保护模块的安装位置如图 8-38 所示。

(11) 发电机转速测量模块　在 1500kW 风电机组发电机转速测量及过速保护上,一般都设计两套各自独立的检测系统。其中一套是使用 1 个 Gspeed 模块及两个 Gpulse 模块构成的转速测量系统,Gpulse 测量发电机电压信号频率,输出 24V 的脉冲列,Gspeed 将脉冲转换为转速对应的电压模拟量输出（0~10V），送至风机主控制系统，并由主控制系统软件计算发电机转速。Gspeed模块还负责连接机舱位置检测传感器，得到判断偏航位置的信号送至主控制系统。另外Gspeed模块输出的转速，在主控程序中与Overspeed模块得到的两个转速值比较，达到发电机转速相互检查的目的。发电机转速测量模块如图8-39所示。

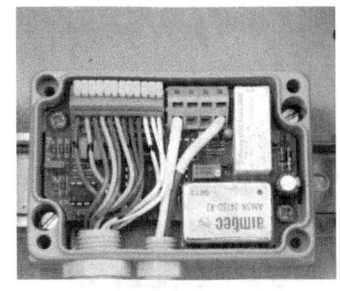
图8-36　发电机过电流保护模块

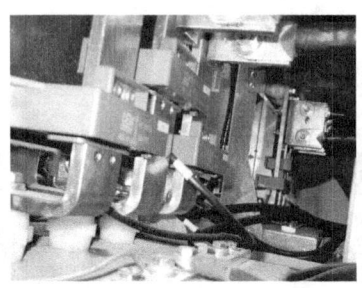
图8-37　霍尔电流互感器

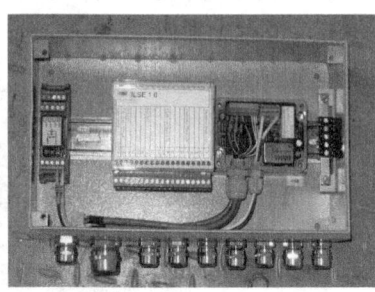
图8-38　发电机过电流保护模块安装位置

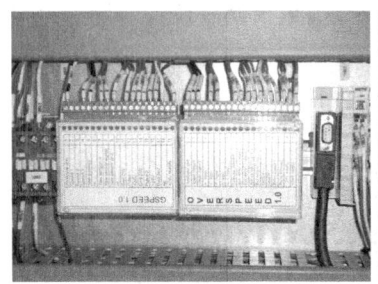

图8-39　发电机转速测量模块

另一套是使用两个相互独立的接近开关传感器，并对同一个（齿数为60齿的）齿盘通过数齿来进行转速检测。接近开关输出占空比为50%、峰-峰值为24V（DC）的频率信号，这个频率信号再送入1个Overspeed模块，并由该模块判断发电机转速是否超过设定保护值。若发电机转速超过设定保护值，模块将输出干结点信号。该干结点信号在主控制系统中嵌入在系统安全链内，从而导致系统安全链动作，从而达到发电机过速保护的目的。Overspeed模块输出两路发电机当前转速对应的电压模拟量，送至主控制系统，由主控制系统转换为转速，并对比Gspeed模块输出的发电机转速。当对比差值达到设定值即报"转速对比错误"，从而达到发电机转速相互检查的目的。

5. 机组安全保护系统

风电机组整个运行过程都处于主控PLC严密控制之中。在机组发生超常振动、过速、电网异常及出现极限风速等故障时保护机组。对于电流、功率保护，采用两套相互独立的保护机构，在电网电压过高、风速过大等不正常状态出现后保护机组。电气控制系统会在系统恢复正常后自动复位，机组重新起动。

安全链保护是独立于计算机控制系统之外的软硬件安全保护系统，采用反逻辑设计，将可能对风电机组造成致命伤害的故障节点串联成一个回路：紧急停机按钮（控制柜）、发电机过速模块（开关）、扭缆开关、来自变桨安全链的信号、紧急停机按钮（机舱）、振动开关、PLC 过速信号、总线正常信号，一旦其中一个动作，将引起紧急停机过程，使主控制系统和变流系统处于闭锁状态。

一级安全链：紧急停机，切断辅助电源。

二级安全链：紧急停机。

振动开关安装在机舱底板上。当机舱底板出现过大振动时，该装置会向控制器发出一个信号，安全链断开，风电机组执行紧急停机并给出故障信息。

软件故障处理：故障动作、故障级别。

故障动作：降功率运行、自由转动、制动刹车。

故障级别：自复位、手动复位、本地复位。

过速保护通过过速保护模块控制，风轮转速（即发电机转速）超过一定范围时，过速保护模块内的继电器触点断开，使安全链断开。

扭缆开关是用来保护电缆的，当电缆向同一方向累计扭转超过设定圈数时扭缆开关动作，安全链断开。

当变桨系统出现故障时，来自变桨安全链的信号消失，安全链断开。

6. 机组中央监控

风力发电机组中央监控实物连接如图 8-40 所示。

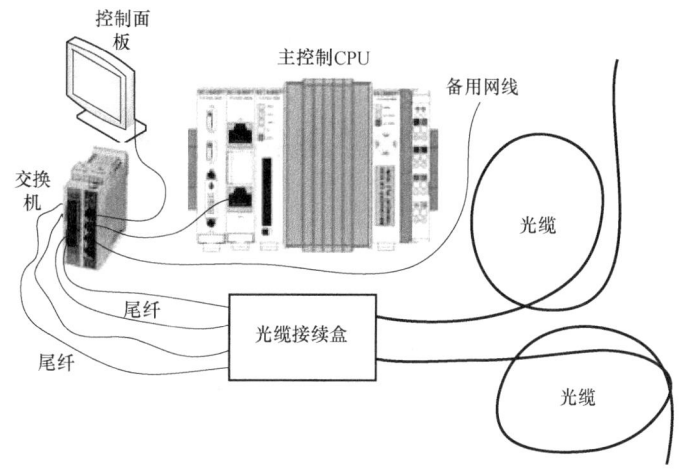

图 8-40 监控连接形式

（1）中央监控功能

1）控制功能：机组控制功能实现远程停机、复位、起动和偏航的命令。

2）数据收集功能：数据收集功能实时读取就地控制系统的数据。

3）数据管理并制成相应表格功能：数据管理并制成相应表格功能形成各种曲线，制作日报表、月报表、年报表，并通过数据对风机运行状况进行分析。

（2）中央监控的实现方式 风力发电机组就地监控网络如图 8-41 所示。

数据通信接口：TCP/IP 网络接口。

数据通信方式：中央监控为主站，就地控制器为从站。采用主轮询方式读取数据。

通信介质：风机和风机之间、风机到中央监控之间均采用光纤介质。

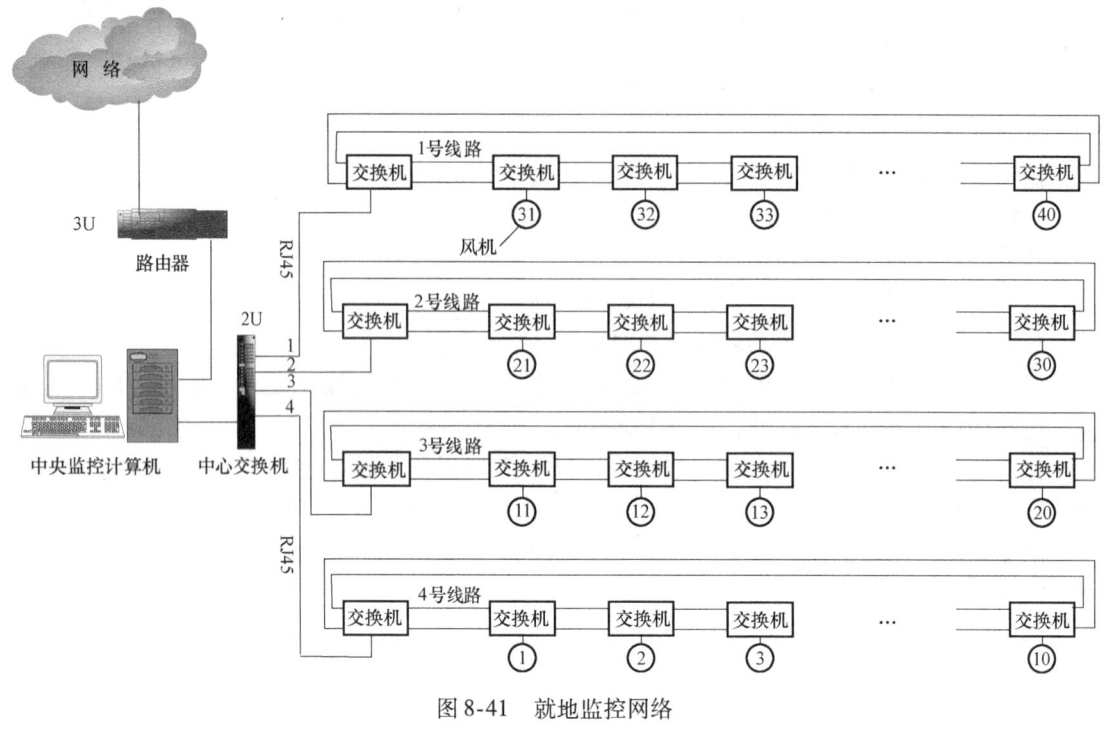

图 8-41 就地监控网络

任务1 风电机组电气控制系统的维护与测试

任务描述

大型风力发电机组基本是微机全自动控制，巡视检查与定期维护很重要。本任务就是指导学生在学习了有关机组电气控制系统的相关知识后，对系统运行及有关控制元件实施检查维护，并对部分机构及元件进行相关的功能测试。

任务实施

1. 机组电气控制系统的维护

1）系统参数设定检查。检查机组电气控制系统参数设定是否与最近参数列表一致。用手提计算机通过以太网与机舱 PLC 连接，打开风机监控界面，进入参数界面观察参数设定。

2）电缆及附件检查。观察所有连接电缆及附件有无损坏及松动现象；目测观察电缆及附件有无破坏和损伤现象，并用手轻微拉扯电缆看是否有松动现象。

3）控制柜及内部接线检查。检查机舱控制柜安装及内部接线牢固情况。目测观察及用手触摸整个柜体是否有松动现象及内部元器件的固定是否牢靠，接线是否有松动；目测检查柜内是否干净或有遗留碎片，如有遗留碎片，应清理干净。

4）振动传感器可靠性及安全性检查。用手提计算机通过以太网与机舱 PLC 连接，打开机组监控界面,在风小的情况下偏航,在界面上可以看到由于偏航引起的振动位移情况。

5)通信光纤检查。检查通信光纤通信是否正常,外观是否完好。目测检查光纤的外护套是否有损坏现象,是否存在应力,特别是拐弯处。

6)烟雾探测装置检查。检查烟雾探测装置功能是否正常。用香烟的烟雾或一小片燃着的纸来测试烟雾传感器,如果其工作正常的话,风机将紧急触发,紧急变桨动作。

7)风速、风向传感器功能及可靠性检查。目测观察是否清洁,是否有破损现象;转动风杯和风向标是否顺畅;用万用表测量风速风向加热器的电源是否正常。

2. 控制柜的检查维护

1)检查 PE 与 TBC100 内的 X100.5 端子的连接情况。

2)检查主要电气元件外观。

3)检查开关、继电器等装置部件是否完好,功能是否正常。

4)检查柜内所有线路是否有松动及磨损,检查接线端子、模板是否松动、断线,要完全紧固,特别注意机舱与塔基的通信线;重点检查变频器接线插头以及光纤。

5)检查柜内所有屏蔽线及与 PE 是否可靠连接。

6)测试塔基柜内加热器是否正常,24V 熔断器熔丝备用是否齐全。

7)检查箱体固定、密封情况,应牢固、密封良好。

3. 机组电气检查与测试

(1)箱式变压器检查　目检箱式变压器(简称箱变)内是否有动物踪迹或残留的金属导电物;检查低压侧的所有电气连接是否接触良好。

绝缘电阻测试:使用 DC 1000V 的绝缘电阻表测量 AC 690V 电路上的电阻,正常值应大于 $1M\Omega$;在 AC 400V 和 AC 230V 电路上用 DC 500V 绝缘电阻表测绝缘电阻,正常值应大于 $0.5M\Omega$。

(2)接地连接检查　检查塔架内接地线是否连接紧固;箱变接地线与塔架底部接地排是否接触良好;塔基柜接地线与塔架底部接地排是否接触良好;机舱内接地线连接是否完好;检查 PE 与发电机机座、电池柜、齿轮箱、齿轮箱油泵、变桨控制柜及防雷电刷的连接。

(3)偏航系统检查　检查偏航电动机接线是否牢固;检查偏航计数器(限位开关)接线是否牢固;检查风速风向仪的固定和接线盒中的接线;测试风速风向加热器是否正常。

(4)发电机检查　检查发电机定子、转子接线是否有松动以及电缆磨损;检查与 PE 的所有连接;检查发电机编码器是否松动;检查自动加脂机是否工作正常;检查发电机集电环上电刷磨损程度及固定是否牢固。

(5)轮毂内检查　轮毂内接地检查;检查电缆的固定以及磨损情况;检查屏蔽线及与 PE 的连接;检查主要电气元件外观;检查所有电气元件是否安装牢固;检查柜内所有线路是否有松动及磨损,加以紧固。

(6)急停按钮测试　测试机舱柜上的急停按钮;测试齿轮箱右侧的急停按钮;测试齿轮箱左侧的急停按钮;测试塔基柜的急停按钮;检查齿轮箱左右两侧接线盒中的接线。

(7)不间断电源(UPS)测试　断开电源,如果 PLC 保持激活状态,则机舱 UPS 工作正常;对照机舱的实际绝对位置与断电前记录;检测塔基柜 UPS 工作情况。

(8)齿轮箱传感器测试　测试油位传感器、油温传感器、油压传感器、油过滤器压力开关、齿轮箱轴承温度传感器及 Pt100 等。

（9）制动器检查　当制动器打开时，测试制动盘报警功能；测试制动盘故障；测试制动器调节功能；测试制动器的压力信号。

（10）机舱加热器测试　检查机舱加热器控制柜接线；检查机舱加热器风扇是否旋转并且转向是否正确；测试机舱加热器能否正常工作。

（11）安全链测试　按下任何紧急停机按钮，响应故障；断开 24V 超速继电器，响应故障；触发振动开关，响应故障；断开继电器的电源，响应故障；切断机舱和轮毂之间的 CAN 母线接头，响应故障。

任务2　风电机组电气控制系统部件拆换

任务描述

在风电场运行工作中，要时刻关注风力发电机组电气控制系统部件的正常工作效能，出现破损报废或使用期限到期的元件要及时更换，以确保机组正常运行。本任务就是指导学生对熔断器或熔体、接触器、Pt100、管状电阻及系统故障模块进行正确的拆卸与更换。

任务实施

1. 拆换电气控制系统熔断器

（1）拆换 8A 熔断器

1）将风电机组打到服务模式，风电机组由"远程允许"切换至"远程禁止"，拉开风电机组 NCC300 柜 400V 开关。

2）用万用表检测新 8A 熔断器电阻，确认无误后继续下一步骤。

3）将 NCC 300 柜内 8A 熔断器取出，将新熔断器换上。控制柜内熔断装置如图 8-42 所示。

4）检查 NCC 320 柜预充电单元三相整流桥是否被击穿，若被击穿则务必更换。

5）通电服务模式下将故障复位，自动模式下进行自检测试。

（2）拆换 350A 熔体　拆换 350A 熔断器步骤：

1）将风电机组打到服务模式，风电机组由"远程允许"切换至"远程禁止"。

2）拉开箱变 690V 和机组 NCC300、NCC310 柜 400V 开关。

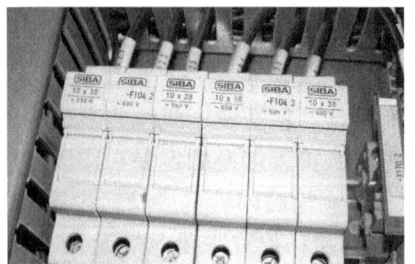

图 8-42　控制柜内熔断装置

3）测量轮毂高度风速，需保证 5min 平均风速低于 12m/s。

4）拆除与熔断器辅助触点连接的所有接线端子，并记录对应接线端子的线号，避免恢复接线时出现误接。

项目八 电气控制系统维护检修

5）使用 13mm 棘轮将熔断器与铜排连接的螺栓拆除。

6）将旧熔断器平行取出。

7）用万用表检测新 350A 熔断器的电阻，确认无误后将合格的熔断器换上。

8）使用棘轮将熔断器与铜排连接的螺栓拧紧。

9）把拆除的接线准确无误地连接好，如图 8-43 所示。

10）通电服务模式下将故障复位，自动模式下进行自检测试。

图 8-43　安装 350A 熔断器

2. 拆换 NCC 310 柜 400V 接触器

接触器的拆卸和安装步骤：

1）将风电机组打到服务模式。

2）风电机组由"远程允许"切换至"远程禁止"。

3）拉开风电机组 NCC300、NCC310 柜 400V 开关，如图 8-44 所示。

4）用十字螺钉旋具将接触器上的所有线拆除，拆除时注意记录接线顺序。

5）用螺钉旋具轻轻撬下接触器，注意不要使接触器损坏。

6）将新的接触器用螺钉旋具再轻轻地装到原来的位置，并固定好，如图 8-45 所示。

图 8-44　主电源开关

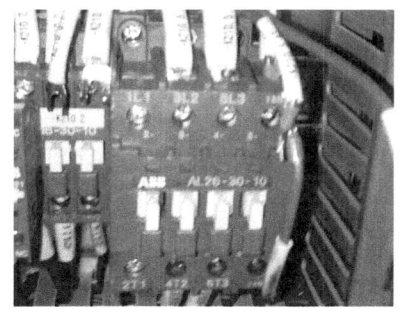

图 8-45　NCC310 柜 400V 接触器

7）按照原来的接线顺序把连接导线用十字螺钉旋具接好，要确保每根接线连接牢固。然后检查接线是否正确，连接无误后送电。

8）复位故障，用万用表检查接触器是否安装完好。

3. 拆换 NCC300 柜 Pt100

拆换 NCC300 柜 Pt100 步骤：

1）将风电机组打到服务模式，风电机组由"远程允许"切换至"远程禁止"。

2）拉开风电机组 NCC300、NCC310 柜 400V 开关。机组 NCC300 柜内接线如图 8-46 所示。

3）用小十字螺钉旋具将 Pt100 盖子上的螺钉卸掉，将盖子拆除。

4）用小十字螺钉旋具将 Pt100 盒子内压线螺钉旋起，将电源线拆除，取出待换的 Pt100。

5）用万用表检测新 Pt100 的电阻，确认无误后将新的 Pt100 换上，如图 8-47 所示。

6）通电，观看 PLC 检测温度和红外测温仪的数据对比，数值相近则为正常。

· 167 ·

图 8-46　机组 NCC300 柜

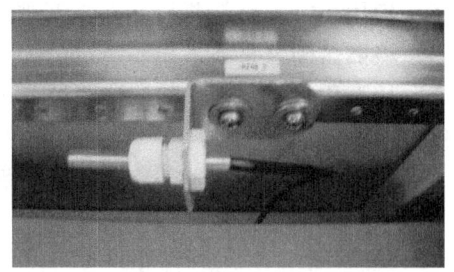

图 8-47　NCC300 柜 Pt100

4. 拆换风速仪转换模块

拆换风速仪转换模块步骤：

1）将风电机组打到服务模式，风电机组由"远程允许"切换至"远程禁止"。

2）拉开风电机组 NCC300、NCC310 柜 400V 开关。

3）用小十字螺钉旋具将风速仪转换模块接线端子拆除，并记下线号。风速仪转换模块如图 8-48 所示。

4）用十字螺钉旋具将风速仪转换模块从支架上卸下，将新模块用相反的方式换上。

5）用小十字螺钉旋具将接线端子插上。

6）机舱控制柜上电，观看模块的信号指示灯：红灯闪烁，绿灯常亮；观看控制面板风速显示正常。

5. 拆换管状电阻

拆卸管状电阻步骤：

1）将风电机组打到服务模式，风电机组由"远程允许"切换至"远程禁止"。

2）拉开箱变 690V 和风电机组 NCC300、NCC310 柜 400V 开关。

3）用十字螺钉旋具打开 NCC320 控制柜盖板。

4）用 8mm 呆扳手拆下管状电阻接线和固定架子，如图 8-49 所示。

5）装上新的管状电阻并恢复接线。

6）合上 400V、蓄电池 400V 和箱变 690V 开关。

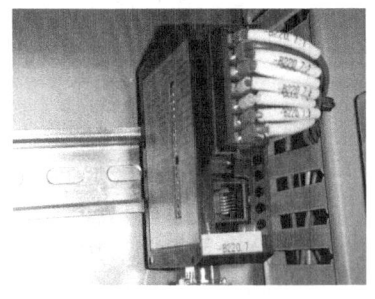

图 8-48　风速仪转换模块

图 8-49　管状电阻装置

6. 拆换 PLC 及所属模块

拆换 PLC 及所属模块的步骤：

1）将风电机组打到服务模式，风电机组由"远程允许"切换至"远程禁止"。

2）拉开风电机组 NCC300、NCC310 柜 400V 开关。

项目八 电气控制系统维护检修

3)测量轮毂高度风速,需保证5min 平均风速低于12m/s。

4)打开 NCC310 柜子门。

5)拆掉 PLC 模块上的接线,用螺钉旋具将 PLC 取下来,如图 8-50 所示。

6)将新的 PLC 换上,连接所有接线并送电。

7)用计算机传入程序,查看是否正常,如无问题则起动机器。

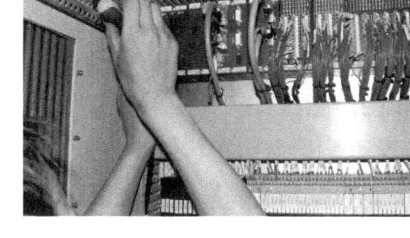

图 8-50 机组 PLC 及所属模块

8)更换 PLC 所属模块同上,不用转入新的程序。

任务3 风电机组电气控制系统故障与防护

任务描述

风电机组虽然是全自动控制系统,但在长期的户外运行中其电气控制系统的相关组成部件会经常出现异常与故障。为了减小故障率,防护工作是很必要的。本任务是分析与处理比较常见的电气控制系统故障,同时提出切实可行的防护建议。

任务实施

1. 电气控制系统的常见故障

(1) 电气故障 电气故障主要是指电气装置、电气电路和连接、电气和电子元器件、电路板以及接插件所产生的故障。例如:输入信号电路脱落或腐蚀;控制电路、端子板及母线接触不良;执行输出电动机或电磁铁过载或烧毁;保护电路熔丝烧毁或空气断路器过电流保护;热继电器、中间继电器及控制接触器安装不牢,接触不可靠,动触头机构卡住或触头烧毁;配电箱过热或配电板损坏;控制器输入输出模板功能失效、强电烧毁或意外损坏。

(2) 传感器故障 该类故障主要是指机组控制系统的信号传感器所发生的故障。例如:风速仪、风向标的损坏;温度传感器引线振断、热电阻损坏;磁电式转速电气信号传输失灵;电压变换器和电流变换器对地短路或损坏;速度继电器和振动继电器动作信号调整不准或给激励信号不动作;开关状态信号传输线断开或接触不良造成传感器不能工作等。

(3) 变频器相关故障

1)起动变频器到电网侧同步,变频器状态为故障,可能是由于更换电网侧接触器故障或使用型号错误。

2)PLC 主站指示灯不闪烁:为变频器通信故障,应检查线路连接,包括 24V 供电线路连接及与 PLC 的通信线路;检查通信光纤是否有光信号,没有光信号的光纤所连变频器为故障变频器。

3)变频器运行几十秒后直流母线电压突升:为变频器 IGBT 故障,应连接 PLC,检查是否为发电机侧连带故障，再测量电网侧 IGBT 导通性，若阻值小于 100kΩ，说明变频器故障。

4）变频器电源板故障：变频器自检不通过，继电器指示灯不正常。该问题可能是由于输出 24V 线路虚接或变频器大电路板故障导致。可以通过紧固输出 24V 线路或更换变频器大电路板排除故障。

5）变桨变频器通信指示灯不闪烁：应检查偏航及三个变桨变频器通信开关设置；检查 PLC 从站到各个变桨变频器的通信电缆；如果偏航也没通信，检查从站 PLC 至偏航通信板线路连接是否正确、从站 PLC 的 CAN-open 配置是否正确。

6）变桨通信故障代码随机变化，不固定：应检查偏航及三个变桨变频器通信开关设置；检查 PLC 从站到各个变桨变频器的通信电缆。若线路正常可判断为集电环损坏，传输信号失真。

（4）并网时不能同步 当轮毂转速大于 1750r/min，变频器没有到同步或变频器同步时间超过 20s 没有得到并网反馈时，故障产生。引发变频器不同步故障的原因可归为以下四类：

1）控制、检测相关线路故障：用万用表分别检测定子接触器 AC 230V 和 DC 24V 控制回路以及闭合反馈线路连接是否有断路、虚接现象。检查线路中的控制继电器是否有损坏。检查变频器电网侧和发电机定子侧电压电流检测回路是否有松动或接线错误。检查发电机定、转子电缆相序是否有接错（一般在调试和更换发电机、变频器及集电环时有可能发生此情况）。可用示波器进行电网侧和发电机定子侧电压和频率监测。

2）变频器功率输出故障：用万用表在风机并网时检测发电机侧变频器第 2 号端口是否有 24V 输出，如果没有 DC 24V 输出，则可能是变频器内部故障或发电机故障。可以用示波器检测电网电压和发电机定子电压和频率，观察其波形，如果电网侧和定子侧的电压、频率和相位已同步，则基本可以确定故障点在发电机侧变频器，此时需更换发电机侧变频器。

3）定子接触器/断路器故障：用万用表在风机并网时检测发电机侧变频器第 2 号端口是否有 24V 输出，为了安全起见，可用导线并入变频器相应端口将信号引出并进行检测。如果有 DC 24V 输出，则故障点应该发生在定子接触器/断路器。此时可断开机组内 AC 690V 电源，对定子接触器/断路器进行观察和检查，定子接触器的损坏一般为控制板烧毁和接触器吸合接触不良。断路器故障一般有辅助触头、欠电压线圈、闭合线圈、操作机构卡涩等故障，若出现不可修复故障，需更换定子接触器/断路器。

4）发电机故障：用示波器检测电网电压和发电机定子电压和频率，观察其波形，如果电网侧和定子侧的电压、频率或相位不同步，且发电机定、转子相序没有异常，可用电桥进一步检测发电机定、转子绕组内阻，以及检测发电机集电环及电刷装置，根据所测的三相内阻值判断是否存在绕组匝间短路使三相绕组不平衡，也可用同样的方法检查集电环，若出现严重的不可修复故障，应更换发电机或集电环。

（5）其他欠电压或通信线路常见故障

1）PLC 死机或无响应：当对急停回路进行复位时，主站 PLC 和从站 PLC 均发生死机的情况。应检查端子接地情况，检查风速仪接线是否正确。若电网长时间停电再送电后塔基无法起动（交换机指示灯闪烁），而断开其中任何一路 DC 24V 输出可正常起动，此时可以通过手动断开其中任何一路 DC 24V 或更换 UPS 排除故障。

项目八　电气控制系统维护检修

PLC 损坏判断方法：通过检测 PLC 电源接口正负间电阻值，判断 PLC 是否损坏。PLC 电源接口正负间电阻正常情况下应为无穷大，接上线路后电阻值应为 1.2kΩ 左右，若偏小则为异常。

2）控制面板无响应：控制面板无通信，PLC 程序不能启动，但一直显示连接状态，PLC 模块 err 指示灯常亮，通过软件可以将 cfc0 文件及程序写入，但 PLC 程序不能启动，重新登录 PLC 显示内存卡程序丢失。该问题是由于柜内的相关模块损坏导致。

3）急停回路异常：急停回路断开，风机紧急停机，制动器抱死。该问题一般是由于线路虚接或反馈信号电压偏低（低于 20V）导致。可通过以下方法检查：若故障无法复位，检查整个急停回路，寻找断点；若故障能够复位，且时常发生，采用排查方法，将急停回路逐一短接，用排除法确定故障点。通常塔架急停线路损坏，可使用备用线；多功能继电器损坏，需更换；急停或复位回路浪涌保护器损坏，导致回路电压低于 DC 20V，更换浪涌保护器后可消除故障。

4）电池检查故障：若无电池电压检测值，机组无法起动，可能是由于电池电压检测电阻损坏导致，也可能是电池放电接触器没有吸合导致；若电池测试不能通过，则应检查电池测试电阻（100Ω/200W）相关测试元件的好坏，本问题也可能是由于电池本身电压低导致；电池状态显示快充（快速充电），实际接触器不吸合，此时机组报相关故障。

5）接地保护故障：检查汇流排电流互感器接线是否松动或损坏；检查变频器插针是否松动或变频器损坏；检查发电机转子接地，检查发电机有无损坏；检查箱变。

6）一偏航就报故障：应检查机舱到轮毂的通信线，测量 CAN 总线间电阻跳变。

（6）安全链断开，风机停机

1）检查变桨变频器三相对地绝缘电阻，绝缘阻值应足够大。

2）运行变桨系统，观察各个叶片的力矩值。若力矩值过大，需加注变桨轴承润滑剂。凡是无法复位的变桨驱动故障，检查柜内接线之前，应先检查轮毂内所有外接电缆是否紧固。

3）更新变桨变频器程序。

4）检查接近开关线路及轮毂内部卫生。

5）检查叶片限位开关所在线路的电线连接及浪涌保护器。

（7）叶片顺桨，风机停机

1）检查制动器液压油位、压力传感器供电及反馈信号回路。将控制柜门上开关打到手动，手动反复起动制动器，同时测量制动器反馈 DC 24V 信号。制动器打开时，应有反馈 DC 24V 信号。检查制动器压力传感器。

2）检查集电环的固定，支撑杆应紧固，集电环在旋转方向上应能够轻微旋动；检查轮毂编码器线路。

2. 电气控制系统的防护

（1）电气设备的合理使用　元器件要在失效期之前使用，应严格按照其额定工作条件使用，否则其故障率会大大提高。实际应用中，许多硬件故障都是由于使用不当造成的，如将电源加错、将设备放在恶劣环境下工作、在加电的情况下插拔元器件或电路板等。

（2）降低环境因素的影响

1）温度的影响：温度升高，微机系统故障率明显增加。有些元器件，当温度增加10℃

· 171 ·

时，其失效率可以增加一个数量级。温度过低时，也可对控制系统产生影响。为此要增加通风，强制风冷或水冷；温度太低时，要采取相应的保温措施。

2）湿度的影响：湿度过高会使密封不良、气容性较差的元器件受到侵蚀。

3）电源的影响：电源自身的波动、浪涌及瞬时掉电都会对电子元器件带来影响，加速其失效的速度。电源的冲击、通过电源进入微机应用系统的干扰以及电源自身的强脉冲干扰同样会使系统的硬件产生暂时性或永久性故障。

4）振动、冲击的影响：振动和冲击可以损坏系统的部件或者使元器件断裂、脱焊及接触不良。所以要注意检查和防护机架振动装置。

除上述环境因素外，还有电磁干扰、压力及盐雾等诸多因素，这些都可能对机组控制系统的运行和寿命造成影响。所以要采用屏蔽或接地，并且要设法降低湿度、粉尘及腐蚀等的影响。

（3）避免结构及工艺方面的缺陷　由于元器件本身结构不合理或工艺上的原因引起的故障也很多。例如：某些元器件太靠近热源、通风不良，或焊点虚焊、印制电路板加工不良、金属氧化孔断开等工艺原因，都会使系统产生故障。

知识拓展

1. 风力发电机组 VERTECO 控制系统主控制系统简介

风力发电机组 VERTECO 控制系统主控制系统是机组可靠运行的核心，主要完成数据采集及输入、输出信号处理；逻辑功能判定；对外围执行机构发出控制指令；与机舱柜通信，接收机舱信号，并根据实时情况进行判断，发出偏航或液压站的工作信号；与三个独立的变桨柜通信，接收三个变桨柜的信号，并对变桨系统发送实时控制信号控制变桨动作；对变流系统进行实时的检测，根据不同的风况对变流系统输出转矩要求，使风机的发电功率保持最佳；与中央监控系统通信、传递信息等工作。

VERTECO 控制机组自动起动，变流器并网，主要零部件除湿加热，机舱自动跟踪风向，液压系统开停，散热器开停，机舱扭缆和自动解缆，电容补偿和电容滤波投切以及低于切入风速时自动停机。机组实际的物理分布及通信连接如图 8-51 所示。

风力发电机组变桨系统电气控制分布结构如图 8-52 所示。

当前绝大多数风力发电机组的控制系统都采用集散型或称分布式控制系统（Distributed Control System，DCS）。采用分布式控制系统的最大优点是许多控制功能模块可以直接布置在控制对象的位置，就地进行采集、控制和处理，避免了各类传感器、信号线与主控制器之间的连接。同时 DCS 现场适应性强，便于控制程序现场调试，在机组运行时可随时修改控制参数，并与其他功能模块保持通信，发出各种控制指令。DCS 是将风向标，风速计，风轮转速，发电机的电压、频率、电流，电网的电压、电流、频率，发电机和增速箱的温升，机舱和塔架的振动，电缆过缠绕等传感器的信号经过模-数转换输送给微机，由微机根据设计程序发出各种控制指令。控制系统主要硬件放置在开关柜、机舱控制柜和塔基控制柜中。风力发电机组控制系统的微机控制原理如图 8-53 所示。

2. 风力发电机组 PLC 控制系统

PLC（Programmable Logic Controller，可编程序控制器）是一种针对顺序逻辑控制发展

项目八 电气控制系统维护检修

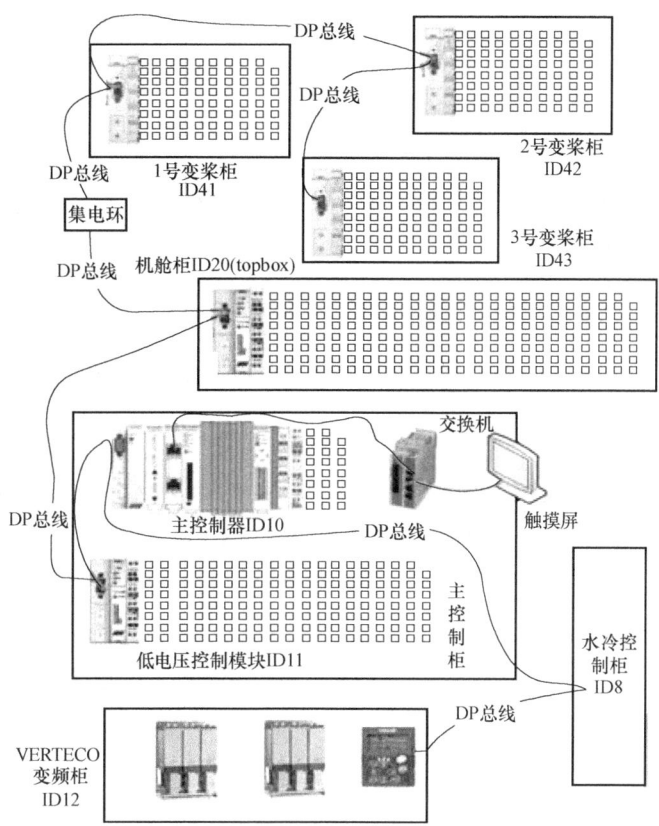

图 8-51 机组实际的物理分布及通信连接

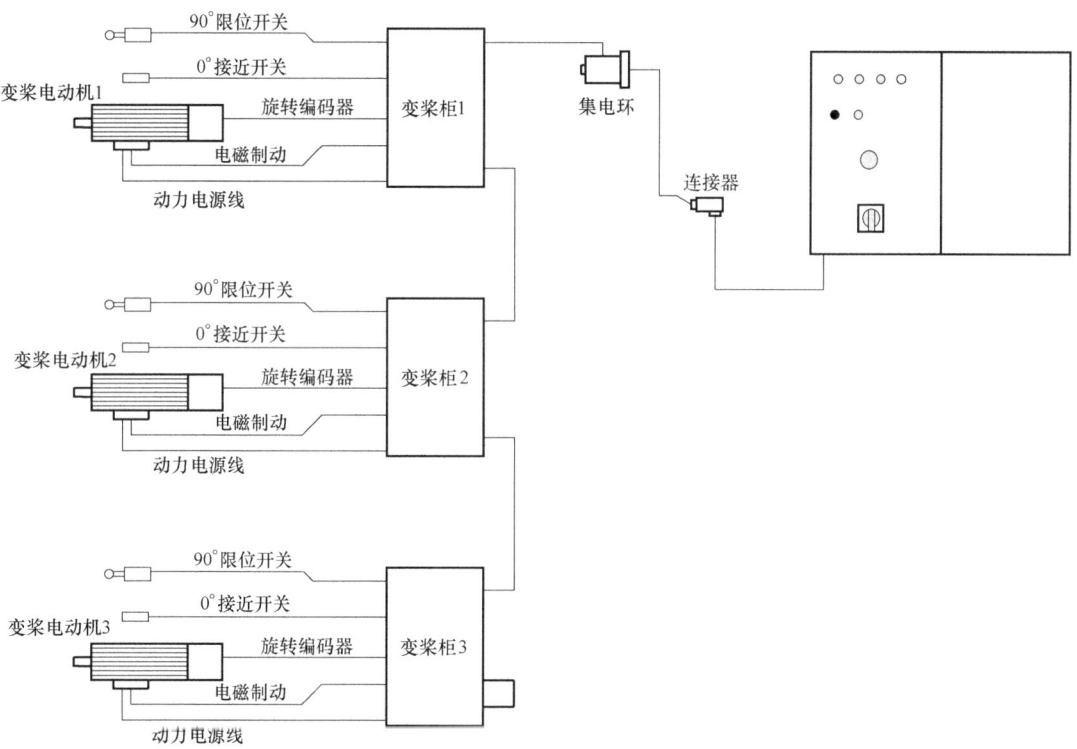

图 8-52 变桨系统电气控制分布结构

· 173 ·

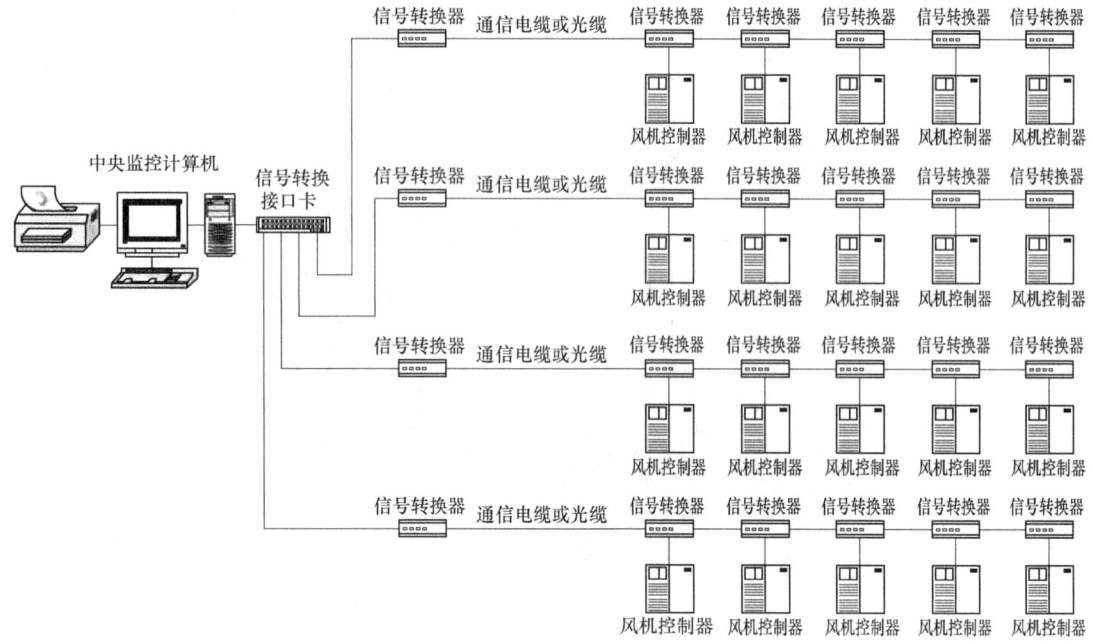

图 8-53　风力发电机组控制系统的微机控制原理

起来的电子设备,目前技术比较成熟,功能上有很大提高,很多厂家采用 PLC 构成控制系统。PLC 系统硬件构成如图 8-54 所示,PLC 系统的数据显示窗口及人工操作平台如图 8-55 所示。

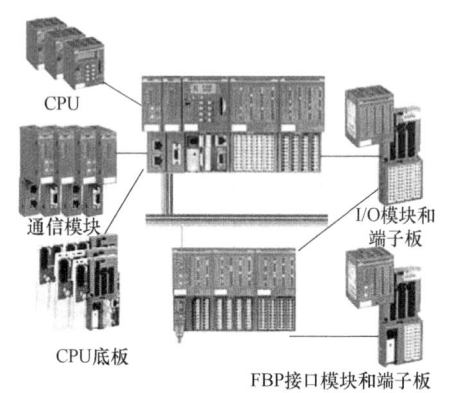

图 8-54　PLC 系统硬件构成

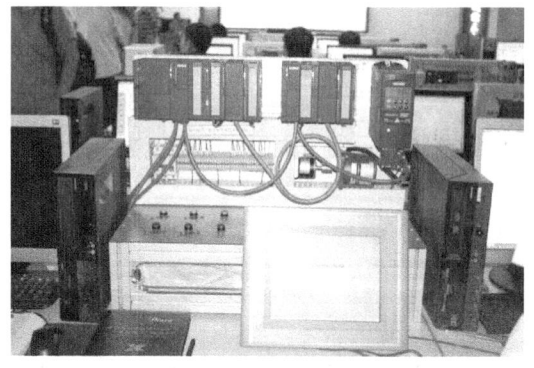

图 8-55　PLC 系统的数据显示窗口及人工操作平台

PLC 采用分时操作原理,从第一条程序开始,在无中断或跳转控制的情况下,按程序存储顺序的先后,逐条执行程序,直到程序结束。然后再从头开始扫描执行,并周而复始地重复进行。CPU 的运算处理速度很快,从宏观上来看,PLC 外部出现的结果似乎是同时完成的。整个过程包括内部处理、通信服务、输入处理、程序执行和输出处理五个阶段。

集中采样:在一个扫描周期中,对输入状态的采样只在输入处理阶段进行。当 PLC 进入程序执行阶段后输入端将被封锁,直到下一个扫描周期的输入处理阶段才对输入状态进行重新采样。

项目八 电气控制系统维护检修

集中输出：在用户程序中如果对输出结果多次赋值，则最后一次有效。在一个扫描周期内，只在输出处理阶段才将输出状态从输出映像寄存器中输出，对输出接口进行刷新。在其他阶段里输出状态一直保存在输出映像寄存器中。

金风1500kW风力发电机组的电气控制系统以德国BECKHOFF公司生产的嵌入式PLC为核心，PLC主要实现风力发电机组的过程控制、安全保护、故障检测、参数设定、数据记录、数据显示以及人工操作，配备有多种通信接口，能够实现就地通信和远程通信。金风1500kW风力发电机组的电气控制系统如图8-56所示。

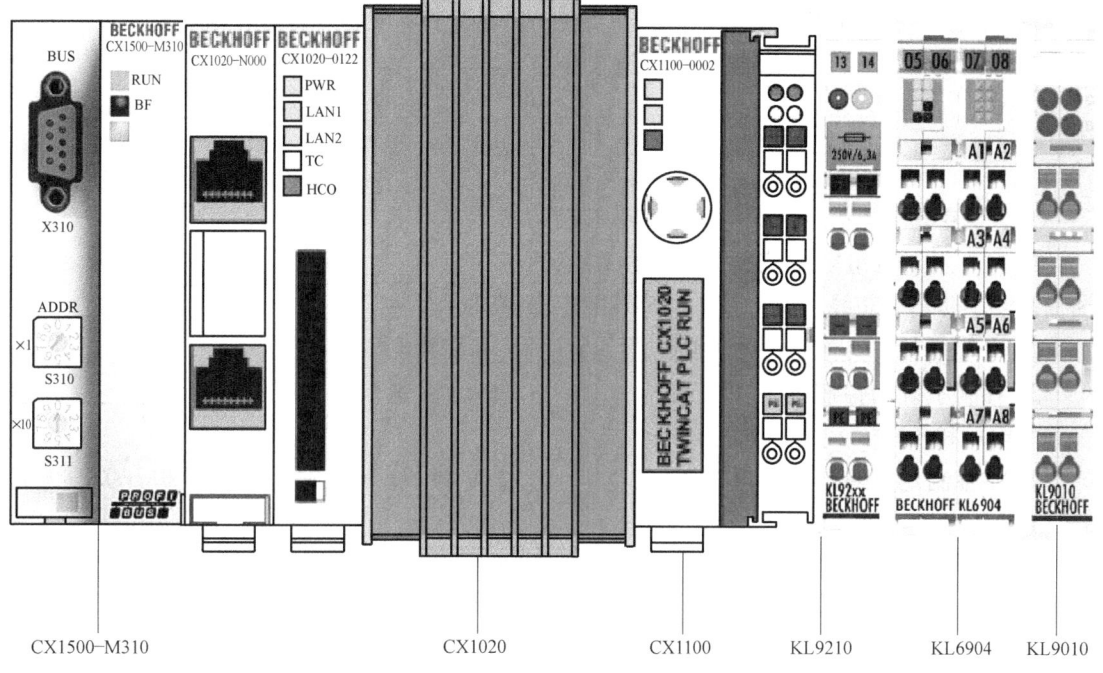

图8-56 金风1500kW风力发电机组的电气控制系统

控制系统CX1500-M310模块负责DP通信，CX1020负责机组程序的逻辑判断，CX1100负责CPU的供电及后续模块的通信，KL9210负责后续模块的供电，KL6904负责安全链的判断和管理。机组PROFIBUS总线主站模块CX1500-M310如图8-57所示。

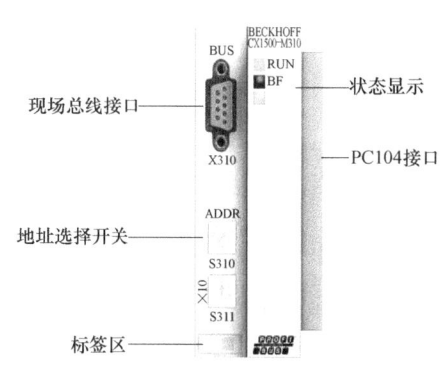

图8-57 机组PROFIBUS总线主站模块CX1500-M310

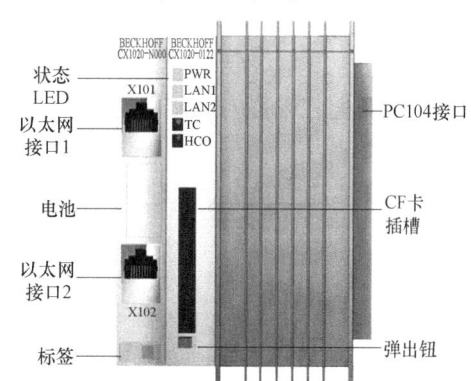

图8-58 机组主控制器CX1020

金风 1500kW 风力发电机组主控制器 CX1020 如图 8-58 所示。CX1020 的标准配置包括一个 64MB 的 CF 卡以及两个以太网 RJ45 接口。这两个接口与一个内部交换机相连，可以在不使用额外以太网交换机的情况下创建线形拓扑结构。TwinCAT 自动化软件把 CX1020 系统转化为功能强大的 PLC 和运动控制系统，可以在带有可视化功能或者不带可视化功能的情况下进行操作。主控制器使用符合标准的 TwinCAT 进行编程。组态和编程接口用于装载 PLC 程序，如果使用软件 PLC TwinCAT，则其 PLC 程序也可通过现场总线装载。所连接的总线端子的输入/输出在 PLC 的缺省设置中被赋值。可对每个总线端子进行配置，使其直接通过现场总线实现与上层控制单元的数据交换。同样，预处理的数据也可通过现场总线实现总线端子控制器和上层控制器之间的数据交换。

思考练习

一、填空题

1. 风力发电机组电气控制系统涉及的范围包括_____、_____、变流系统、通信链路、防雷及布线、_____及外围传感等项目。
2. 电气控制主要有塔底电气控制、_____和变桨电气控制三部分。
3. 控制系统的控制任务主要由_____、机舱控制柜、变桨控制柜、_____、多路集电环和各种_____完成。
4. 主控制柜上的操作钮包括复位、_____、停机、_____和维护开关，还有各种状态_____。
5. 变流器接口接通_____、安全链及其他硬件连接、_____。
6. 电压和频率固定不变的交流电变换为电压或频率可变的交流电的装置称作_____。
7. _____模块是将发电机发出的能量转换为电网能够接受的形式并传送到电网上，发电机侧整流功率模块是将发电机发出的电能转换为直流有功传送到_____上。
8. 当机舱底板出现过大振动时，_____会向控制器发出一个信号，安全链断开，风电机组执行_____并给出_____。
9. _____是用来保护电缆的，当电缆向同一方向累计扭转超过设定圈数时扭缆开关动作，_____断开。
10. 中央监控功能有控制功能、_____和数据管理并制成相应表格功能。

二、选择题

1. 接受风电机组或其他环境信息，调节机组使其保持在工作范围内的系统是_____。
   A. 定桨系统　　　　　B. 保护系统　　　　　C. 控制系统
2. 关机全过程都是在控制系统控制下进行的关机是_____。
   A. 正常关机　　　　　B. 紧急关机　　　　　C. 故障关机
3. _____系统能够确保风力发电机组在设计范围内正常工作。
   A. 控制　　　　　　　B. 保护　　　　　　　C. 操作

三、判断题

1. 塔底电气控制部分主要包括主控制和变流控制。（　）
2. 水冷系统的优点是排热集中、噪声小，风冷系统结构简单，但散热效率低。（　）
3. 机舱控制柜位于机舱内后侧，主要实施机组就地控制。（　）
4. 当机舱控制柜与塔底控制柜执行相同功能时，塔底控制柜优先级高于机舱控制柜。
（　）
5. 机组工作状态包括运行、暂停、停机和紧急停机等四种形式。（　）
6. 机组工作状态是一个活动层次，运行状态层级最低，急停状态层级最高。（　）
7. 机组变桨控制柜主要是对机组风轮的运行进行控制。（　）
8. 温度传感器是利用导体铂的电阻值随温度变化而变化的特性来测量温度的。（　）
9. 安全链保护是独立于控制系统外的软硬件安全保护系统，采用反逻辑设计。（　）
10. 当变桨系统出现故障时，来自变桨安全链的信号消失，安全链断开。（　）

四、简答题

1. 简述风力发电机组电气控制系统的构成及控制内容。
2. 塔底主控制系统的控制内容有哪些？
3. 简述变频器的结构组成。
4. 风力发电机组控制系统的维护内容有哪些？

项目九

机舱主机架与罩体的维护检修

项目目标

知识目标

1) 了解主机架的结构及制造特点,熟悉主机架的日常维护方式,掌握主机架的维护与检修内容。

2) 了解风力发电机组机舱与轮毂罩体的结构及制造特点,熟悉机舱与轮毂罩体的日常维护方式和内容。

能力目标

1) 能够独立进行机舱主机架与罩体的维护检修。

2) 掌握机舱与轮毂罩体的修复工艺。

项目设计

本项目就是要通过对风力发电机组机舱主机架与罩体的维护检修及故障分析,使学生了解主机架的结构、罩体的生产材料及制造工艺;掌握主机架与罩体的维护检修内容,能够分析与处理主机架与罩体的常见故障。为此,本项目设计为两个任务,分别是主机架及舱内电气部件的维护检修、罩体的维护检查与修复。

知识链接

1. 机舱的结构

风力发电机组的机舱由主机架(包含底盘)、舱壁、舱盖、前封头上部和下部、舱门及导流罩等组成。机舱罩材料大多数使用玻璃钢,个别或小型机组使用铝合金或不锈钢。大型风电机组的机舱很大,如1.5MW双馈式机组机舱长度8m左右,高、宽分别在3m以上,质量在3~10t不等(不包括底盘和机架)。风力发电机组的机舱及罩体如图9-1所示。

中型和直驱式机组机舱为整体结构,大型机组机舱为拼装结构。机舱拼装结构有中线剖分结构和上下结构两种类型。

中线剖分结构:由左舱壁、右舱壁、机舱顶盖、上前端盖和下前端盖组成。

上下结构:机舱罩分为上、下机舱罩两部分,由厚度为8~10mm的玻璃钢制造,上、下机舱罩通过向机舱内部凸起带数十个螺钉孔的凸缘,用不锈钢螺栓连接成整体。

机舱内均带有中空式间距为1m的加强筋,网络式的加强筋分布在机舱罩里面。机舱均设有可遮盖的通风孔,后部设有百叶窗式的通风孔。

项目九 机舱主机架与罩体的维护检修

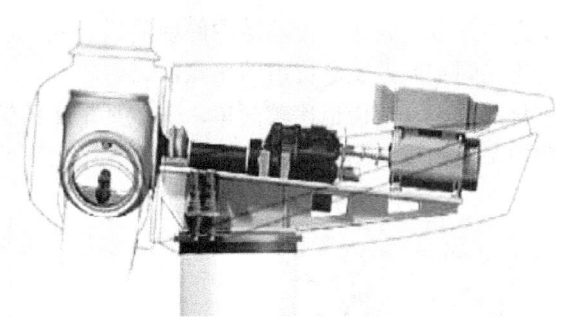

图 9-1 风力发电机组的机舱及罩体

导（整）流罩：安装在轮毂外面，与轮毂固接，与风轮一起旋转，外形呈流线型，有利于减小风对机舱的作用力。导（整）流罩上有安装叶片的圆孔，孔上有叶片孔防尘圈。

2. 主机架

风电机组的主机架是定位、安装机械零部件的机器骨架，是机组风轮、主轴、齿轮箱、发电机和偏航轴承等主要设备的安装实体，并对各系统、各零部件起支撑连接与紧固作用，与塔架连接。主机架与机舱罩装配后形成一个为机组零部件遮风挡雨的封闭空间。

如图 9-2a 所示，风电机组主轴通过主轴承安装在机舱的主机架上，主轴承在主机架前端，要承受来自风轮的巨大力量，包括风轮的重量、推力及各种扭转力矩。主轴尾端通过联轴器直接与齿轮箱低速轴连接，齿轮箱右侧高速轴通过联轴器连接发电机。主轴通孔与齿轮箱低速轴通孔相通，变桨用的信号、动力（电或液压介质）从齿轮箱后部通过集电环输送到轮毂变桨驱动装置。风轮主轴轴线向前仰起，与水平线有一个不大的夹角，目的是防止叶片碰到塔架，同时缩短风力机主轴的延伸长度。

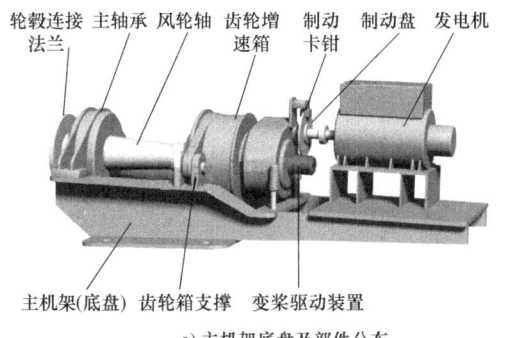
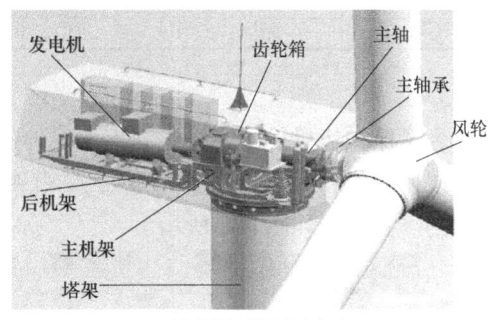

a) 主机架底盘及部件分布　　　　　　b) 双馈式机组机舱与主机架

图 9-2 含齿轮箱风电机组主机架

有齿轮箱异步风力发电机组（如双馈式风电机组）的机舱底盘尺寸较长，体积和重量较大，其机舱与主机架如图 9-2b 所示。该种底盘需要承受机组所有零部件的重量与风力产生的载荷，为此要采用承载能力强的箱形结构。箱底底面宽度大于偏航轴承的直径，长度由传动链部件的装配累计长度加上维修窗口长度决定。机舱底盘分为前后两部分，前机舱底盘多用圆形铸件，后机舱底盘多用正方形焊接件，底面开有满足偏航系统需要的大圆孔，前端

· 179 ·

设有安装风轮轴前支撑的安装面，后端分别是齿轮箱和发电机安装面，其他系统因没有位置精度要求，直接安装在主传动链两侧或后机舱底盘。

直驱式同步风力发电机组的底盘没有齿轮箱，发电机紧挨着风轮，机舱较小。因此，体积、重量都很小，结构也比较简单，一般都采用铸造成型，如图9-3所示。直驱式风电机组主机架的主要构成如图9-4所示。

图9-3 直驱式机组主机架示意图

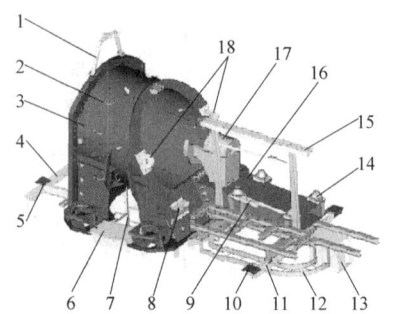

图9-4 直驱式风电机组主机架的主要构成
1—壳体吊挂 2—梯子 3—增速机机架 4、11—主机架悬臂 5、10—U形板 6—踏板 7—机舱梯子 8—背壁板 9—电缆管夹总成 12—电缆支架 13—调节装置吊挂 14—弹性轴承 15—变频器吊挂 16—发电机底座 17—联轴器罩子 18—提升吊耳

直驱式风电机组主机架的基本参数及适用条件见表9-1。

表9-1 主机架的基本参数及适用条件

基本参数		环境条件	
质量/t	13.2	安装地点	内陆和沿海地区
高度/m	4.1	环境温度范围/℃	-25 ~ +45
长度/m	6.64	户外气候条件	腐蚀性，盐雾空气
宽度/m	3.17	相对湿度	5% ~ 100%；在最高+40℃温度下喷溅水

3. 罩体

为了保护风机设备不受外部环境影响，并且减少噪声排放，机舱与轮毂均采用罩体密封。罩体的材料为玻璃钢（GFK），是由聚酯树脂、胶衣、面层和玻璃纤维织物等材料复合而成的。其外形如图9-5所示。

图9-5 风电机组机舱的罩体

罩体包括机舱罩和轮毂罩（导流罩），总质量分别为 1805 kg、657 kg 左右。机舱罩是由左下部机舱罩、右下部机舱罩、左部机舱罩、右部机舱罩、上部机舱罩、上背板和下背板七大主要部分通过螺栓连接组合而成的壳体。除了上、下背板外的其余五部分的内侧都有肋板，用以增加强度，左下部机舱罩和右下部机舱罩纵向还有底板，人可以在底板上面进行拆装、维修等活动。

左下部机舱罩与右下部机舱罩形状基本相同，只不过在右下部机舱罩的偏后位置设置了紧急出口盖和紧急出口框架，工作人员可以分别打开紧急出口盖和紧急出口框架，借助逃生装置的绳索从塔架外而不是塔筒内逃脱，也可以借助这两个出口从塔筒外起吊工具送至机舱内或者将工具放回地面。如图 9-6 所示。

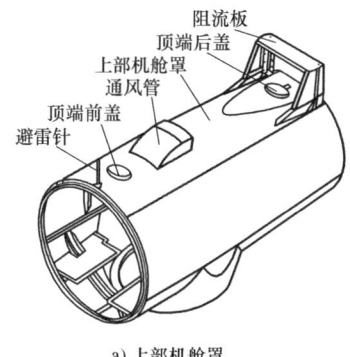
a) 上部机舱罩

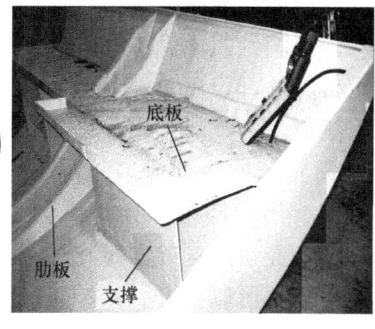
b) 左下部机舱罩

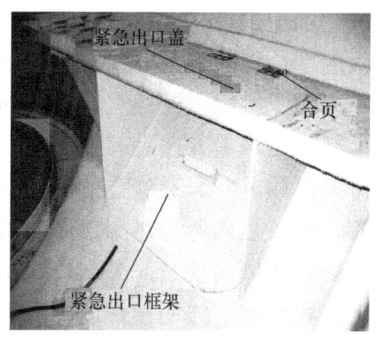
c) 右下部机舱罩

图 9-6　各部分舱罩

紧急出口盖是通过两个合页与底板连接，另一边用锁链（锁扣）连接，如图 9-7 所示。打开锁链掀起紧急出口盖，再打开紧急出口框架的锁链（紧急出口框架两边用锁链连接），就可以吊送货物了。

上、下背板分别都是一块多边形形状的板子，位于机舱的后部，上、下背板拼接用螺栓连接，下背板与左/右下部机舱罩分别连接。上、下背板还起到固定两块电气背板的作用，以用于在电气背板上安装接线盒、救生箱及布线等。左/右部机舱罩是形状尺寸相同的两个部分，分别与左/右下部机舱罩及上、下背板用螺栓进行拼接。拼接后的背板如图 9-8 所示。以上几部分彼此组合连接后的形状如图 9-9 所示。

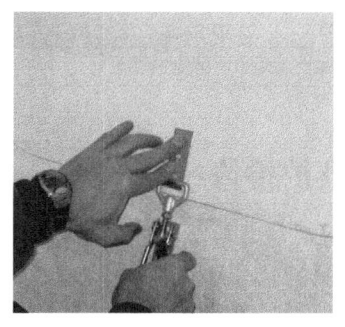
图 9-7　锁链

图 9-8　拼接后的背板

图 9-9　舱罩截面图

轮毂罩是由轮毂罩体、导流帽及分隔壁等通过螺栓连接组合而成的壳体，如图 9-10 所示。

轮毂罩体的凸出部分也就是叶片一侧用螺栓连接有防雨罩用于防雨。导流帽跟其自身内部的倒锥座是一体的，导流帽跟轮毂罩体用螺栓连接，倒锥座通过螺栓还跟轮毂前端相连接。三片分隔壁每块上面都有一个椭圆孔，用于工作人员出入轮毂。维护检修时，若进入轮毂内部，则先从分隔壁椭圆孔钻入，再爬到前面倒锥座的孔处。

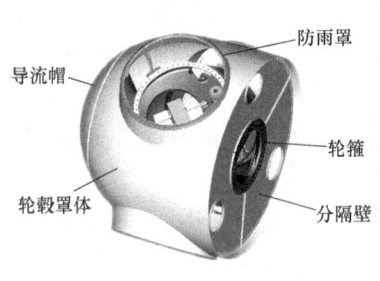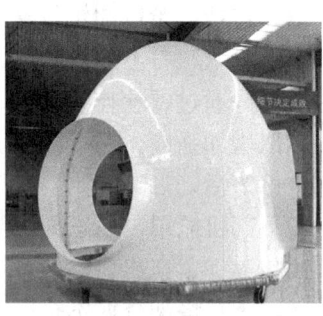

图 9-10 风电机组的轮毂罩

为了机舱内的通气和安装固定机舱外部设备（空气冷却器、风速风向仪及吊架）方便，上部机舱罩上方还设有通气孔和阻流板。为了防止雨水流入机舱内部，通气孔做成弧状，开口朝向顺风向。通气孔的下方靠近齿轮箱的冷却风扇，目的是便于冷却风扇工作时产生气流。阻流板内侧通过螺钉固定着吊架，吊架伸出部分的顶端法兰盘上又通过 4 个螺栓固定风向标和风向仪，此外水冷系统的冷却器也用螺栓固定在吊架上。

机舱罩上方的顶端前盖及顶端后盖都可以打开，维护人员探出身体就可以对顶端前盖附近的避雷器和顶端后盖附近的风速风向仪和冷却器进行维修或者拆装。

机舱罩内壁分布着内置接地电缆，一般为网状排布，作为防雷击系统的一部分。

罩体部分零部件（不包括紧固件）明细见表 9-2。

表 9-2 风电机组罩体部分零部件明细

序号	部件名称	数量	序号	部件名称	数量	序号	部件名称	数量
1	左/右部机舱罩	1/1	9	分隔壁	3	17	锁扣	3
2	左/右下部机舱罩	1/1	10	轮毂	1	18	紧急出口框架	1
3	上/下背板	1/1	11	防雨罩	6	19	底板	2
4	上部机舱罩	1	12	弹性轴承	7	20	前/后盖板	1/1
5	冷却器	1	13	U 形板	4	21	通气器	1
6	阻流板	1	14	机架悬臂（前）	1	22	避雷器	1
7	导流帽	1	15	紧急出口盖	1	23	法兰盘	1
8	轮毂罩体	3	16	合页	3	24	吊架	1

任务 1　主机架及舱内电气部件的维护检修

任务描述

在介绍了风力发电机组机舱构造及相关知识后，根据机组实际运行状况，设置了本任务，即风力发电机组主机架及舱内电气部件的维护检修。要求学生了解并熟悉机舱的机械构造，在教师指导下明确重点维护内容及维护方式，准确操作。

项目九 机舱主机架与罩体的维护检修

任务实施

（一）注意事项

1) 确定环境温度。如果环境温度低于规定要求，不得进行维护和检修工作。
2) 确定风速。如果风速大于规定要求，不得进行维护和检修工作。
3) 安全用电。
4) 正确使用工器具。

（二）准备工器具

主机架维护检修工具主要是与不同部位螺栓配套的各类扳手，参见表9-3。此外，在进行舱内电气部件维护检查时，还需要验电器、手提计算机、万用表及清洁抹布等。

表9-3 主机架维护检修工具

序号	工具	型号	数量	序号	工具	型号	数量
1	液压力矩扳手	开口度为 41mm、46mm、55mm、60mm 及 55mm	1	6	辅助材料	Loctite 243、Chesterton 785	
2	液压力矩扳手	XLT3 SW4m6	2	7	呆扳手	SW10、SW13、SW17	各1
3	力矩扳手	$2\sim 60N\cdot m$、$50\sim 360N\cdot m$	1,2	8	呆扳手	SW19、SW24、SW46	各1
4	变矩扳手	$2\sim 20N\cdot m$、$20\sim 200N\cdot m$	各1	9	套筒扳手	SW39	1
5	变矩扳手	$75\sim 400N\cdot m$	1	10	清洁材料		

（三）维护检修任务

主机架维护检修的项目主要包括清洁、防腐和焊缝、吊车、紧固件及非紧固件的维护检查等。

（1）表面清洁检查 检查主机架表面是否清洁。使用适当的溶剂或者清洁材料除去残余的油脂或含有硅酮的物质。盐、灰尘和其他污染物须用清洗剂和无纤维抹布清水去除。

（2）目检防腐 检查表面涂漆是否有脱落现象。若发现有漆层裂开脱落，应及时清洁并补漆。1.5MW 直驱式风电机组主机架防腐涂漆的基本参数见表9-4。

表9-4 主机架的防腐涂漆的基本参数

漆	粘合剂	涂漆材料（产品）	涂层厚度
底漆（GB）	环氧树脂（EP）	Hempadur 锌 17360	NDFT 50μm
中间漆（ZB）	环氧树脂（EP）	Hempadur 15560，45880	NDFT 100μm
面漆	聚氨酯漆	Hempathane55210 Hempels 55VDE	NDFT 50μm
总计涂层厚度			NDFT 200μm

（3）焊缝维护检修 随机目检主机架上的焊缝，如果在随机目检中发现有焊接缺陷，应作标记和记录，如果下次检查发现长度有变化，则必须进行补焊。焊接完成后，下次检查时应注意此焊缝。

注意：进行焊接的部件在焊缝区域必须要清洁和干燥。在焊接前要仔细去除氧化皮、锈、气割渣、油漆、油脂和其他污物；不允许使用有防腐涂层（如车间底漆）的钢板；焊接工作区要采取适当的措施以防避风雨。

（4）非紧固件维护检修　检查弹性支撑是否存在磨损、裂纹等现象；检查逃生支架安装是否牢靠；目检主机架各部件外形尺寸，注意踏板及梯子。若有变形损坏的，应及时修复或拆卸、更换。

（5）小吊车检查　检查小吊车安装是否牢固；测试小吊车功能是否正常。

（6）紧固件维护检修

1）使用力矩扳手用规定力矩检查主机架悬臂（1）的螺栓，如图9-11所示。

图9-11　主机架悬臂（1）螺栓
1—增速机机架　2—螺栓　3—主机架悬臂（1）

图9-12　机架和发电机底座连接的螺栓
1—增速机机架　2—隔套螺栓　3—发电机底座

2）使用液压力矩扳手用规定力矩检查增速机机架和发电机底座的螺栓连接，如图9-12所示；检查主机架踏板的螺栓连接。

3）使用力矩扳手用规定的力矩检查主机架上连接机舱罩锥体轴承的螺栓连接，如图9-13所示。

4）使用力矩扳手用规定的力矩检查主机架上固定变频器吊挂装置的螺栓，如图9-14所示。检查主机架上连接机舱罩的弹性支撑的螺栓是否松动。

图9-13　连接机舱罩的锥体轴承的螺栓
1—机舱罩　2—螺栓　3—锥体轴承
4—螺栓　5—主机架悬臂（1）

图9-14　固定变频器吊挂装置的螺栓
1—控制柜吊挂　2、4、7—螺栓　3—发电机底座
5—主机架悬臂（2）　6—弹性支撑

注意： 图 9-14 中部分机型中的悬臂（2）改为焊接在发电机底座上，没有螺栓。

5）使用力矩扳手用规定的力矩，检查主机架上调节装置吊挂螺栓连接，如图 9-15 所示。

6）检查连接到发电机底座的主机架悬臂（2）的螺栓连接，如图 9-16 所示。

图 9-15　主机架上调节装置吊挂螺栓
1—主机架　2—螺栓　3—调节装置吊挂　4—调节装置

图 9-16　发电机底座的主机架悬臂（2）的螺栓
1—发电机底座　2—隔套螺栓　3—主机架悬臂（2）

7）使用力矩扳手以规定的力矩检查主机架的壳体吊挂螺栓连接，如图 9-17 所示。

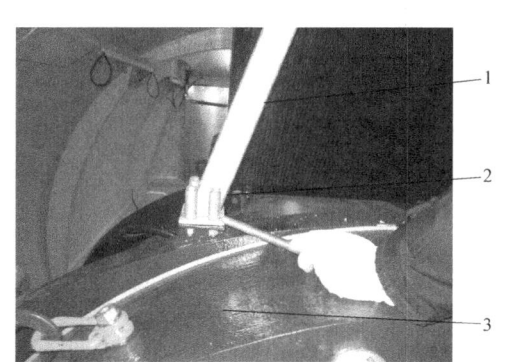

图 9-17　主机架的壳体吊挂螺栓
1—壳体吊挂　2—隔套螺栓　3—增速机机架

图 9-18　固定电缆管道总成的螺栓
1—增速机机架　2—电缆管道总成

8）使用力矩扳手紧固固定电缆管道总成的螺栓，如图 9-18 所示。

9）使用力矩扳手以规定的力矩紧固检查主机架上其余附属零部件安装的螺栓，附属零部件包括小吊车悬臂、机舱梯子、电缆夹、电缆支架、联轴器罩子、避雷单元及所有踏板等，如图 9-19 所示。

检查螺栓紧固情况时，如果螺母不能被旋转或旋转的角度小于 20°，说明预紧力仍在限度内。如果螺母能被旋转，且旋转角超过 20°，则必须把螺母彻底松开，用力矩扳手以规定的力矩重新把紧。

图 9-19　主机架内装置

任务 2　罩体的维护检查与修复

任务描述

机舱罩体由玻璃纤维复合材料构成,长期在室外的风侵雨蚀中运行,极易形成微小的破损。例行的检查是及时发现隐患的关键,特殊天气后更要实施全面重点检查。本任务是对罩体进行维护检查及必要的简单修复,即在检查发现问题后对破损处实行简单的修复。

任务实施

(一)注意事项

风力发电机组机舱罩与轮毂罩的维护和检修工作注意事项:

1) 如果环境温度低于-20℃,不得进行维护和检修工作。对于低温型风力发电机组,如果环境温度低于-30℃,不得进行维护和检修工作。

2) 如果超过任何一个关于风速的限定值,立即停止工作,不得进行维护和检修工作。

3) 对轮毂罩部分进行任何维护和检修,必须首先使风力发电机组停止工作,各制动器处于制动状态并将风轮锁锁定。

4) 进行玻璃钢罩体的修复时,必须穿戴安全面具和手套,并注意防火。

(二)准备工器具

罩体维护与修复用工具见表9-5。

表9-5　罩体维护与修复使用工具

工具	作用	工具	作用
力矩扳手 M16	用于紧固件检查维护	腻脂笔	用于添加润滑脂
力矩扳手 M10	用于紧固件检查维护	抹布	用于清除杂质或者渗入的水或油
呆扳手 M10	用于紧固件检查维护	砂纸	修复区域打磨
呆扳手 M8	用于紧固件检查维护	修复材料	用毡片或织物、固化剂、粘合剂、涂层树脂等修复材料修补罩体破损部位
呆扳手 M6	用于紧固件检查维护	角磨机	用于修复区域倒角
套筒	用于紧固件检查维护	清洗剂	主要为丙酮,清洗

(三)维护检修任务

1. 罩体的检查与维护

(1) 外表检查与维护　检查机舱罩及轮毂罩是否有损坏、裂纹,如有应及时修复;检查壳体内是否渗入雨水,如有则清除雨水并找出渗入位置;检查罩子内雷电保护线路接线是否牢靠;检查避雷针安装是否牢靠;检查紧急逃生孔盖板是否牢靠。

(2) 紧固件检查　用力矩扳手以规定的力矩检查主机架悬臂上的弹性轴承与机舱罩连

接用螺栓、检查齿轮箱顶部弹性轴承与机舱罩连接用螺栓；检查机舱罩各组成部分之间连接用螺栓；用呆扳手检查轮毂罩子连接用螺栓，查看是否拧紧；检查机舱照明灯是否安装牢固，工作是否正常。

(3) 航空灯的检查维护　检查航空灯接线是否稳固，工作是否正常，电缆绝缘层有无损坏腐蚀，如有则及时修复或者更换。

(4) 风速风向仪检查维护　检查连接线路接线是否稳固，信号传输是否准确，电缆绝缘层有无损坏或磨损，如有则及时更换。

2. 罩体的修复工艺

当机舱罩零部件有小范围的损坏或者裂纹时，可直接停机进行修复。

(1) 修复条件　修复用的热固性树脂性能要至少等同于原热固性树脂；为了确保被修复区域的内部应力较低，应避免使用快速固化高活性热固性树脂；修复用的热固性树脂的断裂伸长率要至少为 2.5%。若修复用的材料和层压制品不同于制造部件用的材料，要确保二者化合物性能相同。

(2) 工艺准备

1) 首先尽量去掉修复表面的重量。若在现场修复，必要时要采取措施防止发生外部应力（如振动），要采取措施防止紫外线直接照射和渗入潮气。

2) 在修复工作和固化期间，使用校准的温度计和湿度计检测修复区域周围，确保环境空气和部件温度为 16~25℃，并且最大相对湿度为 70%。

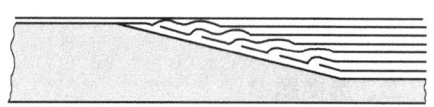

图 9-20　修复的倒角接头区域

3) 从修复区域完全除去损坏的材料和已不再粘合的材料。修复的倒角接头区域如图 9-20 所示。若层压制品长期与水接触，在开始修复工作之前要完全干燥。

4) 在损坏区域周围倒角。倒角比率（倒角长度 l_s 与倒角厚度 t_s 比值）取决于修复材料在倒角方向的抗拉强度 M_{at} 和允许的剪应力 t。可以用以下公式计算最小倒角比率：

$$l_s/t_s = M_{at}/t$$

在厂内修复允许的剪应力 t 为 $10N/mm^2$，在现场一般为 $7N/mm^2$。

(3) 操作程序及要求

1) 考虑到要求的覆盖能力（对于曲面和倒角区域内），修复用的强化材料的单位面积质量尽可能不超过每层 $600g/m^2$（层数多而单位面积质量轻要好于层数少而单位面积质量重）。为使倒角接头增加的压力尽可能小，在每个修复区域至少要有三个强化层。

2) 在彻底清洁修复区域后，可用粒度为 80 或 120 的砂纸打磨。

3) 树脂与固化剂的混合比率要尽可能精确（环氧树脂的混合比率的相对偏差决不能超过 3%）。在各边上每层最小重叠应不小于 10mm。

4) 确保修复过程中层压制品中的伸长率没有变化。尽可能在准备好的修复区域采用手工层压法，以与原来层压相同的顺序敷层，注意纤维方向要相同。

5) 确保强化材料充分预浸，避免夹杂空气。使用单位面积质量约 $225g/m^2$、低重量纤维含量（约 30%）的毡片或织物作为最终敷层。

6) 确保层压表面用涂层树脂充分地保护。若修复区域曝露在湿度较高的环境，要求涂层树脂具有较高的耐水解能力。若面层为不饱和聚酯或乙烯树脂，要通过排除空气氧的方法来防止问题（可以加入石蜡或覆膜）。

（4）固化

1）在固化过程中，要确保层压制品中的伸长率没有变化。

2）修复的部件只能在热固性树脂充分固化后才能承受载荷或重新投入运行。

3）冷固树脂系统要适用以下时间：在16℃恒温下，至少固化72h；在25℃恒温下，至少固化38h。

4）若在制造过程中部件回火，修复区域也要在固化后回火。

☑ 思考练习

一、填空题

1. 风力发电机组的机舱由_____、舱壁、舱盖、前封头、舱门及_____等组成。

2. 导（整）流罩安装在_____外面，与轮毂固接，与_____一起旋转，外形呈_____，有利于减小风对机舱的作用力。

3. 罩体的材料为_____，由聚酯树脂、胶衣、面层和玻璃纤维织物等材料复合而成。

4. 修复罩体时，若修复用的材料和层压制品不同于制造部件用的材料，要确保二者化合物性能_____。

二、选择题

1. _____是设置在水平轴风力发电机组顶部，内装有传动和其他装置的机壳。
   A. 导流罩　　　　　B. 轮毂　　　　　C. 机舱

2. 一般情况下，风机机舱中一共有_____个振动传感器。
   A. 1　　　　　　　B. 2　　　　　　　C. 3

3. 在罩体修复工作和固化期间，环境空气和部件温度在_____之间，且最大相对湿度为70%。
   A. 16~25℃　　　　B. 18~25℃　　　　C. 16~30℃

4. 修复用的热固性树脂的断裂伸长率至少为_____。
   A. 5.5%　　　　　 B. 2.5%　　　　　 C. 1.5%

5. 为使倒角接头增加的压力尽可能小，在每个修复区域至少要有_____个强化层。
   A. 五　　　　　　　B. 二　　　　　　　C. 三

6. 冷固树脂系统要适用以下时间：在16℃恒温下，至少固化_____h；在25℃恒温下，至少固化_____h。
   A. 72、38　　　　 B. 60、38　　　　 C. 50、20

三、判断题

1. 机舱罩材料大多使用玻璃钢，个别或小型机组使用铝合金或不锈钢。（　　）

2. 风电机组的主机架是定位、安装机械零部件的机器骨架，与塔架连接。（　　）

3. 轮毂罩是由轮毂罩体、导流帽和分隔壁通过螺栓连接组合而成的壳体。（　　）

4. 机舱罩内壁分布着内置接地电缆，一般为网状排布，作为防雷击系统的一部分。（　　）

5. 焊接时可以使用有防腐涂层的钢板。 （ ）

四、简答题

1. 主机架的功能是什么？
2. 简述主机架的检修内容。
3. 简述机舱罩的修复工艺。

项目十

塔架及其内部构件的维护检修

项目目标

知识目标
1) 了解风力发电机组塔架的结构及制造特点。
2) 熟悉塔架及其内部构件的日常维护方式和内容。

能力目标
1) 能够独立进行塔架及其内部构件的日常维护。
2) 会分析处理塔架及其内部构件的常见异常问题。

项目设计

本项目通过对风力发电机组塔架的维护检修，使学生理解塔架的结构，掌握塔架及其内部构件的维护检修内容。本项目设计为两个任务，分别是塔架的维护检修和风电机组的维护检修。

知识链接

1. 塔架的作用与类型

塔架的作用是支撑位于空中的风力发电系统，让风轮处于风能最佳的位置，以获得较高且稳定的风速。塔架除了给风轮及主机（机舱）提供满足功能要求的、可靠的固定支撑外，也提供安装、维修等工作的平台。塔架与塔基基础相连接，承受风力发电系统运行引起的各种载荷，同时传递该载荷到基础，使整个发电机组能稳定可靠运行。

风力发电用塔架按运行的环境温度划分有低温型（-40℃）和常温型（-20℃）两类，以轮毂中心高计算，塔架主要有65m、70m、80m和100m等。

风力发电机组的塔架主要有钢圆筒形塔架、多边形全拼装塔架、桁架结构塔架和混凝土结构塔架四种类型。

（1）钢圆筒形塔架　钢圆筒形塔架有直圆柱形塔架、阶梯圆柱形塔架和锥筒形塔架三种。直圆柱形塔架如图10-1a所示，适用于小型风电机组，用拉索固定。阶梯圆柱形塔架适用于中型风电机组，工艺简单，成本较低。锥筒形塔架如图10-1b所示，适用于大型风电机组，分段制造，用法兰盘、螺栓连接。锥筒形钢制塔架采用强度和塑性较好的多段钢板进行滚压，对接焊成截锥式塔筒，两端与法兰盘焊接，用高强度螺栓连接每段塔筒两端的法兰盘而构成锥筒形塔架，内置各种必备控制及检测设备，适用于兆瓦级机组。

项目十 塔架及其内部构件的维护检修

a) 直圆柱形塔架

b) 锥筒形塔架

c) 桁架结构塔架

图 10-1 风电机组塔架

（2）多边形全拼装塔架 多边形全拼装塔架是将钢板制成 12 或 18 边形，每个拼装件为 3 个边，上边加工出安装螺栓孔，由四片或六片拼装成一段多棱锥台，将各段棱锥台上下拼装完成后塔架即成。该型塔架加工简单，能够进行热镀锌防腐处理，运输方便，前景广阔。

（3）桁架结构塔架 桁架结构塔架采用现代塔桅钢结构形式。采用钢管或角铁焊接成锥形桁塔支撑在地基上，桁塔的截面多为正方形或正多边形。桁架结构塔架如图 10-1c 所示。该型塔架设计简单，成本低，外观及安全性差。

（4）混凝土结构塔架 混凝土结构塔架刚度大，自振频率低，形状可塑性强。该型塔架有钢混组合塔架（分段采用钢制与钢筋混凝土制造的两种塔筒组合，钢制塔架在距地面约 20m 处）和钢筒夹混塔架（采用双层同心钢筒，混凝土填充两者之间）两种类型。

锥筒形钢制塔架在风电场较常用，高度一般为 50~100m，直径为 3~5m。因运输关系塔架多分段制作，每段 30m 左右，质量 50t 左右。目前大型风力发电机组所用的塔架主要为锥筒形钢制塔架。

2. 塔架的结构

锥筒形钢制塔架主要由塔筒、塔门、塔梯（直梯）、电缆管、电缆梯与电缆卷筒支架、电缆改向装置、升降机、平台（楼板）、外梯、照明设备（照明灯及应急灯）、底部控制柜、安全（避雷装置）与消防设备（灭火器）、法兰及高强度螺栓等组成。风力发电机组塔架的主要构成如图 10-2 所示。对于大型风电机组，塔架的高度为其风轮直径的 1~1.5 倍。为了便于运输，大型风电机组钢制塔架的塔筒分上、中、下三段，每段塔筒上下两端有法兰，法兰下方有平台。分段式塔筒如图 10-3 所示。

塔架与基础、塔架段与段之间及塔架与机舱采用高强度螺栓连接。塔架的底部配有一扇门，能使外部空气进入塔架内，同时具有防沙、防雨、防蚊虫及防盗的功能。塔架内敷设有发电机的电力电缆、控制信号电缆等，内部设置多个平台（楼板），各平台都有照明装置和应急照明装置。

变频器、风电机组控制系统的操作面板和主电源的装置安装在塔架底部的独立平台上，平台与入口门位置齐平。这样重要设备的功能控制可以在地面上轻松完成操作，不必攀爬到机舱内进行操作。塔架内还安装有导电轨，将发电机的电能输送到变压器。安装光纤以便所有控制信号能从操作计算机传送到塔架顶部。

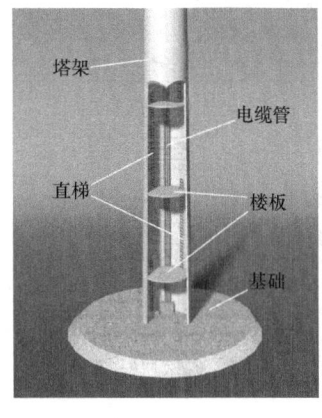

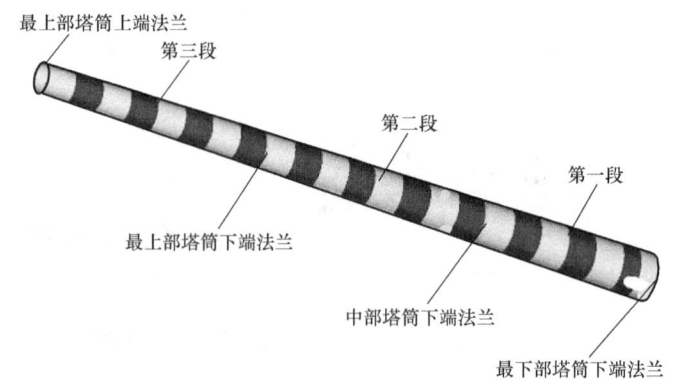

图 10-2　塔架的主要构成　　　　　　　　　　图 10-3　分段式塔筒

塔架通过多层喷涂来达到最佳的防腐蚀效果。所有的金属板和焊缝都采用超声波和 X 光进行过探伤测试。

（1）塔筒　塔筒是塔架的主体承力构件。为便于吊装及运输，塔筒一般分成若干段，在底部内外侧设法兰盘用螺栓与塔基相连，其余段为内翻式，用螺栓连接。为使机组获得满意的风速运行，同一种风电机组常配有不同高度的塔筒。

（2）平台　塔架中为安装相邻段塔筒、放置部分设备和便于维修内部设施，设置若干个平台，平台是由花纹钢板组成的圆板，上有相应的电缆桥与塔梯通道，下设支撑钢架。塔筒连接处平台距离法兰接触面 1.1m 左右，以方便螺栓安装。

（3）内梯与外梯　内梯与外梯是便于管理和维修人员登上机舱而设置的。有些机组内梯采用电梯，外梯有直梯和螺旋梯。塔架内直梯等构成如图 10-4 所示。

（4）电缆及固定　电缆由机舱通过塔架到达相应的平台或拉出塔架以外通过支架随机舱旋转，达到解缆设定值后自动消除旋转。塔架内电缆改向装置如图 10-5 所示。

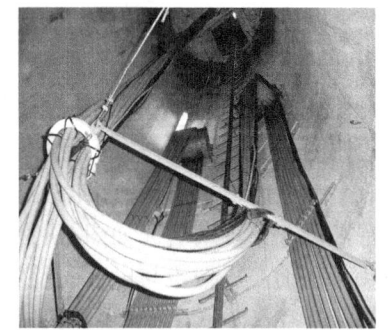

图 10-4　塔架内直梯等构成　　　　　　　　　图 10-5　塔架内电缆改向装置

以 1500kW 风力发电机组的钢制塔架为例，其主要技术参数见表 10-1。

项目十 塔架及其内部构件的维护检修

表 10-1 钢制塔架的主要技术参数

环境温度/℃		-25 ~ +45	相对湿度(%)	5~100；+40℃以下喷溅水	
塔筒段		参数	塔高 65m	塔高 70m	塔高 80m
上段塔架		顶部法兰外径/mm	2696	2696	2696
		顶部壁厚/m	0.018		
		高度/m	22.4	24.33	24.135
		质量(含附件)/kg	24204	26715	27561
中段塔架	中上	高度/m	22.4	24.21	24.01
		质量(含附件)/kg	37468	40312	40132
	中下	高度/m			16.785
		质量(含附件)/kg			45738
下段塔架		高度/m	17.6	18.86	12.47
		质量(含附件)/kg	43908	49232	46293
		底法兰外径/mm	4000	4000	4300
		底部壁厚/m	0.028		
基础环		高度/m	1.9	1.9	1.9
		质量/kg	9230	9065	9696
合计		高度(不含基础环)/m	62.4	67.4	77.4
		质量(含附件)/kg	114810	125324	169420

任务1 塔架的维护检修

任务描述

由于风电机组塔架的特殊作用，要定期对塔架及各组成部件、塔基进行检查维护。本任务就是指导学生在学习了塔架的相关知识后，学习并掌握塔架的检查维护内容及方式。

任务实施

（一）注意事项

风力发电机组塔架的维护和检修工作注意事项：

1）进行维护和检修工作时，参照前几个项目的温度及风速要求，特别是进行塔架外部检查维护时，必须遵守规定。

2）对塔架进行任何维护和检修，必须穿好安全服，挂好安全扣。工具和零部件必须放置稳固，以免掉落损坏。

3）在拆卸与更换时，零部件存放要稳固。使用完电动葫芦后，必须盖好各段塔筒的盖板。

4）如需在风力发电机组处于工作状态下进行维护和检修，则必须确保有人守在紧急开关旁，可随时按下开关，使系统制动。

（二）准备工器具

风力发电机组塔架维护检修工具参见表10-2。

表10-2 塔架维护检修工具

序号	工具	型号	数量	序号	工具	型号	数量
1	液压力矩扳手	HYTORC XLT3	1	8	无纤维抹布		2
2	套筒	60mm(1″),60mm(3/4″)	2,2	9	硅胶		1
3	快速脱落棘轮扳手	19mm 系列	2	10	记号笔		1
4	两用扳手	60mm	2	11	清洁剂		1
5	力矩扳手	20-200N·m	2	12	撬棍		4
6	力矩扳手	mode1800(200~800N·m)3/4″	2	13	吊绳		2
7	平铲		4	14	吊环		4

（三）维护检查任务

塔架的维护主要指对塔筒及塔筒辅助装备和塔架内相关设施的维护。

塔筒维护周期为六个月，包括对塔筒内安全钢丝绳、爬梯、工作平台、门及防挂钩的检查，其中门锁、百叶窗及密封条每三个月检查一次；灭火器、塔筒内电缆、接地线及升降机维护检修或更换周期为一年。

(1) 非紧固件的检查维护

1）检查塔筒内外是否有污物，如有应用无纤维抹布和清洁剂清理干净。塔筒外部清洗如图10-6所示。

2）检查塔基控制柜安装螺栓是否松动，塔基控制柜底部密封是否完好。

3）检查塔门闭锁机构是否完好，如有损坏，应修补或更换；检查塔门上的通风窗，应保持通风顺畅。

4）检查内部照明、紧急照明及安全开关等，及时修复、更换各老化、损坏的电器，确保电气系统各元件工作正常。

图10-6 塔筒外部清洗

5）检查钢丝绳和安全锁扣，确保钢丝绳拉紧、稳固，安全锁扣结构正常没有损坏。

6）检查灭火器支架外形结构是否正常，灭火器是否在有效使用日期内。如有问题应及时修理或更换。

7）确保救助箱内物品完整，如有缺少部分，应及时补充。

8）检查塔筒法兰处的接地线，确保接地正常。

9）检查塔筒内接线盒是否牢固。

10）检查梯子的外形结构，如果有变形应及时修复。

11）检查各段平台，注意护栏、盖板，如有变形或损坏应及时修复或更换。

12）对各类电缆线路进行检查，检查电缆和电缆夹块是否有下坠、扭曲、裂纹、磨损与老化等现象，检查电缆支架有无异常，如断线、脱落等。注意对偏航扭缆处电缆进行重点检查。

项目十 塔架及其内部构件的维护检修

(2) 防腐情况的检查 检查塔筒上各涂漆件是否有油漆脱落、锈蚀、外伤和变形。如有应及时修补。塔架和塔底基础段内的防腐包括内部维护和外部维护两种维护方式，具体防腐漆层维护标准参见表10-3。

表 10-3 塔架和塔基础段内的防腐漆层维护标准

	防腐层	粘合剂	涂漆材料（产品）	涂层厚度
内部维护	底漆（GB）	环氧树脂（EP）	Hempadur 锌 17360	NDFT 50μm
	中间漆（ZB）	环氧树脂（EP）	Hempadur 15560,45880	NDFT 170μm
	总计涂层厚度			NDFT 220μm
外部维护	防腐层	粘合剂	涂漆材料（产品）	涂层厚度
	底漆（GB）	环氧树脂（EP）	Hempadur 锌 17360	NDFT 50μm
	中间漆（ZB）	环氧树脂（EP）	Hempadur 15560,45880	NDFT 170μm
	面漆（DB）	55VDE	聚氨酯（PUR）Hempathane 55210,Hempels	NDFT 80μm
	总计涂层厚度			NDFT 300μm

(3) 紧固件、连接件的检查维护 螺栓的微小移动会导致表面的金属划痕，这些划痕非常容易腐蚀并导致疲劳断裂（摩擦氧化），所以必须进行以下维护：检查螺栓和螺母的周围区域，是否有擦破或剥落的痕迹。如果有，找出原因并消除。对于已经失效的螺栓需立即更换；彻底清理、清洁待修理的区域，清除腐蚀氧化物，并重新涂上适当的防腐保护物。

定期检查螺栓连接情况，检查是否有损坏、松动和锈蚀。如有松动应及时用力矩扳手拧紧，拧紧力矩要达到规定值，多个连接件更换时应逐一进行；换季或温度变化大时对螺栓进行等分拧紧，力矩要满足规定要求，同时对螺栓螺母进行涂油防腐。

1) 法兰连接螺栓：用液压力矩扳手以规定的力矩，按从下至上的顺序检查连接各段塔筒间法兰的螺栓。先检查基础与下部塔筒连接螺栓，然后检查上部塔筒与机舱连接螺栓，检查是否松动。螺栓应是从下向上穿入法兰孔，螺母在上方。紧固时，用扳手把稳螺栓，用液压力矩扳手以规定的力矩把紧螺母。要求100%紧固，并用 MoS_2 润滑剂润滑。每检查完一个，用记号笔在螺栓头处做一个圆圈记号。

2) 塔筒附件螺栓：塔筒附件包括电缆夹、电缆改向装置及电缆管支架。用力矩扳手以规定的力矩紧固塔筒附件螺栓，包括门外梯子平台和塔筒门紧固螺栓、塔架平台紧固螺栓、固定各层平台上的螺栓、固定各段梯子的螺栓、盖板和电缆导管连接螺栓、固定电缆管上的螺栓、紧固电缆改向装置及电缆夹子装置上的螺栓、电缆夹子连接螺栓及防护罩装置上的螺栓等。塔筒与基础及机舱法兰连接螺栓如图10-7所示。

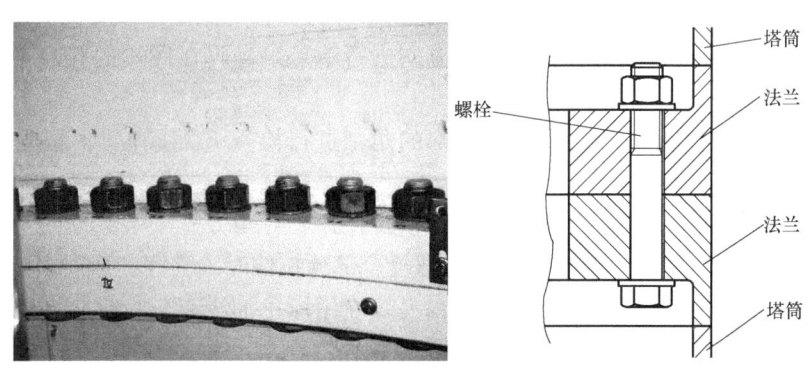

图 10-7 塔筒与基础及机舱法兰连接螺栓

(4) 焊缝的检查 对焊道处的外观进行重点检查与处理。

1) 目检塔筒中的焊缝,包括塔门、塔壁及塔架焊接有无裂纹。如果在随机检查中发现有焊接缺陷,则必须作标记和记录;下次检查发现长度有变化,则必须进行补焊。

2) 焊缝区域会发生振动或应力腐蚀,容易出现斑点,要使用专门的金属清洁剂来清理。

3) 检查焊缝红色锈迹,如果在表面可以清楚地看到红锈,应根据设备的要求打磨这些区域并且立即修理。

4) 要格外注意在塔筒法兰和筒体之间过渡处的横向焊缝检查以及门框和筒体之间过渡处的连续焊缝检查。

(5) 塔基水平度检测 定期(每月)和随机(大风、暴雨后)对塔基水平度进行检测。在下部塔筒外法兰盘上选取四个检测点进行纵向与横向水平度检测。对比相关数据不应有突变和趋势性变化。记录检测结果,包括日期、检测人员及各点横纵向水平度等。

(6) 塔筒标识的维护 定期对塔筒内外标识进行维护,确保清晰并按规定管理,塔内不得放置无关物品。

(7) 螺栓的预拉伸检查 机组运行一定时间后,应对螺栓的预拉伸进行检查。塔筒所有的环形法兰连接的高强度摩擦锚夹螺栓,在安装完成 4 周后或在开始运行两周后进行首次安装后拉伸。塔筒的所有螺栓连接应在 3 个月后、6 个月后以及随后每年一次进行安装后拉伸。此外,法兰连接的所有螺栓连接应进行安装后拉伸。

预拉伸技术要求:塔筒的所有螺栓连接必须用适当的力矩方式进行预拉伸。规定的把紧力矩要传递到被预拉伸的螺栓连接上(在螺母侧)。为避免转动,要用一个安装工具(如套筒扳手)把持住螺栓。

塔筒法兰连接中的螺栓连接(高强度摩擦锚夹螺栓)预拉伸要按照下列工序进行。

1) 所有高强度摩擦锚夹螺栓必须进行目测检查,并且所有螺栓必须进行机械损坏试验。要在不影响 MoS_2 润滑剂的情况下除去螺栓和内螺纹的污染物。

2) 高强度螺母在高强度摩擦锚夹螺栓上的软运转通过手动将螺母拧到螺栓头上的方式进行测试。如果螺母僵硬难拧,应使用安装工具(如套筒扳手)。第二次可以用手将螺母拧到螺栓上。如果不可以,则要用红色油漆对螺栓和螺母进行标记,表示它们是不能用的。此时要用适当的高强度摩擦锚夹螺栓进行替代。

3) 所有高强度摩擦锚夹螺栓按照顺时针方向安装在法兰连接上,以对角方式安装。螺栓头和螺母之间的垫片的纤维点必须朝向外侧。螺母的安装要保证可以看到制造商的标记。

4) 所有高强度摩擦锚夹螺栓按顺时针方向进行编号。号码在螺栓的孔口平面上的螺母侧,用笔进行标记。

5) 周向对塔筒壁外侧的气隙和法兰内部的角隙进行检查(测厚仪),至少在圆周的 12 个点上进行测量。

6) 两个高强度摩擦锚夹螺栓同时顺时针预拉伸,以对角方式安装,使用具有规定力矩的把紧工具顺时针方向进行。当法兰的所有螺栓全部预拉伸时,程序完成。

7) 用额定把紧力矩把紧的高强度摩擦锚夹螺栓用绿色油漆点进行标记,表示"已经完成预拉伸",螺栓正面上的编号要保持清晰可见。

(8) 升降机的维护检修

项目十 塔架及其内部构件的维护检修

1) 检查高、低处的悬梁（机组电梯）及所有结构件是否存在变形、锈蚀，如存在锈蚀，应去锈补涂锌粉；如变形，应更换。

2) 导向缆绳（机组电梯）及绞车装置钢丝绳不能存在断股，如存在断股，应更换，并涂润滑剂。

3) 攀登设备、楼梯连接不能有松动，导向条间应过渡平稳，如有松动应立即紧固。

(9) 基础的检查与维护

1) 基础环检查：检查塔架基础是否干燥和清洁；检查混凝土结构有无受损痕迹；检查电缆接入口是否密封完好。

2) 塔架与基础连接紧固程度的检查：塔架的晃动可能导致紧固螺栓的松动或伸长，检查螺栓力矩是否有下降，检查螺栓是否有伸长。

3) 塔架和基础之间的连接检查：为了不对塔架基础和钢铁部件连接施加不必要的应力，塔架基础必须尽可能保持干燥和清洁；检查是否存在裂缝；检查是否有水渗出。

4) 防雷接地装置的检查：防雷接地装置的完善可以确保风机安全运行。各种防雷装置的接地线每年（雨季前）检查一次；检查与接地系统相连处有无松动；检查有无受损的连接元件，一经发现，必须更换。对有腐蚀性土壤的接地装置，安装后一般每五年左右挖开局部地面检查一次；接地电阻一般两年左右检测一次。

5) 电缆连接点检查：滑落的电缆会对连接处产生附加的载荷，电缆脱落可能导致短路。检查电缆连接处和电缆护套是否有擦破的痕迹。

任务2 风电机组的维护检修

任务描述

风力发电机组的维护工作能及时有效地发现故障隐患，减少故障发生。维护工作的好坏直接影响到机组发电量的多少，进而影响到发电厂的经济效益。风力发电机组的运行性能需要通过及时有效的维护检修来保证。本任务就是指导学生在学习了整个风电机组的相关知识后，学习并掌握对风电机组整体的检查维护内容及方式。

任务实施

(一) 注意事项

风力发电机组的维护检修工作应有安全保障。进行维护检修前，要检查现场，核对安全措施。机组维护检修工作中的安全注意事项如下：

1) 在进行维护和检修前，如果环境温度低于 -20℃，不得进行维护和检修工作。对于低温型风力发电机组，如果环境温度低于 -30℃，不得进行维护和检修工作。雷雨天气严禁检修风力发电机组。

如果超过下述的任何一个限定值，应立即停止工作，不得进行维护和检修工作。叶片位于工作位置和顺桨位置之间的任何位置：5min 平均风速 10m/s；5s 阵风速度 19m/s；叶片位

于顺桨位置（当风轮锁定装置起动时不允许改变）；5min 平均风速 18m/s；5s 阵风速度 27m/s。风速超过 12m/s 时不得打开机舱盖，风速超过 14m/s 时应关闭机舱盖。

2）维护检修应实行监护制，检修工作应严格遵循电力规范。现场检修人员对健全作业负有直接责任，检修负责人负有监督责任。严禁单独在维护检修现场作业，转移工作位置时应经工作负责人许可。

3）进行机组巡视、维护检修时，工作人员应戴安全帽、穿绝缘鞋；风机零部件、检修工具应传递，严禁空中抛接，零部件、工具应摆放有序，检修结束后应进行清点，如有丢失应查明原因，并采取相应措施。

4）如遇特殊情况需在风力发电机组处于工作状态或风轮处于转动状态下进行维护或检修时（如检查轮齿啮合、噪声或振动等状态时），应确保有人守在紧急开关旁，可随时按下开关，使系统制动。

5）维修控制系统前，风力发电机组应停机，各项维修工作应按安全操作规程进行。

6）登塔作业时，风力发电机组应停止运行，并将控制柜上锁。检修结束后立即恢复。

7）打开机舱前，机舱内人员要系好安全带。安全带应挂在结实牢固的构件上或安全带专用的挂钩上；检查机舱外风速仪、风向仪、叶片及轮毂等，应使用加长安全带；吊运零件、工具应绑扎牢固，且应加导向绳。

8）电气元件应垂直安装，安装位置应便于操作，手柄与周围器件间应保持一定距离，以便于维修；拖拉电缆应在停电情况下进行，如因工作需要不能停电，则先检查电缆有无破裂之处，确认完好后，戴好绝缘手套才能拖拉。

9）维护检修工作地点应有充足照明，机舱、塔筒内等重要场所应有事故照明。

（二）准备工器具

风电机组维护检修工具参见表 10-4。

表 10-4　风电机组维护检修工具

序号	名称	型号规格	数量
1	液压扳手		1 个
2	力矩扳手		1 个
3	棘轮扳手		1（套）
4	呆扳手	13mm、14mm、17mm、19mm 及 24mm	
5	扎带	中号、小号	各 1 袋
6	插板		1 个
7	螺钉旋具	一字、十字	各两个
8	抹布		若干

（三）维护检查任务

（1）日常维护检修项目　风力发电机组的日常维护检修工作主要包括正常运行巡查时对机组进行巡视、检查、清理、调整、注油及临时故障的排除等。

1）通过风机监控计算机实时监视并分析风力发电机组各项参数变化情况，若发现异常，应通过计算机对该机组进行连续监视，根据变化情况做出必要的处理，并在运行日志上写明原因，进行故障记录与统计。

2）对风力发电机组进行巡回检查，发现缺陷应及时处理，并登记在缺陷记录本上。

项目十 塔架及其内部构件的维护检修

3）检查风力发电机组在运行中有无异常响声，检查叶片运行状态、变桨系统及偏航系统动作是否正常，检查电缆有无绞缠情况。

4）检查风力发电机组各执行机构的液压系统是否渗、漏油，齿轮箱润滑冷却油是否渗漏，并及时补充；检查液压站的压力表显示是否正常。

5）检查各紧固件是否松动，检查各转动部件、轴承的润滑状况、有无磨损。

6）对有刷励磁交流发电机的集电环和电刷进行清洗或更换电刷。

7）仔细观察控制柜内有无煳味，电缆线有无移位，夹板是否松动，扭缆传感器拉环是否磨损破裂；对电控系统的接触器触头进行维护等。

8）检查记录水冷系统运行时的温度范围、发电机及变频器的最高进水温度和最高压力。

当气候异常、机组非正常运行或新设备投入运行时，需要增加巡回检查内容及次数。

（2）三个月定期维护检查项目 风力发电机组的定期维护检修是指在确定时间内，对机组易磨易损零件的小修和维护，一般周期分一个月、三个月、半年及一年不等，主要根据维护项目而定。风力发电机组的定期维护检修应按生产厂家的要求对维护项目进行全面检查维护，包括更换需定期更换的部件。定期维护检修应严格遵守维护检修计划，不得擅自更改维护周期和内容。

1）将风电机组打到服务模式，并在塔基主控柜上将机组由"远程允许"切换至"远程禁止"。

2）将所用工器具用小吊车全部运到机舱。

3）将所有螺栓按规定力矩值紧固一遍，包括偏航卡爪螺栓、塔筒螺栓、主轴螺栓、叶片螺栓、发电机地脚螺栓、偏航电动机螺栓及联轴器螺栓。

4）紧固发电机转子、定子接线及二次接线，紧固机舱几个柜内所有端子。

5）检查各保护定值是否合格，排线是否有序。

6）将油管、水管固定并在接触面上加装胶皮。

7）修补发电机、齿轮箱外壳面漆。

8）清洁机舱、塔筒内卫生。

☑ 思考练习

一、填空题

1. 塔架的作用是_____位于空中的风力发电系统，让_____处于风能最佳的位置，以获得较高且稳定的_____。

2. 风力发电机组的塔架主要有_____、_____、_____和_____四种类型。

3. 目前大型风力发电机组所用的塔架主要为_____塔架。

4. 塔架与基础、塔架段与段之间及塔架与机舱采用_____连接。

二、选择题

1. 塔架通过_____喷涂来达到最佳的防腐蚀效果。
   A. 一层　　　　　　B. 两层　　　　　　C. 多层

2. 大型兆瓦级风电机组其轮毂中心高与其风轮直径的比大约是_____。

A. 1∶1　　　　　　B. 2∶1　　　　　　C. 1∶2

3. 进行塔基水平度检测时，要在下部塔筒外法兰盘上选取_____个检测点，进行纵向与横向水平度检测。

A. 二　　　　　　B. 三　　　　　　　C. 四

4. 塔筒维护周期为_____，包括对塔筒内安全钢丝绳、爬梯、工作平台、门及防挂钩的检查。

A. 三个月　　　　B. 六个月　　　　　C. 一年

5. 在风电机组登塔工作前，应_____，并把维护开关置于维护状态，将远程控制屏蔽。

A. 巡视风电机组　　B. 断开电源　　　　C. 手动停机

三、判断题

1. 塔筒是塔架的主体承力构件，为便于吊装及运输，一般分成若干段。　（　）
2. 所有的金属板和焊缝都采用超声波和X光进行过探伤测试。　（　）
3. 变频器、风机的控制系统的操作面板和主电源的装置安装在塔架底部的独立平台上，平台与入口门位置齐平。　（　）
4. 机组运行期间，应定期检查塔筒环形法兰高强度摩擦锚夹螺栓的预拉伸。　（　）
5. 高强度摩擦锚夹螺栓按照顺时针方向安装在法兰连接上，以对角方式安装。（　）

四、简答题

1. 塔筒的维护检修项目有哪些？
2. 简述升降机的检修内容。
3. 简述风力发电机组的日常维护内容。
4. 风力发电机组三个月定期维护项目有哪些？

思考练习答案

绪　论

一、填空题

1. 空气动力、力矩、轮毂　2. 动力电缆　3. 接地装置　4. 变速恒频　5. 液压缸　6. 调整反作用力臂　7. 内部失效　8. 低压验电器　9. 激光对中仪、激光探头　10. 轴对中　11. 时钟法和三点法　12. 探测器

二、选择题

1. A　2. B　3. C　4. C　5. A　6. C　7. C　8. A　9. B　10. B　11. C　12. C　13. C　14. A　15. B

三、判断题

1. √　2. √　3. √　4. √　5. ×　6. √　7. ×　8. √　9. √　10. ×　11. √　12. √

四、简答题（略）

项　目　一

一、填空题

1. 叶片　2. 风轮效率　3. 根部、纵梁　4. 钻孔组装式、螺纹件预埋式　5. 玻璃钢　6. 强度、刚度　7. 手工糊制成型、真空辅助浸渗成型　8. 空气

二、选择题

1. A　2. C　3. B　4. A　5. C　6. C

三、判断题

1. √　2. ×　3. √　4. √　5. √　6. √　7. √

四、简答题（略）

项　目　二

一、填空题

1. 变桨轴承、变桨驱动装置、控制箱　2. 固定式、铰链式、固定式　3. 气动特性、运行功率、制动　4. 变桨轴承、轮毂　5. 变桨电动机、制动器　6. 风轮、主轴制动、止动销子

二、选择题

1. A　2. A　3. B　4. A　5. C　6. A　7. C　8. B　9. C　10. A

201

三、判断题

1. √ 2. √ 3. × 4. × 5. × 6. √ 7. √ 8. √

四、简答题（略）

项　目　三

一、填空题

1. 发电机、转速 2. 主机架、风轮、联轴器 3. 安全保护装置 4. 齿轮副 5. 温控
6. 电热管 7. 强制润滑 8. 温度传感器 9. 测振仪器 10. 速度频谱

二、选择题

1. C 2. B 3. C 4. A 5. B 6. B 7. A 8. C

三、判断题

1. √ 2. × 3. √ 4. √ 5. √ 6. √ 7. × 8. √

四、简答题（略）

项　目　四

一、填空题

1. 运行状态 2. 制动器 3. 制动钳 4. 制动器液压泵站、制动钳、制动盘、连接管路
5. 联轴器 6. 刚性联轴器、挠性联轴器 7. 碟形弹簧

二、选择题

1. A 2. C 3. B 4. C 5. B 6. B 7. C 8. A

三、判断题

1. √ 2. √ 3. × 4. √ 5. √ 6. √ 7. √ 8. √

四、简答题（略）

项　目　五

一、填空题

1. 有压液体、动力传输 2. 动力元件、控制元件 3. 压力控制阀、流量控制阀
4. 液压缸 5. 液压站、机泵组、集成块或阀组合 6. 机械制动机构、偏航制动回路

二、选择题

1. A 2. C 3. B 4. A 5. C

三、判断题

1. √ 2. × 3. √ 4. √ 5. √

四、简答题（略）

项　目　六

一、填空题

1. 电能、电网 2. 双馈式、直驱式 3. 双馈运行 4. 变流器 5. 强制风冷、水冷

思考练习答案

6. 电流干燥法、用加热装置干燥

二、选择题

1. C 2. A 3. B 4. B 5. C 6. A

三、判断题

1. √ 2. √ 3. √ 4. √ 5. √ 6. √ 7. × 8. ×

四、简答题（略）

项　目　七

一、填空题

1. 被动 2. 主动、偏航驱动装置、限位开关 3. 偏航驱动电动机 4. 温度传感器
5. 限位开关、快速停机 6. 手动操作箱、操作界面 7. 接近开关、光信号

二、选择题

1. C 2. C

三、判断题

1. √ 2. √ 3. √ 4. × 5. √

四、简答题（略）

项　目　八

一、填空题

1. 主控系统软硬件、变桨系统软硬件、安全系统 2. 机舱电气控制 3. 塔底控制柜、变流器、传感器 4. 起动、紧急停机按钮、指示灯 5. 辅助电源、通信接口 6. 变频器
7. 电网侧逆变功率、直流母线 8. 振动开关、紧急停机、故障信息 9. 扭缆开关、安全链
10. 数据收集功能

二、选择题

1. C 2. A 3. B

三、判断题

1. √ 2. √ 3. × 4. × 5. √ 6. × 7. √ 8. √ 9. √ 10. √

四、简答题（略）

项　目　九

一、填空题

1. 主机架、导流罩 2. 轮毂、风轮、流线型 3. 玻璃钢（GFK） 4. 相同

二、选择题

1. C 2. C 3. A 4. B 5. C 6. A

三、判断题

1. √ 2. √ 3. √ 4. √ 5. ×

203

四、简答题（略）

项　目　十

一、填空题

1. 支撑、风轮、风速 2. 钢圆筒形塔架、多边形全拼装塔架、桁架结构塔架、混凝土结构塔架 3. 锥筒形钢制 4. 高强度螺栓

二、选择题

1. C 2. A 3. C 4. B 5. C

三、判断题

1. √ 2. √ 3. √ 4. √ 5. √

四、简答题（略）

参 考 文 献

[1] 任清晨. 风力发电机组生产及加工工艺 [M]. 北京：机械工业出版社，2010.
[2] 姚兴佳，宋俊. 风力发电机组原理与应用 [M]. 2版. 北京：机械工业出版社，2011.
[3] 丁立新. 风电场运行维护与管理 [M]. 北京：机械工业出版社，2014.